先进核能系统系列丛书

液态金属冷却反应堆
热工水力与安全分析基础

成松柏　陈啸麟　程辉　编著

清華大學出版社
北京

内 容 简 介

　　本书主要对液态金属冷却反应堆(钠冷快堆、铅冷快堆)热工水力学和安全分析相关的基础知识进行综合性介绍。内容包括：绪论(第四代核能系统和液态金属冷却反应堆发展概况)、液态金属冷却反应堆热工水力学总论(基础知识和研究现状)、液态金属冷却反应堆热工水力实验(实验设施及其设计、建造与运行、实验测量仪器、方法和技术)、液态金属冷却反应堆热工水力数值模拟(系统热工水力程序、子通道热工水力程序、CFD模拟,多尺度模拟,确认、验证和不确定性量化)、液态金属冷却反应堆安全分析(典型瞬态事故、瞬态安全分析实验及数值计算工具的基准检验、严重事故等)以及总结与展望。

　　本书既可供从事液态金属冷却反应堆(钠冷快堆、铅冷快堆以及铅基加速器驱动次临界系统)的设计人员参考,也可供进行液态金属冷却反应堆热工水力与安全分析领域教学和科研的高等院校、科研院所和企事业单位的相关科研、工程技术人员以及研究生参考。

图书在版编目(CIP)数据

　　液态金属冷却反应堆热工水力与安全分析基础/成松柏,陈啸麟,程辉编著.—北京：清华大学出版社,2022.10
　　(先进核能系统系列丛书)
　　ISBN 978-7-302-61359-6

　　Ⅰ.①液… Ⅱ.①成… ②陈… ③程… Ⅲ.①液态金属冷却堆－热工水力学－系统安全分析 Ⅳ.①TL425

　　中国版本图书馆 CIP 数据核字(2022)第 124197 号

责任编辑：鲁永芳
封面设计：常雪影
责任校对：欧 洋
责任印制：沈 露

出版发行：清华大学出版社
　　　　　网　　　址：http://www.tup.com.cn, http://www.wqbook.com
　　　　　地　　　址：北京清华大学学研大厦 A 座　　　邮　　编：100084
　　　　　社 总 机：010-83470000　　　　　　　　　邮　　购：010-62786544
　　　　　投稿与读者服务：010-62776969, c-service@tup.tsinghua.edu.cn
　　　　　质量反馈：010-62772015, zhiliang@tup.tsinghua.edu.cn
印 装 者：小森印刷霸州有限公司
经　　销：全国新华书店
开　　本：170mm×240mm　　印　张：22.5　　字　　数：401 千字
版　　次：2022 年 10 月第 1 版　　　　　印　　次：2022 年 10 月第 1 次印刷
定　　价：139.00 元

产品编号：095637-01

前　　言

核电是一种安全、清洁、低碳、高效和可大规模利用的非化石能源,安全、持续地发展核电对于我国调整能源结构、实现碳达峰与碳中和目标、提升国家能源安全保障能力等重大战略具有重要意义。目前,全球范围内第三代核反应堆技术已经日趋成熟,第四代核能系统也早已成为核能研究人员在未来多年内重点研究的课题。

相对于第二代、第三代反应堆来说,第四代核能系统的安全性更高、经济竞争力更强、核废物量更少,且可有效防止核扩散。2002 年,第四代核能系统国际论坛(Generation Ⅳ International Forum,GIF)选定了六种第四代核电站概念堆,即气冷快堆、超高温气冷堆、超临界水堆、熔盐堆、钠冷快堆和铅冷快堆。其中,钠冷快堆和铅冷快堆是指采用液态钠、铅或铅铋作为冷却剂的快中子反应堆,属于液态金属冷却反应堆。液态金属冷却反应堆因具备良好的增殖核燃料和嬗变核废料潜力,以及拥有突出的经济性和安全性,被 GIF 认为有望率先实现工业示范化。

我国政府高度重视清洁能源和先进核能系统的发展。“十四五”规划明确提出,我国力争在 2030 年前实现碳达峰、在 2060 年前实现碳中和,为此力求构建现代能源体系,推进能源革命,建设清洁低碳、安全高效的能源体系,提高能源供给保障能力。“十四五”规划还提出推动模块式小型堆等先进堆型示范和开展核能综合利用示范,为核能的多元化应用、多用途发展按下加速键。我国能源转型的深入推进对核能多用途发展提出了更高要求,先进堆型示范项目呈现出积极发展的态势。2019 年 10 月,我国启明星Ⅲ号实现首次临界,并正式启动我国铅铋堆芯核特性物理实验,标志着我国在铅铋快堆领域的研发跨出实质性一步,进入工程化阶段。2020 年 12 月,中核集团示范快堆工程 2 号机组正式开工建设,这对我国加快构建先进核燃料闭式循环体系、促进核能可持续发展和快堆技术全面自主发展、实现碳达峰与碳中和目标以及推动地方经济建设具有重要意义。先进核能系统的发展将为我国科技实力、工业技术水平、综合经济实力和国际地位的提升作出巨大贡献。

液态金属冷却反应堆是第四代先进核能系统中的优选堆型。为满足我国液态金属冷却反应堆快速发展的迫切需要,本书将对液态金属冷却反应堆热工水力与安全分析相关的基础知识和前沿研究进行综合性介绍。全书共分为 6 章：第 1 章为绪论，简要介绍第四代核能系统和液态金属冷却反应堆的发展概况；第 2 章总述液态金属冷却反应堆的热工水力学知识和研究现状；第 3 章介绍液态金属冷却反应堆相关的热工水力实验，实验设施的设计、建造与运行，实验测量仪器、方法和技术，以及国内外重要热工水力学实验设施汇总；第 4 章重点介绍液态金属冷却反应堆热工水力相关的数值模拟工具、模拟方法和前沿研究；第 5 章介绍液态金属冷却反应堆的事故安全特性及相关分析方法；第 6 章为全书总结和展望。本书彩图请扫二维码观看。

　　本书在撰写过程中，参考了国内外各相关单位和科研机构公开发表的大量论文、报告和书籍，并引用了部分插图，在此特向相关机构、专家和学者表示崇高的敬意和感谢。由于本书所涉及的学科领域广泛，且受限于作者的学识水平，所以，书中缺点、错误和不妥之处在所难免，恳请读者批评指正。

作　者

2022 年 4 月

目 录

第1章 绪 论

1.1 世界核电发展背景

1.1.1 核电发展历程

核能的和平利用始于20世纪50年代,核能发电是利用原子核反应产生能量进行电力生产的过程。自1954年苏联建成世界上第一座实验性核电站以来,世界核电技术经历了4个发展阶段。

1. 实验示范阶段(1954—1965年)

全世界共有38台机组投入运行,如1954年苏联的5 MW实验性石墨沸水堆、1956年英国的45 MW原型天然铀石墨气冷堆等。国际上把上述试验型和原型核电机组称为第一代核电机组,这些机组的运行证明了利用核能进行发电的技术可行性。

2. 高速发展阶段(1966—1980年)

由石油危机引发的能源危机促进了核电的发展。在第一代核电机组的基础上,世界各国陆续建成300 MW以上电功率的压水堆、沸水堆和重水堆等核电机组,共有242台机组投入运行,属于第二代核电机组。在该阶段中,苏联开发了石墨堆、高温气冷堆、改进型气冷堆以及VVER型压水堆;法国和日本则引进了美国的压水堆和沸水堆技术;加拿大则开发了CANDU型压力管式天然铀重水堆。

3. 减缓发展阶段(1981—2000年)

20世纪80年代,各国采取大力节约能源以及能源结构调整的措施,同时,由于发达国家的经济增长缓慢,因此电力需求不增反降。此外,受1979年美国三哩岛核事故以及1986年苏联切尔诺贝利核事故的影响,世界核电发展停滞。公众和政府对核电的安全性要求不断提高,致使核电设计更复杂、政府审批时间和建造周期加长、建设成本上升。20世纪90年代,全球核能进入"低谷期",在此期间,全球新投入运行的核电机组仅有52台。

4. 复苏阶段(21 世纪)

进入 21 世纪后,受日益严峻的能源和环境危机影响,核电被视为首选清洁能源。随着多年的技术发展和完善,核电的安全可靠性得到了进一步提高,世界各国都制定了积极的核电发展规划。美国、欧洲和日本开发的先进轻水堆核电站(即第三代核电技术)取得重大进展且日趋成熟。尽管 2011 年日本福岛核事故再一次使世界各国暂时放缓核电建设,并重新审视核电站的运行安全,但长期来看,各国仍将致力于核电发展,尤其在第四代堆型的开发应用以及可控聚变技术的长期探索等方面。

国际原子能机构(International Atomic Energy Agency,IAEA)的数据显示(IAEA,2021),截至 2020 年 12 月 31 日,全世界在运核电机组共 442 台,总装机容量 392.6 GW,在建机组 52 台。其中,我国在运机组有 50 台,装机容量 47.5 GW,在建机组 13 台。经过 30 多年发展,我国核电从无到有,实现了第三代核电技术设计的自主化和重要关键设备的国产化,目前正处于积极快速的发展阶段。然而,我国当前的核能发电占比仍远低于法国、美国和俄罗斯等核能发电国家,因此,未来仍具有很大的提升空间。与此同时,我国在第四代核能系统开发方面也取得了重要进展。2020 年 9 月,国家科技重大专项——全球首座球床模块式高温气冷堆核电示范工程首堆临界成功,并于 2021 年 12 月成功并网发电。中国实验快堆(China Experimental Fast Reactor,CEFR)则相继完成了从建造、堆芯临界到堆芯循环周期试运行的阶段任务,并将从调试阶段过渡至运行阶段。2019 年 10 月,我国启明星Ⅲ号实现首次临界,并正式启动我国铅铋堆芯核特性物理实验,标志着我国在铅铋快堆领域的研发跨出实质性一步,进入工程化阶段,同时也意味着我国在铅铋快堆研发领域已跻身世界前列。在可控核聚变领域,我国也积极参加了国际热核聚变反应堆计划项目,并取得了积极进展。

1.1.2　第四代核能系统

经历了 20 世纪的核电发展,21 世纪的核电发展追求更加卓越和可靠的安全性能、更高的经济效益、更高的核燃料利用率以及更少的高放射性废物产生量。在此背景下,2002 年 9 月,在日本东京召开的第四代核能系统国际论坛上,与参会的 10 个国家达成共识,致力于开发以下 6 种第四代核能系统。

(1) 气冷快堆(Gas-cooled Fast Reactor,GFR)

GFR 采用氦气冷却、闭式燃料循环,堆芯出口温度高,可用于发电、制氢和供热。参考堆的电功率为 288 MW,堆芯出口氦气温度为 850℃,氦气汽轮机采用布雷顿循环发电,热效率可达48%。GFR的快中子谱可更有效地利用裂变和增殖核燃料,并能大大减少长寿命放射性废物的产生。

(2) 超高温气冷堆(Very High Temperature Reactor,VHTR)

VHTR是高温气冷堆(High Temperature Gas Reactor,HTGR)的进一步发展,采用石墨慢化、氦气冷却和铀燃料开式循环。燃料温度达1800℃,冷却剂出口温度可达1500℃,热效率超过50%,易于模块化,经济上竞争力强。该堆型的高温产出可用于供热、制氢或为石化和其他工业提供工艺热。

(3) 超临界水冷堆(Super-Critical Water-cooled Reactor,SCWR)

SCWR在水的超临界条件(热力学临界点374℃、22.1 MPa)下运行,由于反应堆中的冷却剂不发生相变,不需要蒸汽发生器和蒸汽分离器等设备,一回路直接与透平机连接,因此能大幅简化反应堆结构。SCWR设计热功率可达1700 MW以上,运行压强为25 MPa,使用二氧化铀或混合氧化铀燃料,堆芯出口温度可达550℃,热效率达45%。SCWR同时适用于热中子谱和快中子谱。由于系统简化和热效率高,所以在输出功率相同的条件下,超临界水冷堆只有一般压水堆的一半大小,发电成本相比预期更低,经济竞争力很强。

(4) 熔盐堆(Molten Salt Reactor,MSR)

MSR使用锂、铍、钠等元素的氟化盐以及铀、钍、钚的氟化物熔融混合作为熔盐燃料,无需燃料棒设计。熔盐流进以石墨慢化的堆芯时达到临界,流出堆芯后进入换热器进行换热。熔盐既是燃料又是冷却剂,经萃取处理后重新进入反应循环。熔盐堆运行温度高,发电热效率可达45%~50%。此外,钍资源比铀丰富,而且钍核素经反应所产生的核废物量很少,因此可有效利用核资源,并防止核扩散。

(5) 钠冷快堆(Sodium-cooled Fast Reactor,SFR)

SFR以液态钠为冷却剂,由快中子引起核裂变并维持链式反应。钠的熔点低沸点高,热导率远高于水,堆芯事故下可迅速排出衰变余热,避免堆芯过热。利用快中子谱进行的核燃料增殖,理论上可将全部铀资源都转化为易裂变燃料并加以利用。钠冷快堆是第四代核能系统中研发进展最快、最接近满足商业核电厂需要的堆型。到目前为止,世界范围内共建成了24座快堆,累积了共300多堆年的运行经验,各国也正在开发新的钠冷快堆示范堆、原型堆以及商用堆。

(6) 铅冷快堆(Lead-cooled Fast Reactor,LFR)

LFR是采用铅或低熔点铅铋合金冷却的快中子堆。燃料循环为闭式,燃料周期长。在集成式设计概念中,反应堆采用液态铅或液态铅合金自然热对流冷却,蒸汽发生器位于反应堆容器内,采用池式结构浸没于铅池上部,冷却剂出口温度可达 $550\sim800℃$,可用于化学过程制氢。铅冷快堆除具有燃料资源利用率高和热效率高等优点外,同样具有很好的固有安全特性和非能动安全特性。因此,铅冷快堆在先进核能系统发展中具有非常好的开发前景。

表 1-1 给出了这 6 种第四代核能系统的特点。

表 1-1　第四代核能系统特征概览

类　型	中子能谱	冷却剂	出口温度/℃	燃料循环
超高温气冷堆	热中子	氦	$900\sim1500$	开式
气冷快堆	快中子	氦	850	闭式
熔盐堆	热/快中子	氟化盐	$700\sim800$	闭式
超临界水冷堆	热/快中子	水	$510\sim625$	闭式
钠冷快堆	快中子	钠	$500\sim550$	闭式
铅冷快堆	快中子	铅/铅合金	$550\sim800$	闭式

1.2　液态金属冷却反应堆

核能因碳排放低而成为当今世界最重要的电力来源之一。在当今广泛使用的热中子反应堆中,铀燃料中只有少部分分裂成裂变产物并产生能量,而快中子反应堆则可以更高效地使用铀,但需要使用非常规类型的冷却剂。世界上第一个成功产出电能的反应堆,美国实验增殖反应堆一号(Experimental Breeder Reactor-Ⅰ,EBR-Ⅰ),即是使用钠钾合金作冷却剂的快中子反应堆。由于当时已探明的铀资源储量非常有限,所以,这使得人们必须开发能够高效利用铀的反应堆,这类反应堆也被称为"增殖"反应堆,即除易裂变铀同位素分裂产生能量外,非裂变铀同位素也可转化为易裂变钚元素,后者同样也可以分裂并产生能量。经过堆芯设计改进的反应堆还能将长半衰期放射性元素嬗变为半衰期更短、放射性毒性更小的裂变产物,从而减少核废料的产生量和对生态的影响。

如今,水冷式反应堆的技术已经相当成熟,并广泛应用于能源行业,而快中子反应堆仍存在一些技术瓶颈。由于快中子反应堆中的裂变反应是由快中子引起的,而水会慢化中子、降低中子能量,因此不能被用作冷却剂。液态金属由于中子截面小、热导率高,非常适合作为快中子反应堆的冷却剂。钠冷快堆和铅冷快堆是当前液态金属冷却反应堆研究开发的重点堆型。

1.2.1　液态金属冷却反应堆的发展历史

IAEA 的一些资料(IAEA,2012,2013)详细概述了世界各地建造和运行液态金属冷却快堆的设计。最近,皮奥罗(Pioro,2016)概述了液态金属冷却快堆开发的最新进展,同时也涵盖了其他先进核反应堆的设计。图 1-1 总结了世界范围内液态金属冷却快堆的发展历史。EBR-Ⅰ是世界上第一个使用钠钾合金冷却剂的核反应堆,在此之前,美国还开发了汞冷却的克莱门汀(Clementine)实验堆。继 EBR-Ⅰ之后,美国和其他大部分国家转为使用纯钠作反应堆冷却剂。

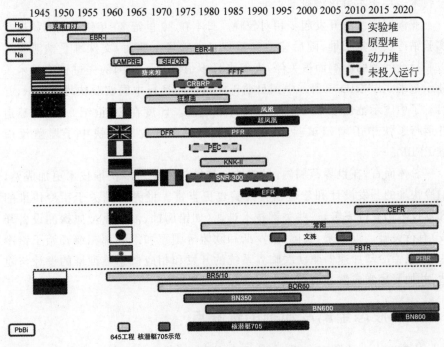

图 1-1　世界各国液态金属冷却快堆开发历程

(请扫Ⅱ页二维码看彩图)

在欧洲,液态金属冷却反应堆的发展始于 20 世纪 60 年代早期,法国、英国、意大利和德国相继建造了实验堆。法国开发并成功运行了狂想曲(Rapsodie)堆,随后原型凤凰堆也投入运行,直至 2009 年退出电网,并在此后一年中进行了安全测试,为将来液态金属冷却快堆的开发设计提供了重要的实验数据。英国开发和运行了敦雷实验快堆 DFR 和原型快堆 PFR。德国成

功运行了紧凑式钠冷实验反应堆 KNK-Ⅱ,并与比利时、荷兰合作建造了
SNR-300 原型堆,但是该反应堆因政治原因而从未投入使用。意大利建成了
燃料元件测试反应堆 PEC 实验堆但最终未投入运行。20 世纪 80 年代后期,
欧洲各方力量联合开发设计了欧洲快堆 EFR,但是该项目在 20 世纪 90 年代中
期被放弃。直至今日,欧盟仍在支持和开展液态金属冷却反应堆的开发设计。

俄罗斯的快堆项目始于 BR5/10 实验堆,后来开发了 BOR60 实验堆,
BOR60 实验堆至今仍在运行。在 20 世纪 70 年代,俄罗斯建造了 BN350 原
型钠冷快堆以及 BN600 原型堆。2015 年,俄罗斯开始运行商用 BN800 机组,
并且正在开发设计功率更大的 BN1200 机组。此外,俄罗斯还成功将铅铋合
金技术运用于军事核潜艇动力堆上。

亚洲国家快堆开发起步相对较晚。日本在 20 世纪 70 年代中期开始运行
实验钠冷快堆常阳堆,随后建造和运行了文殊堆。然而,文殊堆受钠泄漏事
故和社会问题的影响而被关停,近年来日本也参与了法国的先进钠冷技术工
业示范堆 ASTRID 项目。中国目前正在测试和运行中国实验快堆 CEFR,并
启动了中国示范快堆 CFR-600 的设计和建造。印度在 20 世纪 90 年代建造
并运行了快中子增殖试验堆 FBTR,目前正在开发原型快中子增殖反应
堆 PFBR。

总体而言,在世界范围内,目前钠冷快堆技术比铅冷快堆技术更加成熟,
钠冷快堆的开发设计和建造运行经验也更丰富。世界各国关于铅冷快堆的
开发技术仍有待完善,一些关键技术难题(如铅腐蚀、液态重金属探测设备开
发)有待突破。近年来,我国、俄罗斯和欧盟等国家和组织都相继开始了铅冷
快堆,或铅冷却加速器驱动次临界系统的开发和相应概念原型堆的设计与建
造,并加紧探索成熟的商用技术路线和发展规划。

1.2.2　液态金属冷却剂的优缺点

从热工水力的角度来看,与水和气体相比,采用液态金属作为反应堆冷
却剂会带来新的挑战,并需要开发新的工具。使用液态金属作为反应堆的冷
却剂有以下优点。

(1) 液态金属的中子截面较小,裂变反应产生的快中子不会过多地损失
能量和减速。

(2) 在核反应堆的工作温度下金属冷却剂为液态,并且与沸点之间有足
够的裕量。因此,反应堆系统可以在不加压的条件下运行。

(3) 液态金属的热物性优良,比热容高,可在相对较小的系统中有效导出

堆芯热量,并在事故发生时提供宽限时间。

(4) 液态金属的高密度使得其在事故情况下能更容易建立自然循环冷却回路。

(5) 液态金属的沸点较高。钠的沸点高于 850℃,缓解了堆芯空泡效应。铅的沸点接近于 1750℃,可有效防止因堆芯空泡而导致的燃料包壳失效问题(因为在铅达到沸点前包壳本身已熔化)。

(6) 在反应堆中,液态金属可以在高温条件下运行,因而动力转换系统的发电效率更高。

(7) 铅冷快堆可采用集成式反应堆容器设计,蒸汽发生器置于熔池中;钠冷快堆则可采用二回路气冷设计方案。

(8) 铅和铅合金的传热特性可允许燃料组件采用更大的燃料棒间距,从而减少流动压降,使得在事故情形下,回路自然循环模式更容易建立。

(9) 根据燃料类型的不同,高密度铅可能会使熔融燃料漂浮,因此,在燃料熔融物靠近堆芯出口的情况下,会向低功率或无功率方向移动。

(10) 铅熔池或铅合金熔池具有较高的自屏蔽能力。

使用液态金属作为冷却剂的缺点有。

(1) 特殊灾害(如地震)对大质量液态金属冷却系统(特别是铅和铅铋冷却系统)的影响不可忽略,需要采取措施减缓可能出现的熔池晃动现象,并加强反应堆容器支撑固定结构。

(2) 系统运行温度超过 600℃时,液态金属腐蚀现象会加剧。尤其需要针对铅和铅合金的腐蚀现象开发新材料。铅和铅合金导致一回路冷却系统组件腐蚀的问题使得冷却剂流动速度一般低于 2 m/s。

(3) 由于液态金属不透明,因此无法应用光学检查方法。为了适应液态金属反应堆的高密度和高温环境,需要专门开发和测试特殊的检测工具。

(4) 液态金属的熔点较高,因此在启堆、正常运行和事故停堆时,都需要有预热器和防止液态金属凝固的措施。

(5) 钠的化学性质活泼,反应堆系统需要设置封闭的冷却系统和多重屏障来阻隔钠与空气和水的接触。一般情况下,为了避免一回路钠与水蒸气接触,一回路和能量转换回路之间还设置了中间回路,这种设计在一定程度上增加了成本,降低了能量转换效率。

(6) 铅铋合金受中子辐照后会产生高毒性的放射性元素钋。

1.2.3　液态金属冷却反应堆主要设计

如 1.2.1 节所述,在世界范围内,人们在开发液态金属冷却反应堆方面已经投入了相当多的精力。目前,正在进行中的研发主要与未来液态金属冷却反应堆的设计有关。其中一个主要项目是进一步发展俄罗斯的钠冷快堆BN1200,该堆是最近投入商业运行的 BN800 反应堆的放大版。同样,俄罗斯通过设计铅铋冷却原型小堆 SVBR 和较大功率的铅冷原型 BREST 反应堆,将铅冷快堆技术逐步推向商业化。日本自 2011 年福岛核事故后先进反应堆的设计工作就基本陷于停滞。中国和印度方面在中国 CEFR 和印度 PFBR系列的后续原型堆上取得了进展。此外,我国正在大力发展铅冷反应堆技术,如正在研发的中国先进铅基研究反应堆 CLEAR 系列。美国具有丰富的钠冷快堆设计、开发、建造和运行经验,进入 21 世纪后,更加速了小型安全可移动自动反应堆 SSTAR 等铅冷快堆的概念设计和开发工作。

1. 欧盟液态金属冷却反应堆

欧盟液态金属冷却反应堆的开发现状如表 1-2 所示。

表 1-2　欧盟液态金属冷却反应堆

反应堆	ASTRID	ALFRED	MYRRHA	SEALER
英文全名	Advanced Sodium Technology Reactor for Industrial Demonstration	Advanced Lead Fast Reactor European Demonstrator	Multipurpose hYbrid Research Reactor for High-tech Applications	Swedish Advanced Lead-cooled Reactor
设计方	CEA、Framatome、JAEA、MFBR	Ansaldo Nucleare	Belgian Nuclear Research Center (SCK·CEN)	Lead Cold Reactors
电功率	600 MW	125 MW	—	3 MW
热功率	1500 MW	300 MW	100 MW	8 MW
冷却剂	钠	铅	铅铋共晶合金	铅
运行压强	小于 0.5 MPa	0.1 MPa	0.1 MPa	0.1 MPa
运行温度	堆芯入口 400℃,出口 550℃	堆芯入口 400℃,出口 480℃	堆芯入口 270℃,出口 325℃	堆芯入口 390℃,出口 430℃
紧急安全系统	无需安注系统	无需安注系统	两个不同的停堆系统	非能动系统
余热排出系统(DHR)	三个 DHR 系统(两个非能动、两个主动 DRACS 和两个主动 RVACS)	两个 DHR 系统,四个非能动回路	两个不同的非能动系统	非能动系统

续表

反应堆	ASTRID	ALFRED	MYRRHA	SEALER
设计状态	基础设计	概念设计	概念设计	概念设计
特点	池式、低空泡效应、布雷顿循环、非能动 DHR	池式、铅冷却、非能动安全、高安全裕度	加速器驱动系统、堆内燃料储存、快中子辐照设施	通过容器热辐射排出余热、高密度停堆中子吸收棒、30 年运行无需加载燃料

1) ASTRID

法国原子能和替代能源委员会（Commissariat à l'Energie Atomique et aux énergies alternatives，CEA）于 2010 年与国际及法国工业合作机构启动了 ASTRID 的概念设计项目（Rouault et al.，2015）。该项目的目标是在工业规模上展示铀-钚循环的多循环和嬗变能力，并证明钠冷快堆用于商业发电的可行性。ASTRID 的设计如图 1-2 所示。

在预概念设计阶段，确定了几个主要的设计选项。其中包括采用带有一个锥形内部容器（redan）的池式主回路设计，该设计允许进行各种在役检查和维修。一回路系统采用三台一回路泵（主冷却剂泵）和四个中间热交换器，每个中间热交换器都与一个二级钠回路相连，二级钠回路中含有一个化学容积控制系统以及模块化的钠-氮气布雷顿循环能量转换系统。使用氮气系统从根本上消除了在蒸汽发生器中发生钠-水反应的可能性。堆芯采用的是一种低空泡效应设计，这种设计允许更长的循环周期和燃料停留时间，并符合所有控制棒抽出标

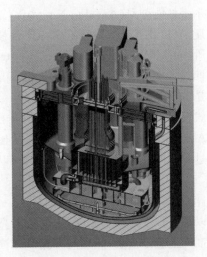

图 1-2　ASTRID 一回路系统

准，同时增加了所有无保护失流（Unprotected Loss Of Flow，ULOF）瞬态下的安全裕度，并改进了总体设计。在这种堆芯设计中，一回路冷却剂完全丧失会导致负的反应性效应，因此，堆芯中冷却剂沸腾会导致堆芯功率下降。

通过非能动方式 100% 地排出长期衰变热是 ASTRID 核岛设计的关键要求之一。为此，该设计包括衰变热排出钠回路，能够通过自然对流将热量从

一回路排出到非能动的钠-空气换热器。这些回路连同一回路本身建立的自然对流保证了 ASTRID 的非能动余热排出能力。

为给堆芯熔化等严重事故提供纵深防御，ASTRID 还配备了堆芯捕集器。与其他安全相关部件一样，堆芯捕集器是可检查的。安全壳的设计使它能抵御假想堆芯事故或大型钠火事故中释放的机械能，以确保在事故发生时，不需要采取任何场外应急措施。

自 2010 年项目启动以来，ASTRID 项目经历了三个阶段：准备阶段（2010—2011 年），在此期间确定了反应堆的主要设计方案（如一回路的几何形状）；初步概念设计阶段（2011—2013 年年底），选定了余下的未确定设计参数，获得了参考设计方案；概念设计阶段（2014—2015 年年底），旨在整合项目数据，获得最终的参考设计方案。ASTRID 基本设计在 2016 年开始。然而，受法国国家政策变动和财政的影响，ASTRID 项目在 2019 年暂停。

2）ALFRED

欧洲先进铅冷示范快堆（ALFRED）项目由促进 ALFRED 建造（Fostering ALFRED Construction，FALCON）国际财团支持，其中包括安萨尔多核能公司（Ansaldo Nucleare）、意大利国家新技术、能源和可持续经济发展局（ENEA）、罗马尼亚皮特什蒂核研究所（Institutul de Cercetari Nucleare Pitesti）和捷克雷兹研究中心（Centrum Výzkumu Řež，CVŘ），旨在将铅冷快堆技术发展到工业成熟水平（Frogheri et al.，2013）。ALFRED 的候选地点是罗马尼亚的米奥文尼核能平台。ALFRED 是一个热功率为 300 MW 的池式反应堆，旨在证明欧洲铅冷快堆技术在下一代商业电厂中部署的可行性。ALFRED 的设计集成了工业规模电站的原型设计方案，最大限度地使用了经过验证的和可用的技术解决方案，以简化认证和获得许可。

ALFRED 的系统设计如图 1-3 所示。ALFRED 一回路系统采用池式设计，所有内部组件可拆卸或移除。一回路系统采用尽可能简单的流动路径，以最大程度地减少压降，从而实现高效的自然循环。离开堆芯的一回路冷却剂向上流经主泵，然后向下流经蒸汽发生器，换热之后进入冷室，随后再次进入堆芯。一回路熔池液面和反应堆容器顶盖之间充满惰性气体。反应堆容器呈圆柱形，有一个碟形下封头，通过 Y 形接口从顶部固定在反应堆腔体上。容器内部结构为堆芯提供径向约束，以保持其几何形状，并与可插入燃料组件的底部格架相连。反应堆容器周围留出的间隙是为了在发生泄漏时能维持主要的循环流道。堆芯由 171 个包裹的六边形燃料组件、12 根控制棒、4 根安全棒及环绕的哑棒组成。燃料采用混合氧化铀空心颗粒，钚富集度最大为 30%。8 台蒸汽发生器和主泵位于内部容器和反应堆容器壁之间的环形空间。

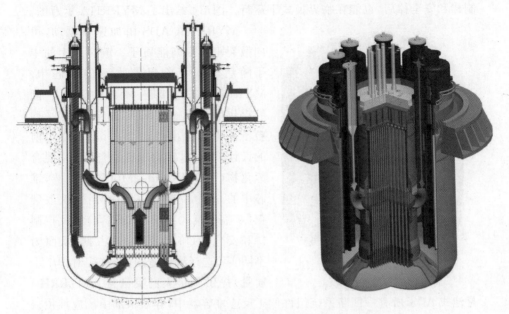

图 1-3　ALFRED 一回路系统

ALFRED 配备了两组不同的、冗余的和相互独立的停堆系统。第一个系统由吸收棒组成,可凭借浮力从底部插入堆芯,同时实现控制功能;第二个系统通过气动系统将吸收棒从顶部插入堆芯。余热排出系统由两组非能动的、冗余的和相互独立的系统构成,每个系统中的 4 个独立的冷凝器系统与 4 个蒸汽发生器二次侧相连。4 个独立冷凝器中的 3 个已经足够排出衰变余热。这两个系统都是非能动的,由主动的控制阀控制其投入运行。反应堆厂房下方安装有二维隔震器,以削减水平地震荷载。

ALFRED 的概念设计在 2013 年达到了成熟程度。为进一步提高一回路系统配置的稳健性,同时适当考虑最新的技术进步,目前还在对不同的设计方案进行研究,其中反应堆冷却系统的设计已基本确定(Alemberti et al.,2020)。参考欧洲首个工业规模级别的铅冷快堆规划蓝图,ALFRED 将于 2030 年前后投入使用。

3) MYRRHA

MYRRHA 是由比利时核能研究中心(Belgian Nuclear Research Center,SCK·CEN)开发的创新型多功能快中子谱铅冷研究反应堆(Abderrahim et al.,2012)。MYRRHA 虽然被认为是由加速器驱动的次临界核能系统(Accelerator Driven Sub-critical System,ADS),但是在移除散裂靶、插入控

制棒和安全棒后,也能在临界模式下运行。图 1-4 给出了 MYRRHA 示意图。

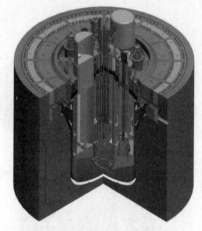

MYRRHA ADS 由加速器驱动,可向散裂靶输出高能质子。散裂产生的中子随后输入亚临界模式下的堆芯中。MYRRHA 加速器是一个线性加速器,能够提供能量为 600 MeV 的粒子束,平均粒子束电流强度可达 3.2 mA。在目前的设计阶段中,MYRRHA 堆芯使用混合氧化物(Mixed Oxide,MOX)燃料棒,堆芯中的 55 个位置可由堆内测试段、散裂靶(亚临界模式下的中心位置)以及控制棒和安全棒(临界模式下)占据,从而为不同实验选择最合适的位置(相对于中子通量)提供了很大的灵活性。MYRRHA

图 1-4　MYRRHA 一回路系统

是池式 ADS,所有一回路系统组件位于反应堆容器中,容器顶部由反应堆顶盖封闭。容器中存在隔层将熔池冷区和热区隔开,并支持容器内的燃料储存。由于堆芯上方为堆内测试区和粒子通道,所以燃料的装卸通过堆芯底部的两个堆内燃料操作装置来实现。

一回路、二回路和三回路冷却系统能排出的最大堆芯热功率为 110 MW。一回路冷却系统由两个主泵和四个主换热器组成;二回路冷却系统是水冷系统,通过加压水从主换热器导出热量;三回路冷却系统则是空冷系统。

如果出现一回路失流的情况,MYRRHA 在亚临界模式下需要切断中子束,在临界模式下则需要插入控制棒和安全棒。一回路、二回路和三回路冷却系统通过建立自然对流循环来排出衰变余热。余热的最终排出则通过反应堆容器冷却系统的自然对流来实现。在极端的反应堆容器破裂事故情形下,反应堆底坑将执行次级安全壳功能,将铅铋冷却剂保持在适当的位置。

MYRRHA 的实施分两个阶段。第一阶段(2016—2024 年)将建造一个 100 MeV 的粒子加速器,以及一个用于生产放射性同位素和材料研究的工作站,预计在 2024 年,首个研发设施将投入使用,同时完成反应堆施工前的工程和设计工作。第二阶段(2025—2030 年)将开发建设 600 MeV 的粒子加速器和反应堆,预计建设阶段将于 2030 年完成,并于 2033 年完成调试。

4) SEALER

在无电网连接的偏远地区,通常使用柴油发电机来发电。目前,柴油机发电产生的二氧化碳排放量占全球碳排放量的 3%。同时,对北极地区来说,柴油的运输和储存成本昂贵,使得电力和热能生产成本非常高。因此,新型小型核电站能够以更强的经济竞争优势来替代柴油发电机,并为这些偏远地区提供持续的能源和电力。为满足加拿大北极地区商业电力生产的需求,瑞典LeadCold公司开发设计了 SEALER(Wallenius et al.,2017)。SEALER 一回路系统如图 1-5 所示。

SEALER 设计的额定运行热功率为 8 MW,通过使用 8 台主泵(每个泵提供的流量为 164 kg/s)将冷却剂输入堆芯,在冷却剂流出堆芯后,热量进入 8 个蒸汽发生器。冷却剂在堆芯升温 42℃时,燃料包壳峰值温度估计为 444℃,一回路系统总压降约为 120 kPa,其中堆芯通道压降约为 108 kPa。为了能通过自然对流排出余热,蒸汽发生器热中心位置位于堆芯热中心上方 2.2 m 处,提供的浮力压头超过 2 kPa。

图 1-5　SEALER 一回路系统

SEALER 设计中的非能动安全特性主要基于以下原理:重力辅助停堆、铅冷却剂自然对流排出堆芯余热、反应堆容器热辐射排出一回路系统余热。严重事故的处理方法是依靠铅冷却剂形成低蒸气压的化合物(如碘化铅)来限制挥发性裂变产物扩散。在寿命末期,裂变产物全部释放到冷却剂后,计算得出的碘、铯和钚的保留系数超过 99.99%,这足以使得厂址边界的放射性剂量低于 20 mSv,从而保持在需要避难和紧急疏散的监管阈值以下。

SEALER 的概念设计于 2017 年完成。同年,SEALER 的第一阶段供应商预许可审查提交至加拿大核安全委员会(Canadian Nuclear Safety Commission)。SEALER 的基础设计于 2018 年完成,最终设计原计划于 2019 年完成。加拿大于 2019 年提交了在现有核设施上建设示范电站的许可证申请。建设许可原计划在 2021 年获批,且电站可能会在 2025 年之前投入运营。

2. 俄罗斯液态金属冷却反应堆

俄罗斯自 20 世纪 50 年代开始开发液态金属冷却快堆。基于早期的实验堆 BR-1、BR-2、BR-5 以及研究堆 BOR-600,俄罗斯开发了 BN 系列钠冷快堆,其中 BN-350、BN-600 和 BN-800 机组依次分别于 1973 年、1980 年和 2015 年投入运行(Leipunskii et al.,1966；Buksha et al.,1997；Poplavskii et al.,2004)。俄罗斯目前正在开发的液态金属冷却快堆有 BN-1200 钠冷快堆(Vasilyev et al.,2021)、多用途液态金属快中子研究堆 Multipurpose Fast Neutron Research Reactor，MBIR(Dragunov et al.,2012a)、模块式铅铋快堆 SVBR-100(Zrodnikov et al.,2011)、BREST-OD-300 铅冷快堆(Dragunov et al.,2012b)和 BREST-1200 铅冷快堆(Filin,2000)。表 1-3 列出了上述在役和开发中的液态金属冷却快堆的基本参数。

表 1-3　俄罗斯液态金属冷却快堆基本参数

反应堆型号	热功率/电功率	冷却剂	燃料类型	堆芯入口/出口温度	蒸汽温度/压强	设计寿命
BN-800	2100 MW/890 MW	钠	PuO_2-UO_2/UPuN	354℃/547℃	490℃/14 MPa	40 年
BN-1200	2800 MW/1220 MW	钠	UPuN/MOX	410℃/550℃	510℃/17.5 MPa	60 年
MBIR	150 MW/60 MW	液态金属	UN+PuN,MOX	330℃/512℃	—	50 年
SVBR-100	280 MW/100 MW	铅铋共晶合金	UO_2,MOX,UPuN	340℃/490℃	278℃/6.7 MPa	60 年
BREST-OD-300	700 MW/300 MW	铅	(U-Pu)N,(U-Pu-MA)N,UN,(U-Pu)O_2	420℃/540℃	505℃/18 MPa	30 年
BREST-1200	2800 MW/1200 MW	铅	UN+PuN	420℃/540℃	520℃/18 MPa	60 年

1) BN-800 钠冷快堆

基于 BN-600 钠冷快堆的设计、建设和运行经验，BN-800 钠冷快堆始建于 1984 年，并于 2016 年投入商用发电。图 1-6 给出了 BN-800 钠冷快堆示意图。

BN-800 钠冷快堆采用和 BN-600 钠冷快堆相同的反应堆容器，反应堆的重要设计包括以下方面：非能动安全系统装载液压悬浮吸收棒，在一回路钠流量降低至正常流量的一半时会插入堆芯；二回路连接空气换热器可非能动排出余热；反应堆容器底部设有堆芯捕集器，防止堆芯熔融物与反应堆容器接触反应；堆芯上部的轴向覆盖层由钠腔室代替，以增强轴向的中子泄漏并补偿钠沸腾引起的正反应性效应；模块化蒸汽发生器、泄漏检测系统以及防护容器等的设计可有效预防钠泄漏和钠火事故；燃料装载系统的完全机械化

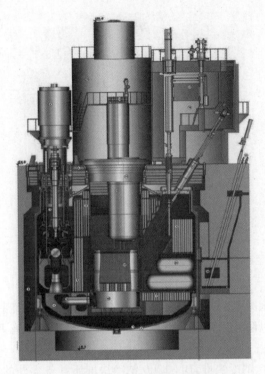

图 1-6　BN-800 钠冷快堆

操作可允许堆芯装载使用混合氧化物燃料。

　　BN-800 反应堆容器为圆柱形,底部为球形,顶部为锥形,反应堆容器外还设有一个防护容器,可预防容器钠泄漏。反应堆主泵和中间换热器位于反应堆容器内。膨胀波纹管能抵消泵和管道热膨胀产生的位置偏差。相比 BN-600 钠冷快堆,BN-800 钠冷快堆改进了安全系统,对蒸汽进行了预热,并减少了辅助系统的数量,这使得比耗钢量从原先 BN-600 钠冷快堆的 4.3 t/MW 降低至 2.7 t/MW。

　　2) BN-1200 钠冷快堆

　　BN-1200 钠冷快堆的开发设计基于 BN-600 和 BN-800 钠冷快堆的设计运行经验。图 1-7 给出了 BN-1200 钠冷快堆示意图。

　　一回路系统采用池式集成设计,堆芯、主泵、中间换热器和安全系统均位于反应堆容器内,反应堆容器被封闭在一个保护容器内。在配备碳化硼组件的情况下,乏燃料可在反应堆容器内冷却和存储超过两年。BN-1200 钠冷快堆有三个回路,每个回路有四个流动环路。一回路和二回路均使用钠作冷却

图 1-7　BN-1200 钠冷快堆

剂,三回路冷却剂是水。二回路泵为立式单级离心泵,直流蒸汽发生器设有自动保护系统,以防止回路间的泄漏。每个冷却剂回路设有两个蒸汽发生器模块。

相比 BN-800 钠冷快堆,BN-1200 钠冷快堆还具备额外的安全系统设计:非能动紧急余热排出系统、依靠吸收棒对堆芯冷却剂温度变化进行响应的非能动停堆系统,以及阻止多个控制棒非预期弹出的反应堆保护系统。设计的简化和非能动系统的优化进一步提高了 BN-1200 钠冷快堆的经济性和安全性。

3) MBIR 多用途液态金属快中子研究堆

俄罗斯正在开发 MBIR 研究堆,用以代替在 2020 年退役的 BOR-60 实验堆。2014 年,季米特洛夫格勒市获得了 MBIR 研究堆的选址许可,但是原计划 2015 年的建设项目被暂停。2020 年,俄罗斯国家原子能公司 Rosatom 宣布重启该建设项目。MBIR 研究堆提高了中子注量率,堆内有大量的堆芯内/外实验单元,以及五个使用铅、铅铋共晶合金和钠冷却剂的实验回路,因此可拓宽实验领域。图 1-8 给出了 MBIR 研究堆示意图。

MBIR 研究堆采用典型钠冷快堆的配置,有三个回路和一个二级钠回路。MBIR 研究堆可通过一回路建立自然循环以实现非能动余热排出的安全功能,一回路与二回路的分离可消除放射性钠泄漏的可能性。反应堆容器内的堆芯捕集器能在堆芯熔毁事故中防止堆芯熔融物与反应堆容器接触。

MBIR 研究堆计划开展以下研究:结构材料辐照测试;先进燃料和中子

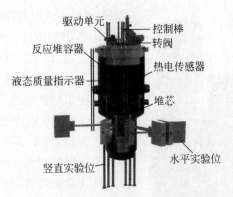

图 1-8 MBIR 液态金属研究堆

（请扫Ⅱ页二维码看彩图）

吸收材料开发；新型冷却剂开发研究；燃料和吸收棒堆内测试；瞬态和事故情形下的燃料行为研究；冷却剂控制技术示范；热工水力等系统程序验证；闭式燃料循环中的锕系元素嬗变研究；放射性同位素和掺杂硅的商业化生成；应用中子射线成相、层析和活化等技术的材料方面研究；中子束医学应用；反应堆设备测试；反应堆操作研究员训练；能源产出和工艺用热。为此，MBIR 研究堆配备了以下堆内实验设施：气体、钠、铅/铅合金以及熔盐实验回路通道；用于燃料、吸收棒和结构材料辐照实验的实验组件以及同位素生产组件。

4）SVBR-100 铅冷快堆

俄罗斯国家原子能公司 Rosatom 和私营企业合资成立了俄罗斯 AKME 工程公司，并开发了 SVBR-100 铅冷快堆。2015 年，季米特洛夫格勒市获得 SVBR-100 铅冷快堆选址许可。SVBR-100 铅冷快堆的模块化设计、较长的换料周期以及非能动安全性使其能适用于偏远地区的电力供应。

图 1-9 给出了 SVBR-100 铅冷快堆的示意图。SVBR-100 铅冷快堆的设计特点包括以下方面：一回路系统集成式设计，没有一回路管道和泵；反应堆容器可更换；一回路维修和燃料装载时无需排干冷却剂；自然循环模式非能动排出余热；液态金属冷却剂自由液面上的蒸汽分离可防止蒸汽发生器事故下蒸汽侵入堆芯；多种燃料选择。SVBR-100 的冷却剂使用、反应堆和整体电站设计能满足最严格的安全要求，所有一回路系统和设备都位于一个高强度容器内，容器整体又被封闭于反应堆防护容器中，两者之间的空间可预防反应堆容器的冷却剂泄漏。一回路和二回路冷却剂的回路自然循环足以排出堆芯余热。反应堆整体容器被放置于一个水池中，可在无操作介入的情

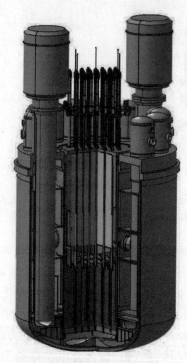

图 1-9　SVBR-100 铅冷快堆

况下,超过 5 天时间持续地往水池导入热量。此外,SVBR-100 铅冷快堆二回路的系统压力高于一回路的系统压力,在蒸汽发生器管道破裂的情况下,不会发生放射性物质的扩散污染。

SVBR-100 铅冷快堆使用铅铋共晶合金作为冷却剂,其较低的体积膨胀系数为操作期间提供了低反应性裕度。铅铋共晶合金的高沸点(约 1670℃)消除了堆芯偏离核态沸腾而引起的事故,并使得一回路系统在正常运行工况和事故条件下都保持较低的压力。在非预期的控制棒弹出事故下,堆芯的负反应性反馈将使堆芯功率降低至安全水平。铅铋共晶合金对裂变产物的容纳能力能有效减少冷却剂丧失事故的放射性后果。

5）BREST-OD-300 铅冷快堆

作为商用铅堆 BREST-1200 的先驱堆,BREST-OD-300 铅冷快堆是纯铅冷却的 300 MW 示范快堆,并带有厂内燃料后处理设施。俄罗斯国家原子能公司 Rosatom 按计划于 2021 年秋季开始建设 BREST-OD-300 铅冷快堆。BREST-OD-300 的开发设计主要基于军用铅铋反应堆的运行经验、小型和全尺寸型铅冷却设备模型,以及使用中子、热工水力和辐射物理程序的数值模拟结果。图 1-10 给出了 BREST-OD-300 铅冷快堆的示意图。反应堆一回路使用纯铅作冷却剂,一回路较高的热容可允许回路建立自然循环模式排出衰变热,从而减轻失流事故等瞬态事件对燃料完整性的影响。

BREST-OD-300 铅冷快堆采用氮化铀/钚作燃料,具有高密度、高热导率的特性,能降低燃料最高温度,减少裂变气体产物的释放。钚增殖和较弱的燃料温度功率效应降低了所需要的剩余反应性和反应性事故的影响。反应堆容器为钢衬、钢-混凝土复合结构,内置用于预热和衰变热排出的换热器,并设有 5 个液压耦合腔体。堆芯、反射器以及乏燃料位于中央腔体内,4 个外围腔体内有蒸汽发生器、冷却剂泵、换热器、过滤器和其他组件。冷却剂泵产生冷却剂液位差,从而使铅流入堆芯,这种设计一方面可确保在泵跳闸时,冷却剂流量逐渐减少,另一方面也排除了在蒸汽发生器泄漏情形下,蒸汽气泡进入堆芯的可能性。

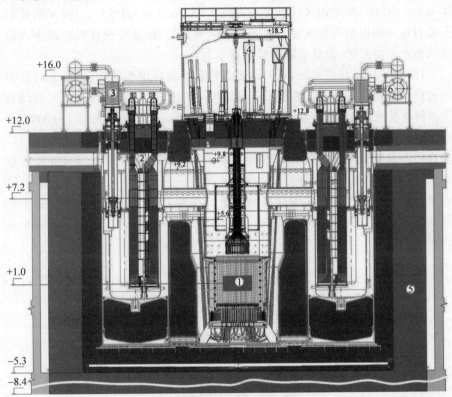

图 1-10　BREST-OD-300 铅冷快堆

(请扫 II 页二维码看彩图)

6) BREST-1200 铅冷快堆

参考 BREST-OD-300 铅冷快堆的设计并结合其运行基础,俄罗斯将开发商用 BREST-1200 铅冷快堆,发电功率达 1200 MW。在概念设计上,BREST-1200 铅冷快堆和 BREST-OD-300 铅冷快堆相似,其不同之处主要有:配备超临界透平机,使用超临界蒸汽循环发电;因燃料棒中的钚含量沿直径均匀分布,所以堆芯径向功率分布更均匀;在失去冷却剂的情况下,吸收棒在重力作用下插入堆芯;可采用不同方式装卸燃料。BREST-1200 铅冷快堆的设计工作目前仍未结束,预计可在 2030 年实现商用运行。

3. 日本液态金属冷却反应堆

继常阳(JOYO)钠冷快堆和文殊(MONJU)钠冷快堆后,日本原子能机构(Japan Atomic Energy Agency,JAEA)于 2006 年提出了快堆循环技术开发项目,其中计划开发设计新的商用钠冷快堆(Japan Sodium-cooled Fast Reactor,JSFR),并采用多项新型关键技术(Aoto et al.,2011)。JSFR 的基本开发目标是利用钠冷快堆在实现能源可持续输出、保证安全性能和减少放射性物质产生的同时,提高能源的经济竞争力。

　　JSFR 采用环路式设计,双回路热量传输系统导出堆芯能量,堆芯的新型组件设计可避免在堆芯熔毁事故下堆芯再次临界,另外,反应堆配备了自动触发式停堆系统和自然循环余热排出系统。JSFR 的示范堆电功率达 750 MW,而商用堆电功率将达到 1500 MW,堆芯入口和出口温度分别为 395℃ 和 520℃,蒸汽回路温度和压强分别为 497℃ 和 19.2 MPa。图 1-11 给出了 JSFR 示意图。JSFR 的结构设计更加简化和紧凑,采用一体化的中间热交换器和一回路泵,缩短管道布置,并减少回路的数量。在安全设计层面,JSFR 加强了非能动安全性能和在堆芯熔毁事故下堆内熔融物滞留(In-Vessel Retention,IVR)的能力。

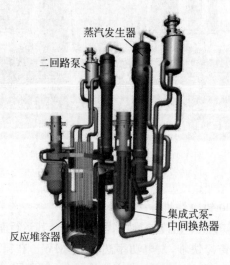

图 1-11　JSFR 示意图

(请扫 Ⅱ 页二维码看彩图)

　　JSFR 的设计中应用了以下关键新技术。

1) 高燃耗堆芯设计和氧化物弥散增强型钢材料包壳

　　堆芯使用混合氧化超铀燃料,燃耗达 150 GWd/t,包壳材料为氧化物弥散增强型(Oxide Dispersion Strengthened,ODS)钢。为了适应高燃耗、高温和高辐照剂量的堆芯环境,日本原子能机构开发了两种 ODS 钢材料作为包壳管:ODS 回火型马氏体钢(9Cr,11Cr)和 ODS 再结晶型铁素体钢(12Cr)。这两类 ODS 钢材料兼具抗辐照肿胀和蠕变强度高的性能。

2）自引动停堆系统和新型堆芯设计

反应堆配有两个互相独立的反应堆停堆系统以及一个自引动停堆系统（Self-Actuated Shut-down System，SASS）。在发生如无保护失流、无保护瞬态超功率和无保护失热阱一类的无停堆措施介入的瞬态时，SASS 将执行非能动停堆功能。当冷却剂温度在无保护瞬态中上升时，SASS 依靠铁磁体的特性能够非能动地分离控制棒。为了减轻堆芯熔毁事故的严重后果，JSFR 开发了一种带有内部导管结构的燃料组件（Fuel Assembly with an inner DUct Structure，FAIDUS）。FAIDUS 能增强堆芯的熔融燃料排出能力，可防止因熔融燃料大量聚积而导致堆芯重返临界。

3）中间热交换器和主泵一体化设计

JSFR 的系统设计紧凑，中间热交换器和主泵为一体化设计，由主泵、中间换热器换热管束和反应堆一级辅助冷却系统换热管束组成。该组件设计可防止钠液面出现气体卷吸。

4）自然循环排出衰变余热

JSFR 可通过自然对流排出系统衰变热。系统中所有的钠边界包括空气冷却管道均为双壁设计，可用于监测和检查钠泄漏。JSFR 余热排出系统的功能已经在多种运行瞬态试验中得到证实，其中仅依靠反应堆辅助冷却系统进行的余热排出能力，也已经得到了三维分析程序的评估和验证。

此外，日本原子能机构还提出了 JSFR 蒸汽发生器的双层壁面设计，改进了钢板-混凝土安全壳设计，简化了燃料处理系统，并且配备了先进的隔震系统，从而使安全特性得以明显增强。

4. 韩国液态金属冷却反应堆

韩国原子能研究所（Korea Atomic Energy Research Institute，KAERI）自 1997 年开始发展钠冷快堆技术，并提出了韩国先进液态金属反应堆（Korea Advanced LIquid MEtal Reactor，KALIMER）的概念设计。基于 KALIMER-150 和 KALIMER-600 的概念设计和开发经验，KAERI 正在开发韩国第四代钠冷快堆原型堆（Prototype Generation Ⅳ Sodium-cooled Fast Reactor，PGSFR）（Lee et al.，2016），并于 2020 年获得设计许可，预计在 2028 年完成反应堆的建设工作。图 1-12 给出了 PGSFR 的结构示意图。

PGSFR 采用池式钠冷快堆设计，中间热交换器和主泵位于反应堆容器内。一回路系统由堆芯、两台主泵和 4 个中间热交换器组成，堆芯使用铀-锆合金燃料或铀-超铀-锆合金燃料，堆芯出口温度可达 545℃；二回路由两个二回路电磁泵、两个蒸汽发生器和两个膨胀容器组成。动力转换系统的压强为16.7 MPa,蒸汽温度为503℃,使用过热蒸汽朗肯循环或超临界二氧化碳布雷顿循环发电,设计电功率为 150 MW。

　　在反应堆安全设计方面,PGSFR 的非能动停堆系统由堆芯上方热区的温度上升激活,当冷却剂温度升高到阈值时,控制棒组件依靠热膨胀而脱离电磁铁,在自身重力作用下插入堆芯。PGSFR 的余热排出系统由两个非能动余热排出系统和两个能动式余热排出系统组成。在非能动余热排出系统中,反应堆容器中的钠可直接在空气冷却换热器中自然冷却;而在能动式余热排出系统中,一回路钠在强迫式空气冷却换热器中冷却。除余热排出系统外,在发生严重事故时,反应堆穹顶冷却系统(Reactor Vault Cooling System,RVCS)可令反应堆通过反应堆容器外部环境空气的自然循环排出热量,以及时冷却反应堆容器内的堆芯熔融物。

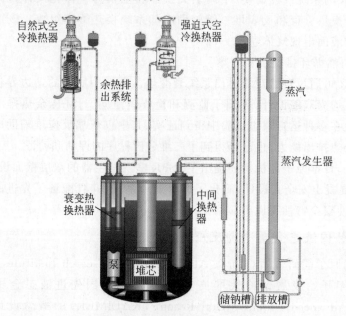

图 1-12　PGSFR 结构示意图
(请扫Ⅱ页二维码看彩图)

5. 印度液态金属冷却反应堆

　　20 世纪 70 年代,法国和印度合作开发增殖快堆技术。印度随后设计建造了快中子增殖试验堆(Fast Breeder Test Reactor,FBTR),于 1985 年达到临界并成功运行超过 30 年(Srinivasan et al.,2006)。FBTR 为环路式钠冷快堆,有两个一回路和两个二回路。每个二回路中有两个蛇管式蒸汽发生器,4个蒸汽发生器模块连接到蒸汽动力转换回路。FBTR 早期使用碳化铀、碳化钚燃料,在后期开始使用含钚量较高的混合氧化物燃料,运行热功率为 20 MW。新型钠冷快堆的燃料组件可在 FBTR 中得到有效的辐照测试。此外,FBTR 还可用于生成包壳结构材料数据、校准传感器和探测器以及生产同位素。该反应堆将延长寿命 20 年,并且可作为辐照设施使用。

在 FBTR 的建造和运行经验基础上,印度英迪拉·甘地原子能研究中心开发建造了印度原型快堆(Prototype Fast Breeder Reactor,PFBR)(Chetal et al.,2006),最终调试阶段已经完成,按计划可在 2021 年末开始运行。PFBR 为热功率 1250 MW、电功率 500 MW 的池式钠冷快堆,堆芯使用二氧化铀和二氧化钚燃料,增殖材料为贫铀燃料,设计运行年限为 40 年。反应堆冷却系统由两个钠冷二回路组成,每个二回路含有两个中间热交换器,4 个中间热交换器均在反应堆容器内将一回路钠池的热量传输至二回路,二回路随后再将热量传递至蒸汽动力回路。在正常运行工况下,一回路钠池热区和冷区的温度分别为 547℃ 和 397℃,二回路最高和最低温度分别为 525℃ 和 325℃,透平机蒸汽温度达 490℃,压强为 16.7 MPa。图 1-13 给出了 PFBR 的示意图。

在安全设计方面,PFBR 除配备了两个相互独立的停堆系统外,还有余热排出系统。回路自然循环、衰变热换热器以及空冷换热器均可以非能动地排出系统余热。反应堆容器底部设有堆芯捕集器,防止严重事故下堆芯熔融物损毁反应堆容器。堆芯熔融物以分散的方式收集,以确保得到足够的冷却,且不会达到再临界。

基于 PFBR 的开发、设计、建造和调试的经验以及一些新的技术进展,印度计划于 2023 年开发建设两座发电功率达 600 MW 的商用钠冷快堆 FBR-600。

6. 我国液态金属冷却反应堆

1) 钠冷快堆

我国在 20 世纪 60 年代末开始快堆的开发和研究,目前采取"实验快堆、示范快堆、商用快堆"三步走的路线。1986 年,钠冷快堆技术开发被列入国家"863 计划"。中国实验快堆(Chinese Experimental Fast Reactor,CEFR)项目由科技部、国防科工局主管,中国核工业集团公司组织,中国原子能科学研究院具体实施(徐銤,2011)。CEFR 于 2000 年 5 月开工建设,2010 年 7 月首次达到临界,并成功并网发电。CEFR 是目前世界上为数不多的大功率且具备

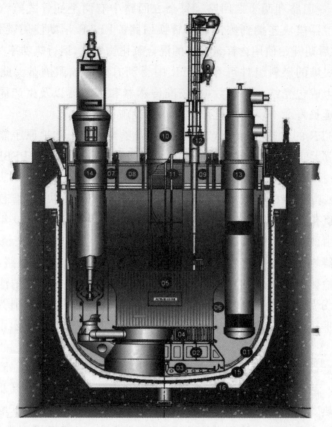

图 1-13　PFBR 示意图

发电功能的实验快堆。在长达 20 多年的实验快堆研发过程中，我国全面掌握
了快堆技术，取得了一大批自主创新成果和专利，实现了实验快堆的自主研
发、设计、建造、运行和管理。

　　CEFR 采用一体化池式结构，带有两台主泵、4 个中间热交换器、两个钠
冷二回路以及两个蒸汽发生器，堆芯采用混合氧化物（MOX）燃料，设计热功
率为 65 MW，实验发电功率达 20 MW，堆芯入口温度和出口温度分别为
360℃和 530℃，蒸汽温度和压强分别为 480℃和 10 MPa。图 1-14 给出了
CEFR 的示意图。

　　在安全设计方面，CEFR 采用堆芯负反馈设计，配置了先进的非能动安全
系统，安全特性指标已达到第四代先进核能系统的要求。CEFR 的余热排出
系统由两个独立的回路组成，每个回路有一个独立的换热器和一个空冷换热
器。在事故情形下，余热排出系统完全依靠回路自然循环的方式实现非能动

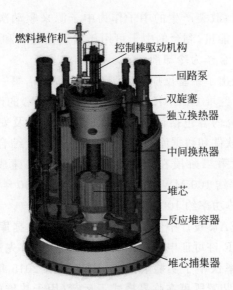

燃料操作机
控制棒驱动机构
回路泵
双旋塞
独立换热器
中间换热器
堆芯
反应堆容器
堆芯捕集器

图 1-14 中国实验快堆示意图

(请扫 II 页二维码看彩图)

余热排出功能。

按照中国原子能科学研究院的快堆发展规划,基于 CEFR 的设计、建造和运行经验,我国在 2021 年年初开始建造 CFR-600 示范钠冷快堆,选址在福建省霞浦县,预计在 2023 年实现并网发电。

CFR-600 为池式钠冷快堆,设计热功率为 1500 MW,发电功率为 600 MW,堆芯使用的混合氧化铀燃料由俄罗斯国家原子能公司生产。堆芯入口温度为 380℃,出口温度为 550℃,蒸汽温度为 480℃,设计使用寿命为 40 年。CFR-600 钠冷快堆一回路为池式设计,由三个环路组成,每个环路包括一台主泵和两个中间热交换器;次级回路由三个环路组成,每个环路由一个次级回路泵、两个中间换热器、钠缓冲罐和一个蒸汽发生器机组构成;蒸汽回路则由三个并联的蒸汽发生器机组和一个透平机组成。CFR-600 钠冷快堆同样配有空冷式余热排出系统,可通过回路自然循环非能动地排出余热,反应堆内设有堆芯捕集装置,防止严重事故下堆芯熔融物与反应堆容器接触。

在 CFR-600 钠冷快堆之后,我国预计将在 2030 年投入运行更大功率规模的商用级钠冷快堆。

2)铅冷快堆

中国的铅冷快堆开发始于 2011 年的加速器驱动次临界系统(Accelerator Driven Sub-Critical System,ADS)项目。ADS 利用加速器加速粒子,使其与靶核发生散裂反应,散裂产生的中子作为中子源来驱动次临界包层系统,维持链式反应并产生能量,剩余的中子可用于增殖核材料和嬗变核废物。ADS设计采用铅或铅合金作为冷却剂。

中国科学院提出了铅基反应堆发展的三个阶段:第一阶段是在 2020 年前完成中国铅基研究堆 CLEAR-Ⅰ(热功率约 10 MW)的设计与建造(吴宜灿等,2014),主要研究内容包括铅铋冷却反应堆的设计及安全分析、关键设备设计与研制、专用软件和数据库的开发、液态铅铋合金综合实验平台的设计、建造与运行技术;第二阶段在 2020 年至 2030 年间建成中国铅基实验堆 CLEAR-Ⅱ(热功率约 100 MW);第三阶段预计在 2030 年后建成中国铅基示范堆 CLEAR-Ⅲ(热功率约 1000 MW)。

为了验证 CLEAR 设计中使用的核设计程序和数据库、开发测量方法和仪器以及为 CLEAR 许可证申请提供支持,研究者们首先进行了零功率中子实验。为此,零功率快中子实验装置 CLEAR-0 于 2015 年建成。CLEAR-0零功率快中子实验装置既可在临界模式下运行(用于快堆的验证),也可在由加速器中子源驱动的次临界模式下运行(用于验证 ADS)。

CLEAR-Ⅰ的开发旨在结合运行操作技术对铅基研究堆和 ADS 进行验证。图 1-15 给出了 CLEAR-Ⅰ的示意图。CLEAR-Ⅰ为铅铋共晶合金冷却的池式反应堆,和 CLEAR-0 零功率快中子实验装置一样能够在临界和次临界两种模式下运行。以次临界模式运行的堆命名为 CLEAR-ⅠA,由质子加速器和散裂中子源驱动;以临界模式运行的堆命名为 CLEAR-ⅠB,堆内使用核燃料组件替代散裂中子源。CLEAR-Ⅰ铅基研究堆设计发热功率为 10 MW,堆芯入口和出口温度分别为 260℃ 和 390℃,一回路系统设有两个环路、4 个换热器,没有主泵,以自然循环的方式导出堆芯热量。二回路以水为冷却剂。CLEAR-Ⅰ铅基研究堆应用了成熟的燃料和材料技术以及安全设计,非能动余热排出系统设计采用两个独立的二级水冷系统,可通过水-空气换热器将余热排出至终端热阱;反应堆容器带有空冷系统,常规冷却系统失效时能紧急排出热量。堆芯经过中子动力学和非能动安全系统的适当设计,具有负反应性反馈的特征。

在中国 ADS 项目的第二阶段,CLEAR-Ⅱ铅基实验堆将用于 ADS 的相关实验和测试,同时作为高中子注量率实验堆,也可用于示范 ADS 和测试聚变堆材料。CLEAR-Ⅱ铅基实验堆采用铅或铅铋共晶合金作为冷却剂,发热功率为 100 MW,配备 60～100 MeV/10 mA 能量级别的质子加速器和中子散裂靶。在 ADS 项目的第三阶段,基于 CLEAR-Ⅱ铅基实验堆的技术积累和运行经验,中国铅基示范堆 CLEAR-Ⅲ将验证和示范商用 ADS 的乏燃料嬗变

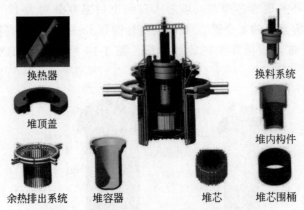

图 1-15　中国 CLEAR- I 铅基研究堆示意图

（请扫 II 页二维码看彩图）

技术。

2015 年 12 月 31 日，国家重大科技基础设施"加速器驱动嬗变研究装置"由国家发改委批准立项。加速器驱动嬗变研究装置（China Initiative Accelerator Driven System，CiADS）是国务院发布的《国家重大科技基础设施建设中长期规划（2012—2030）》中"十二五"时期优先安排建设的 16 个重大科技基础设施之一。CiADS 主要由超导直线加速器、高功率散裂靶、次临界反应堆以及其辅助配套设施构成（彭天骥等，2017），项目建设周期为 6 年。CiADS 建成后将成为国际上首个兆瓦级加速器驱动次临界系统原理验证装置，为我国率先掌握加速器驱动次临界系统集成和核废料嬗变技术提供条件支撑，同时也为我国在未来设计建设加速器驱动嬗变工业示范装置奠定基础。

7. 美国液态金属冷却反应堆

美国具有丰富的液态金属冷却反应堆设计、开发、建造和运行经验。自 20 世纪以来，美国成功开发了美国实验增殖堆一号 EBR- I 、美国实验增殖堆二号 EBR-II 、钠冷先进快堆 SAFR 和小型模块化动力堆 PRISM 等钠冷快堆，积累了大量的钠冷快堆技术和经验（Grabaskas，2014）。

进入 21 世纪后，铅冷快堆也成为了美国液态金属冷却反应堆开发的一个新方向。史密斯（Smith et al.，2008）提出了小型安全可移动自动反应堆（Small Secure Transportable Autonomous Reactor，SSTAR）的概念设计。SSTAR 的体积较小，设计发电功率为 20 MW，堆芯的设计寿命长达 30 年，换料周期可超过 15 年，能满足特殊的电力供应需求（如偏远地区供电）。SSTAR 为池式快堆，使用氮化物型燃料，采用铅作为一回路冷却剂，通过一回路自然循环实现堆芯冷却。堆芯入口和出口温度分别为 420℃和 567℃。位于反应堆容器内的 4 个铅-二氧化碳换热器导出一回路热量,随后通过超临界二氧化碳布雷顿循环实现能源转换。图 1-16 给出了 SSTAR 的设计示意图。

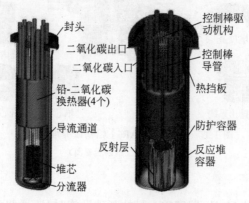

图 1-16　SSTAR 示意图
(请扫Ⅱ页二维码看彩图)

美国阿贡实验室在 SSTAR 概念设计的基础上提出了可持续、防核扩散、增强改进安全、可移动自动反应堆(SUstainable Proliferation-resistance Enhanced Refined Secure Transportable Autonomous Reactor,SUPERSTAR)小型模块化铅冷快堆的概念设计(Sienicki et al.,2011)。SUPERSTAR 的设计寿命为 60 年,和 SSTAR 同样为池式结构设计,设计热功率为 300 MW,使用铀-钚-锆金属型燃料,一回路通过铅的自然循环导出堆芯热量,堆芯入口和出口温度分别为 400℃和 480℃。铅-二氧化碳换热器将一回路热量导出,随后利用超临界二氧化碳布雷顿循环进行电力转换。SUPERSTAR 的下降段内设置有衰变热换热器,可在事故情形下通过自然对流的方式非能动地排出堆内热量。图 1-17 给出了 SUPERSTAR 的设计示意图。

美国西屋电力公司提出了西屋铅冷快堆(Westinghouse Lead-cooled Fast Reactor)的概念设计(Stansbury et al.,2018)。西屋铅冷快堆是中等功率规模输出的模块化池式铅冷快堆,具有发电、高温供热、制氢等多种用途,设计热功率为 950 MW,使用铅作为一回路冷却剂,堆芯热量为氧化物型燃料,堆芯入口温度为 420℃,出口温度可超过 600℃。堆芯热量通过一回路铅冷却剂的强迫循环导出,位于反应堆容器中的 6 个铅-二氧化碳换热器则将一回路的热量导出至能源转换回路,可利用超临界二氧化碳布雷顿循环发电。西屋铅冷快堆设置了非能动热量排出系统,主要通过空冷模式和水冷模式实现对防

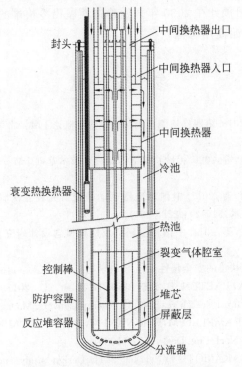

图 1-17 SUPERSTAR 设计示意图

护容器的有效冷却。当一回路系统过热时,反应堆容器可通过辐射的形式有效地将热量传导至防护容器。在空冷模式下,防护容器壁面通过空气自然对流排出热量;在水冷模式下,防护容器外部将充入水形成水池,防护容器将热量排至水池中。图 1-18 给出了西屋铅冷快堆的设计示意图。

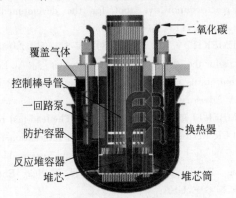

图 1-18 西屋铅冷快堆设计示意图

(请扫Ⅱ页二维码看彩图)

西屋电力公司预计在 2030 年开始建造西屋铅冷快堆的全尺寸原型堆,并预计在 2035 年开始商用运行。

参 考 文 献

成松柏,王丽,张婷,2018.第四代核能系统与钠冷快堆概论 [M].北京:国防工业出版社: 2-4.

成松柏,程辉,陈啸麟,等,2020.铅冷快堆液态铅合金技术基础 [M].北京:清华大学出版社:1-10.

彭天骥,顾龙,王大伟,等,2017.中国加速器驱动嬗变研究装置次临界反应堆概念设计 [J].原子能科学技术,51(12):2235-2241.

吴宜灿,柏云清,宋勇,等,2014.中国铅基研究反应堆概念设计研究 [J].核科学与工程, 34(2):201-208.

徐銤,2011.中国实验快堆的安全特性 [J].核科学与工程,31(2):116-126.

ABDERRAHIM H A,BAETEN P,DE BRUYN D,et al.,2012.MYRRHA-a multipurpose fast spectrum research reactor [J].Energy Convers. Manage.,63:4-10.

ALEMBERTI A,CARAMELLO M,FRIGNANI M,et al.,2020.ALFRED reactor coolant system design [J].Nucl. Eng. Des.,370:110884.

AOTO K,UTO N,SAKAMOTO Y,et al.,2011.Design study and R&D progress on Japan Sodium-Cooled Fast Reactor [J].J. Nucl. Sci. Technol.,48(4):463-471.

BUKSHA Y K,BAGDASSAROV Y E,KIRYUSHIN A I,et al.,1998.Operation experience of the BN-600 fast reactor [J].Nucl. Eng. Des.,173(1-3):67-79.

CHETAL S C,BALASUBRAMANIYAN V,CHELLAPANDI P,et al.,2006.The design of the Prototype Fast Breeder Reactor [J].Nucl. Eng. Des.,236(7-8):852-860.

DRAGUNOV Y G,TRETIYAKOV I T,LOPATKIN A V,et al.,2012a.MBIR multipurpose fast reactor-innovative tool for the development of nuclear power technologies [J].At. Energ.,113:24-28.

DRAGUNOV Y G,LEMEKHOV V V,SMIRNOV V S,et al.,2012b.Technical solutions and development stages for the BREST-OD-300 reactor unit [J].At. Energ.,113(1):70-77.

FILIN A I,2000.Current status and plans for development of NPP with BREST reactors [C].Moscow:IAEA Advisory Group Meeting.

FROGHERI M,ALEMBERTI A,MANSANI L,2013.The lead fast reactor:Demonstrator (ALFRED) and ELFR design [C].France:IAEA-International Conference on Fast growth and Related Fuel Cycles:Safe Technologies and Sustainable Scenarios (FR13).

GIF,2002.A Technology Roadmap for Generation Ⅳ Nuclear Energy Systems [R]. GIF002-00,US-DOE & GIF,USA.

GIF,2014.Technology Roadmap Update for Generation Ⅳ Nuclear Energy Systems [R]. GIF,Paris,France.

GRABASKAS D,2014. A review of U. S. Sodium Fast Reactor PRA Experience [C]. Hawaii: Probabilistic Safety Assessment and Management PSAM 12.

IAEA,2012. Status of fast reactor research and technology development [R]. IAEA-TECDOC-1691,Vienna,Austria.

IAEA,2013. Status of Innovative Fast Reactor Designs and Concepts [R]. IAEA,Vienna, Austria.

IAEA,2021. Nuclear Power Reactors in the World [R]. IAEA-RDS-2/41,Vienna.

LEE K L,HA K S,JEONG J H, et al. , 2016. A preliminary safety analysis for the Prototype Gen Ⅳ Sodium-Cooled Fast Reactor [J]. Nucl. Eng. Technol. , 48 (5): 1071-1082.

LEIPUNSKII A I,AFRIKANTOV I I,STEKOL'NIKOV V V,et al. ,1966. The BN-350 and the BOR fast reactors [J]. Soviet Atomic Energy,21: 1146-1157.

PIORO I L,2016. Handbook of Generation Ⅳ Nuclear Reactors [M]. Duxford: Woodhead Publishing.

POPLAVSKII V M,CHEBESKOV A N,MATVEEV V I,2004. BN-800 as a new stage in the development of Fast Sodium-Cooled Reactors [J]. At. Energ. ,96: 386-390.

ROELOFS F,2019. Thermal hydraulics aspects of Liquid Metal Cooled Nuclear Reactors [M]. Duxford: Woodhead Publishing.

ROUAULT J,ABONNEAU E,SETTIMO D,et al. ,2015. The SFR GENIV Technology Demonstrator Project: Where Are We,Where Do We Stand For [C]. Nice ,France: International Congress on Advances in Nuclear Power Plants 2015.

SIENICKI J J,MOISSEYTSEV A,ALIBERTI G,et al. ,2011. SUPERSTAR: an improved natural circulation,lead-cooled,small modular fast reactor for international deployment [C]. France: ICAPP 2011.

SMITH C,HALSEY W H,BROWN N W,et al. ,2008. SSTAR: the US lead-cooled fast reactor (LFR) [J]. J. Nucl. Mater. ,376(3): 255-259.

SRINIVASAN G,SURESH K K V,RAJENDRAN B,et al. ,2006. The Fast Breeder Test Reactor-design and operating experiences [J]. Nucl. Eng. Des. ,236(7-8): 796-811.

STANSBURY C,SMITH M, FERRONI P, et al. , 2018. Westinghouse lead fast reactor development: safety and economics can coexist [C]. Unites States: ICAPP 2018.

VASILYEV B A,VASYAEV A V,GUSEV D V,et al. ,2021. Current status of BN-1200M reactor plant design [J]. Nucl. Eng. Des. ,382: 111384.

WALLENIUS J,QVIST S,MICKUS I,et al. ,2017. SEALER: a small lead-cooled reactor for power production in the Canadian arctic [C]. Yekaterinburg, Russia: International Conference on Fast Reactors and Related Fuel Cycles: Next Generation Nuclear Systems for Sustainable Development (FR17).

ZRODNIKOV A V,TOSHINSKY G I,KOMLEV O G, et al. ,2011. SVBR-100 module-type fast reactor of the Ⅳ generation for regional power industry [J]. J. Nucl. Mater. , 415(3): 237-244.

第 2 章 液态金属冷却反应堆热工水力学总论

池式液态金属冷却反应堆热工水力学研究可以分为以下四个类别：基础热工水力、堆芯热工水力、熔池热工水力和系统热工水力。本章将首先对上述各类别中的现象及其研究现状进行概述，在此基础上进一步从实验和数值模拟等方面给出若干研究建议和指引。

2.1 基础热工水力

液态金属冷却反应堆中存在以下六类基础热工水力学现象：湍流传热、热纹振荡、流致振动、气泡迁移、颗粒输运及冷却剂固化。

2.1.1 湍流传热

由于液态金属的普朗特数较小，边界层中能量和动量输运的差别较大，所以液态金属湍流传热的计算流体动力学（CFD）模拟仍存在瓶颈（Roelofs et al.，2015a）。如今，虽然用于工业级别 CFD 模拟的先进模型已经存在，但往往只对一种流态（即自然对流或强制对流）有效。罗洛夫斯（Roelofs）等（Roelofs et al.，2015a）总结了液态金属湍流传热不同模型和方法的发展现状，其中沙姆斯等（Shams et al.，2014）提出了一个同时适用于自然对流和强制对流条件下的模型，并在高瑞利数自然对流条件下改进了该模型。

正如罗洛夫斯等（Roelofs et al.，2015b）所述，湍流传热模拟发展的最终目标是能在当前主流的工程 CFD 程序中使用一种适用于各类流动条件（自然、强迫、混合）的雷诺平均法（RANS）湍流传热模型。由沙姆斯等（Shams et al.，2014）提出并改进的模型在这方面是最具应用和开发潜力的，然而该模型目前还需要更多的实验和高保真数值模拟提供参考数据支持。特别地，未来尤其需要混合对流、流动分离和无约束流等方面的数据，用于验证新模型的有效性。类似地，混合 RANS/大涡模拟（LES）湍流模型也有望被应用于 Nek5000 谱元法程序（Bushan et al.，2018）。

2020年,欧盟的一些研究机构在金属冷却反应堆安全评估热工水力模拟和实验(SESAME)和MYRRHA研究与嬗变尝试(MYRTE)项目框架下,对最新的低普朗特数流体湍流传热实验和直接数值(DNS)模拟生成的数据库进行了总结(Shams et al.,2020)。表2-1给出了用于生成实验和DNS数据库的不同流动结构。这些参考数据库被广泛用来评估、验证和进一步开发不同的低普朗特数流体湍流热流密度建模方法,其中包括基于湍流普朗特数的简单梯度扩散假设(Simple Gradient Diffusion Hypothesis,SGDH)、AHFM-NRG代数热流密度模型、四方程 k-ϵ-k_θ-ϵ_θ 模型和浮力流动二阶湍流模型。

表2-1　用于生成低普朗特数流体湍流传热参考数据库的流动结构

数据来源	流　型	完全附着流动	分离流动	剪切/射流	混合结构流动
实验	混合对流	—	受限后台阶流	—	—
	强制对流	—	受限后台阶流、不受限后台阶流	平面射流	—
DNS和准-DNS	混合对流	平面通道流动、裸棒束	—	三射流	—
	强制对流	裸棒束	受限后台阶流	不受限混合层、撞击流	无限长带绕丝棒束

2.1.2　热纹振荡

热纹振荡是由流体温度波动引起的高周热疲劳现象,这种现象在液态金属冷却反应堆(LMR)中会引起材料蠕变和疲劳破坏。与水冷反应堆不同的是,液态金属冷却剂基本不会出现沸腾现象,因此在LMR中会出现较大的流体温度变化。同时,由于液态金属优良的传热特性,冷却剂的温度波动直接转化为金属结构部件的温度波动,进而导致热应力波动。在LMR中,热纹振荡是泵入口、T形接管和控制棒导管等部件损坏开裂的主要原因(Chellapandi et al.,2009)。在LMR中,导致流体温度出现波动的流动物理现象包括但不限于非等温热流的不完全混合、自由液面的波动以及热分层分界面的波动。温度波动在壁面上的衰减取决于波动频率和传热系数,而后者对于液态金属而言尤其高。

杜格达格等(Dougdag et al.,2017)基于MYRRHA反应堆的结构设计,对热纹振荡现象进行了理论层面的研究和评估。他们基于一些假设条件提出了一个简化的流体-平板模型,流体的温度随时间呈现正弦波动,计算出温度梯度等信息后,使用力学程序 RCC-MRx 计算出应力和应变的变化,然后结合疲劳曲线分析金属结构材料的寿命。王等(Wang et al.,2016a)以水为流体进行了平行双射流实验,并采用粒子图像测速(Particle Image Velocimetry,PIV)技术进行了测量,从而获得了可靠度较高的实验数据,其所获得的实验数据已被作为验证相关数值模型的基准。切拉潘迪等(Chellapandi et al.,2009)尝试从结构力学方面计算钠在热纹振荡中的温度波动极限值,并认为极限值在很大程度上取决于波动的衰减以及传热系数。

崔等(Choi et al.,2015)对使用空气、水和钠进行的热纹振荡实验研究和数值模拟研究进行了综述。由于实验成本和测量技术等问题,文献中尚未有使用铅或铅合金的热纹振荡实验研究。如今,仅有大涡模拟能充分地解析和预测热纹振荡过程中的温度波动和波动频率等混合行为,如王等(Wang et al.,2016b)进行的研究工作。然而,由于 CFD 模拟在大型工程上的计算成本极高,因此,人们也在探索和开发一些其他的模型和方法。

目前而言,能充分模拟工业级别热纹振荡现象的湍流模型正在进一步开发和验证中,例如怀泽等(Wiser et al.,2021)结合立方涡黏模型,采用非定常雷诺时均法 URANS 标准 k-ε 湍流模型对钠的平行三射流进行了 CFD 模拟,并对结果进行了有限元应力分析。所得数值预测结果与实验结果吻合较好,揭示了温度波动的主频率等关键特征,这些结果也证明了在类似 LMR 堆芯这种大型流体系统中应用工程方法进行热纹振荡模拟计算的可行性。

2.1.3　流致振动

流致振动(Flow-Induced Vibration,FIV)是固体结构受流体流动影响而出现往复运动,进而又改变流体流动状态的一种相互作用现象。在 LMR 中,燃料棒和换热器管道有可能因为 FIV 而产生磨损、疲劳、变形、损毁和破裂,进而威胁整个核能系统安全。时至今日,流致振动现象在原理层面仍未得到完全的理解,使用液态金属进行的流致振动实验有待进行;结合 CFD 和计算结构力学(Computational Structural Mechanics,CSM)的流固耦合模拟方法(Degroote et al.,2012;Blom et al.,2014),以及能够以合理精度对大型系统进行仿真模拟的一些实用方法(Longatte et al.,2013)仍在开发中。

当前而言,用于强耦合模拟的计算资源限制了对完整燃料组件或换热器之类的大型系统的应用。此外,无论是模拟流体还是实际液态金属冷却剂,都需要设立实验和模拟计划,以实现模型的完全开发和验证。

2.1.4　气泡迁移

准确预测池式液态金属冷却反应堆内的气泡迁移行为,对评估堆内气体聚积的风险具有重要意义。在熔池自由液面,由于气体从涡流中脱离或在熔池内部较冷区域因溶解气体成核而产生的气泡,可能会跟随着一回路冷却剂流向堆芯入口腔室或堆芯栅板。在该情形下,堆芯栅板中的低流量区域会形成气窝。气窝的失稳(如由于泵的流量改变)可能会使较大气泡进入堆芯,从而引发瞬态超功率事故。为了评估这一风险,有必要对气泡从产生到堆芯栅板聚积的迁移过程进行分析。

在实验方面,国内外学者对气泡在黏性液体中的上浮特性已开展大量实验,使用的流体包括纯水、水溶液和甘油等,主要研究参数有气泡形状、纵横比、终速度和阻力系数等,并结合雷诺数、奥托斯数、莫顿数等无量纲参数绘制了气泡形状相图(Grace et al.,1976;Bhaga et al.,1981;Tomiyama et al.,2002;Liu et al.,2015;Tian et al.,2019)。然而,对于高密度、大表面张力的液态金属(尤其是铅和铅合金)而言,基于过去这些实验数据拟合得到的气泡纵横比、终速度和阻力系数的经验关系式难以直接应用(Kulkarni et al.,2005;Pang et al.,2011;Zhou et al.,2020)。因此,直接使用高密度液态金属作为流体的气泡迁移实验有待进行。与此同时,受液态金属光学不透明特性的限制,液态金属中气泡行为的可视化测量技术正在开发完善,这些技术包括中子射线照相技术(Saito et al.,2005)、空泡探针(Yamada et al.,2007)、伽马射线技术(Takahashi et al.,2010)、超声时间穿越技术(Andruszkiewicz et al.,2013)、超声多普勒测速技术(Wang et al.,2017)和 X 射线技术(Keplinger et al.,2019)等。

在数值模拟研究方面,研究者使用的计算模型包括界面追踪(Front-Tracking)方法(Hua et al.,2008)、流体体积(Volume-Of-Fluid,VOF)方法(Ryu et al.,2012)、水平集(Level-Set)方法(Nagrath et al.,2005)、移动粒子半隐式(Moving Particle Semi-implicit,MPS)方法(Zuo et al.,2013)以及格子玻尔兹曼方法(Liu et al.,2012)等。此外,SIMMER 程序中的气液两相流模型也可用于模拟气泡在液态金属中的行为(Suzuki et al.,2003)。然而,无论是使用系统热工水力程序还是使用 CFD 工具,气泡迁移的模拟方法仍有待深入探索。当前所使用的经典欧拉-拉格朗日 CFD 方法仅能实现对球型小气泡迁移过程的模拟。欧拉-欧拉方法或流体体积法可能适用于更大尺寸气泡的迁移模拟,但是其计算成本极高,只适用于小尺寸模型。

气泡迁移现象在堆芯空泡情形以及一些超设计基准事故的分析中是非常重要的。然而,由于目前直接使用高密度液态金属作为流体的气泡迁移实验非常稀少,因此数值模拟研究暂时未能与实验数据进行充分的对比验证。同时,已开展的气泡在熔融铅铋中进行迁移行为的数值模拟大多是二维数值模拟,三维数值模拟研究因受到计算资源限制而极少开展。对于单个和多个气泡的非对称迁移运动,特别是在大气泡迁移以及多个气泡之间存在相互作用的情形来说,开展三维数值模拟研究尤为重要。

2.1.5　颗粒输运

在液态金属冷却反应堆的设计中,由于冷却剂是以单相形式在回路中流动的,因此固体颗粒相的出现具有破坏性的影响。这些影响或威胁包括堆芯损伤、燃料聚积导致的临界效应、堵塞和局部热流密度突增引起的冷却能力变化。固体颗粒可以有各种合理设想的来源:冷却剂与杂质、空气或水的化学反应(IRSN,2015)、结构材料腐蚀剥离以及损毁或熔融的燃料。对不同属性颗粒的聚积和输送过程进行精确模拟仍极具挑战性。

作为通用的建模方法,欧拉-拉格朗日颗粒追踪法已被白金汉等(Buckingham et al.,2015)用于研究池式液态金属反应堆中小颗粒在大空间中的弥散行为。该方法将粒子设定为计算域内的质点,只能模拟小于网格尺寸的颗粒,适用于颗粒浓度非常低、颗粒之间相互作用可被忽略的系统。在颗粒体积、水力和壁面效应不能被忽略的情形(如流动堵塞研究)下,阿格拉瓦尔等(Agrawal et al.,2004)在欧拉-拉格朗日框架下提出了新的宏观颗粒模型。

在颗粒稠密的系统中,颗粒的动力学行为主要取决于颗粒间的相互作用。在严重事故中,燃料颗粒从堆芯区域释放后,在反应堆容器内的沉降和堆积行为属于该情形。CFD-DEM 耦合方法可用于求解这种情况,在该方法中,颗粒相的运动由离散单元法(Discrete Element Method,DEM)求得,颗粒间的相互作用则通过相互作用力体现(Guo et al.,2014)。为了减少 DEM 的计算时间,可在欧拉-颗粒模型(Euler-granular Model)中通过流体属性(如颗粒压力和黏度)来模拟颗粒间的相互作用。欧拉-颗粒模型还可以通过结合种群平衡法(Population Balance Method)来研究液态重金属中由化学反应生成的固体颗粒,这需要了解颗粒破碎/聚结、颗粒对流体传质以及颗粒尺寸分布等详细信息。

欧拉-拉格朗日方法对小尺寸颗粒模拟的有效性需要通过实验来进一步验证；对大尺寸颗粒的模拟则需要进一步的模型开发和验证(如颗粒形状的建模)。CFD-DEM 法和欧拉-颗粒模型在液态金属冷却反应堆的应用范围内也有待更深入的探究。颗粒之间以及颗粒与液态金属之间相互作用力的正确定义,还需要大量的实验和数值模拟工作提供支持。

2.1.6　冷却剂固化

在液态金属反应堆中,液态金属的熔化温度通常高于外界环境温度。在某些事故情况下,液态金属冷却剂在换热器中或经容器壁过度冷却后可能会凝固,从而导致反应堆回路中的冷却剂因流道部分或完全堵塞而改变流动路径。冷却剂的凝固还可能通过热收缩和膨胀效应向堆内部件施加机械应力。此外,由于铅铋共晶合金重结晶而引起的体积变化也会产生额外的机械应力(Glasbrenner et al. ,2005)。因此,有必要探究事故过程中是否会出现冷却剂固化、在何处发生固化以及固化前端如何运动。

俄罗斯在其潜艇计划框架下进行了液态金属的凝固和重熔实验以评估其力学效应(Pylchenkov,1998)。对基本结构、反应堆组件和整体结构的实验结果显示,凝固和重熔循环中所产生的损坏,大多数是由于重熔阶段中的局部过热引起的。在当前的液态金属冷却快堆(LMFR)框架下,为获得更多知识,罗洛夫斯等(Roelofs et al. ,2016)以及塔伦蒂诺(Tarantino,2017)已经对液态金属反应堆中的冷却剂固化和传播行为进行了研究。一些研究机构开展了针对铅和铅铋合金的冷却剂固化基础实验,同时为 CFD 数值模型提供了验证数据(Jeltsov et al. ,2018；Profir et al. ,2020；Achuthan et al. ,2021)。然而,已进行的基础实验需要补充包含反应堆组件和结构在内的应用实验,以便从力学和系统热工水力行为的角度评估冷却剂固化的影响,并开发和验证相应的数值模型。

2.2　堆芯热工水力

堆芯热工水力的研究对象因反应堆的运行状态而异。表 2-2 列出了反应堆在正常运行、非正常运行和严重事故条件下,堆芯热工水力的重要研究对象。

表 2-2　反应堆在各类条件下的堆芯热工水力研究对象

反应堆状态	热工水力研究对象
正常运行	燃料组件热工水力、完整堆芯热工水力模拟、控制棒行为
非正常运行	冷却剂流动阻塞、组件盒间隙流动
严重事故	熔融燃料的迁移和再凝结

2.2.1　燃料组件热工水力

在任何情形下,都有必要对附着绕丝和使用定位格架的燃料组件进行热工水力特性分析,并要重点关注燃料包壳温度的最大值。从运行经验来看,即使堆芯在正常条件下运行,燃料组件也会出现变形,这些变形主要由组件制造精度、预应力绕丝的拉力、包壳与邻近绕丝的直接接触、包壳和绕丝的热蠕变和辐照蠕变、材料膨胀、燃耗及偏心度导致。胜山等(Katsuyama et al.,2003)解释了典型快堆组件中,燃料棒在辐照过程中,如何受到绕丝和元件盒约束而变形的过程。

正如罗洛夫斯等(Roelofs et al.,2015b)所指出的,目前已经建立了燃料组件的一些实用分析方法,但这些方法仍缺少对带绕丝燃料组件水力特性的完全验证。CFD 工具可用于模拟和评估燃料组件变形的影响,从获得的数据和信息中,可以尝试导出热通道变形损失因子,并应用于系统程序或子通道程序中。索斯诺夫斯基等(Sosnovsky et al.,2015)给出了上述两种方法的应用案例。

目前,针对燃料组件水力验证的不足,如同罗洛夫斯等(Roelofs et al.,2016)所描述的欧洲项目一样,可以使用折射率匹配的模拟实验以及高保真数值计算数据来解决。美国也正对带绕丝的 61 棒束组件进行相似的验证工作(Vaghetto et al.,2018;Obabko et al.,2016)。采用定位格架的燃料组件的验证工作则更复杂。这是因为每一种组件设计都需要单独进行实验和模拟验证(尽管一些通用的验证方法可能会初步达到和 CFD 模拟相同的精度)。对组件变形影响的验证则需要一个独立的流程,其中包括用于验证 CFD 方法的重要实验工作。

2.2.2　完整堆芯热工水力模拟

液态金属冷却反应堆中的自然对流机制与堆芯内部和周围复杂的冷却剂流动有关。事实上,在每个燃料组件内(较热中心区和较冷外围之间)、燃料组件之间(冷却剂在较热组件内上升,在较冷组件内下降)以及六边形组件盒之间的间隙中,都经常能观察到再循环回路。上述的每一种现象都影响着堆芯的整体冷却。要较好地对这些现象进行模拟,就需要对每个组件内的流动进行三维描述。

目前,完整堆芯的模拟已经在一些一维系统程序和子通道程序中实现。CFD 工具以及多尺度系统热工水力程序预期也会在这方面起到重要作用。数值模型的不断发展以及这些程序的持续验证将不断提高模拟结果的可靠程度。

2.2.3　控制棒行为

与正常的重力驱动操作相反,在紧急停堆时,高密度的液态重金属冷却剂可使浮力成为安全棒紧急插入堆芯时的被动驱动力。尽管液态钠中安全棒的开发和操作已经有许多经验和反馈,但液态重金属中浮力系统的操作与标准系统大不相同。鉴于此,肯尼迪等(Kennedy et al.,2017)使用铅铋共晶合金进行了浮力驱动安全棒一比一实体模型的水力实验,从而提供了一些有价值的原理证据。在这项工作的 CFD 模拟中,流体和运动棒之间使用了全显式的双向耦合,并通过重叠网格方法实现了安全棒整体移动的模拟。

然而,控制棒在液态金属中行为研究的现有经验仅仅基于特定的设计,因此,针对其他设计需要开展新的实验和模拟工作。此外,超设计工况的情形同样需要研究和分析。

2.2.4　流动堵塞

反应堆燃料组件中的流动堵塞事故包括流动区域的部分或完全阻塞,通常会导致组件内部传热恶化、燃料包壳温度急剧升高,甚至使包壳失效、燃料熔化。组件入口的局部流动阻塞可能对燃料组件的完整性产生威胁,而组件内部的流动阻塞则更具威胁且不易发现。

对燃料组件的部分或完全阻塞的研究由来已久。凯泽等(Kaiser et al.,1994)讨论了法国 SCARABEE 项目的主要结论,而范提赫伦(Van Tichelen et al.,2012)对该领域的国际研究活动进行了专门的概述。她指出,过去的大部分研究主要关注使用定位格架的燃料棒束的二维平面流动阻塞,对于带绕丝燃料棒束而言,更长尺度的和多孔介质的阻塞实验则非常有限。此外,尽管阻塞下游的尾流受到明显干扰,但阻塞的影响仅限于出现阻塞的通道,而且基本上不会传播至其他带绕丝结构的子通道。很明显,流道阻塞会使流量减少,局部温度上升,而阻塞的尺寸和流量是该情况下非常重要的参数。流动阻塞因出现位置的不同而影响各异,边缘子通道阻塞和中心子通道阻塞的影响不同。她还发现,只有大尺寸流动阻塞会导致组件内流速下降,或是在组件出口处可探测到出口温度上升,也只有这类大尺寸阻塞会导致阻塞的传播。

近年来,CFD工具被用于精细模拟和分析带绕丝棒束组件和使用定位格架棒束组件中的各类流动阻塞问题(Di Piazza et al.,2014)。尽管评估阻塞影响的数值方法已经被提出,但是相应的验证环节依然缺少。到目前为止,流动阻塞的研究更关注组件内部阻塞产生的影响,而不是其形成机理。在开始进一步的验证和应用之前,实验和数值分析两方面都需要继续开发新的方法。另外,组件入口处的流动阻塞目前只进行了数值模拟研究。这类阻塞问题的分析需要对相邻子通道甚至是整个堆芯进行建模。为此,可以将现有的子通道分析方法与更精细的CFD模拟结合使用,或者开发和验证新的CFD方法(包括对组件盒间隙传热的评估)。

2.2.5　组件盒间隙流动

在液态金属冷却反应堆中,由于冷却剂的热导率高,因此堆芯燃料组件可通过六边形组件盒的间隙与相邻的组件传热。这种传热现象在反应堆从额定运行工况转变到非正常运行工况的过程中(尤其对于非能动余热排出过程)非常重要。组件盒间隙流主要通过与组件盒壁面的直接接触冷却以及将热量传输至相邻组件来降低包壳温度峰值。

目前,使用液态金属进行的组件盒间隙流传热实验非常少。上出等(Kamide et al.,2001)在日本电/动态测试回路(Plant Dynamics Test Loop,PLANDTL)钠实验装置上进行了相关实验。该实验装置采用7个燃料组件实体模型来代表快堆堆芯部分:在外围的6个燃料组件中,每个包含7根带绕丝棒束,中间的燃料组件包含37根带绕丝棒束。实验涵盖了稳态和瞬态情形,对更好地理解组件盒间隙流动在液态金属反应堆安全评估中的作用具有很好的帮助。然而,该实验只是针对一种特定反应堆系统的余热排出过程进行的,其实验数据不能用于目前被广泛应用于核反应堆设计和安全分析的CFD程序的验证。为此,乌兹拉格-杜拉尔德等(Uitslag-Doolaard et al.,2019)设计了一个新的实验来分析组件盒间隙流动现象,这些实验数据能为验证完整的堆芯模型迈出第一步。

2.2.6　熔融燃料迁移和再凝结

严重事故条件下的热工水力现象主要指熔融燃料的迁移和再凝结。对于极低概率的严重事故来说,液态金属冷却反应堆目前采用堆内滞留策略,反应堆容器是限制放射性物质泄漏的最终屏障。在涉及堆芯解体的严重事故条件下,除非发生强烈的功率激增,反应堆容器的完整性主要受堆芯碎片衰变热的威胁。假想的堆芯解体事故(Core Disruptive Accident,CDA)是一种涵盖各种堆芯损坏事故后果的假定情形。因此,需要机理程序来模拟该过程中存在的复杂物理现象,并确定堆芯在 CDA 中所释放的真实能量大小。根据能量激增(energetics)的强度可以定义一些熔融物的流动路径。然而,如果假设反应堆容器在能量激增过程中能够保持其完整性,那么所有流动路径的最终结果都可以归属到事故后的余热排出阶段。在该阶段,仅产生衰变热的堆芯碎片被释放到反应堆容器的下腔室中。这个过程需要确保碎片沉积物不会达到再临界状态,并且能被有效冷却,以避免损毁反应堆容器壁。在新的钠冷快堆设计中,已经采取了一些严重事故缓解措施,以显著降低出现能量激增的风险。对于铅冷快堆来说,得益于其冷却剂的温度负反馈效应、与熔融燃料近似的高密度以及高沸点等特性,在严重事故中燃料的聚集速度能够得到有效抑制,因而发生能量激增的风险较低。

数值计算工具已广泛应用于严重事故后果的安全分析和事故缓解措施的设计。这些工具需要以恰当的方式模拟堆芯材料的损坏(degradation)和迁移过程,以便进行可靠的预测。自 20 世纪 70 年代以来,世界各地开发了适用于钠冷快堆 CDA 风险评估的机理程序。SAS-SFR(SAS4A)程序和SIMMER 程序已经在该领域中得到了广泛应用。其中,SAS-SFR 程序适用于严重事故初始阶段组件内部层面的模拟分析,而 SIMMER 程序则针对过渡阶段进行模拟(即损坏已经扩展到组件之间层面)。因此,对堆芯损坏过程的现实评估需要耦合 SAS-SFR 程序和 SIMMER 程序进行。对于钠冷快堆而言,目前这两个程序的验证数据已经非常多了。SAS-SFR 程序已经基于CABRI 堆实验进行了验证(Perez-Martin et al.,2014),而 SIMMER 程序在20 世纪 90 年代末也通过两个评估阶段进行了分离效应实验和整体实验的验证(Maschek et al.,2008)。目前的发展趋势是构建一个集成的框架,以便对从初始阶段到事故后余热排出阶段的整个严重事故序列进行分析。为此,CEA、日本原子能机构(JAEA)和德国卡尔斯鲁厄理工学院(KIT)共同开发了 SEASON 平台,通过耦合 SIMMER 程序和其他的中子输运程序、热力学程序及热工水力程序进行相应的研究(Rouault et al.,2015)。

铅冷快堆与钠冷快堆的一个重要区别是在所有的堆芯降级损坏都存在铅或铅合金。因此,涉及结构材料和燃料的机械损坏、熔化和凝结模型需要重新进行评估,以充分考虑冷却剂对这些现象以及燃料从堆芯迁移到释放过程的影响。对于新型钠冷快堆设计来说,由于堆芯内事故缓解装置能够避免能量激增并抑制 CDA 中的典型现象,因此,其严重事故程序的验证和评估也同样需要再次进行。相反,由于严重事故序列的持续时间更长,CDA 中原先可忽略的现象反而具有更多的相关性。

2.3 熔池热工水力

熔池热工水力的研究对象因反应堆的运行状态而异。表 2-3 列出了反应堆在正常运行、非正常运行和严重事故条件下熔池热工水力的重要研究对象。

表 2-3 反应堆在各类条件下的熔池热工水力研究对象

反应堆状态	热工水力研究对象
正常运行	熔池建模、热分层和热疲劳现象、堆芯上部结构、容器冷却、化学控制与覆盖气体冷却、主容器内燃料储存
非正常运行	熔池晃动、射流-分层相互作用、气体卷吸
严重事故	熔融物冷却

2.3.1 熔池建模

熔池热工水力研究需要综合本节中的各类热工水力挑战,包括热分层、热纹振荡、射流相互作用、自由液面以及气体卷吸等(Tenchine,2010; Chellapandi and Velusamy,2015)。虽然对单个现象或对象进行高精度实验或数值模拟通常是可行的,但是复杂的三维反应堆腔室由于其空间和时间尺度较大,因而需要在实验或模拟的精度与成本之间取得平衡。

为了研究液态金属反应堆上腔室和下腔室中的熔池流动行为,过去已经开展了大量的缩比例整体实验,这些实验通常使用水作为模拟流体(Roelofs et al.,2013; Planquart et al.,2019)。目前,新的模拟实验还在继续,并仍然主要使用水作为模拟流体,因为它允许使用高分辨率的光学技术来表征流体的速度(甚至温度)场(Guénadou et al.,2015; Planquart et al.,2019)。直接使用液态金属的缩比例实验则很少(Tarantino et al.,2015; Tarantino,2017;

Van Tichelen et al. ,2017)。鉴于一维系统程序在三维熔池模拟上的不足,自
20 世纪 80 年代便开发了相应的 CFD 程序。如今,这些 CFD 程序允许在稳
态和瞬态条件下对反应堆腔室进行三维模拟,通过某些简化方法(如对复杂
结构进行多孔网格划分)可以获得关于温度梯度和温度波动方面的合理结果
(尽管湍流模型存在局限性)。

基于缩比例实验的整体性模型开发和验证同样不可缺少。随着 CFD 模
拟性能的提高,实验中需要提高测量仪器的水平,以获得验证 CFD 方法所需
的详细数据。到目前为止,直接使用液态金属的实验设施提供的数据非常有
限(虽然其具有重要价值)。此外,能良好测量和表征不透明液体中流场的实
验仪器还有待开发;快速降阶数值的方法(如无网格方法)也需要进一步开发
和验证(Prill et al. ,2014),目前这类数值方法正被应用于熔池热分层现象和
其他现象的模拟。研究者们也正在系统程序 SAM(Hu,2019)和 CFD 程序
Nek5000(Merzari et al. ,2017)上开发基于粗网格 CFD 和本征正交分解法
(Proper Orthogonal Decomposition,POD)的模拟方法。

2.3.2　热分层和热疲劳

在液态金属熔池中,由于惯性力和浮力的大小具有相同的数量级,因而
会形成热分层(即在竖直方向上,高温层与低温层分离)。分界面具有较大的
温度梯度和不稳定性,并会传递至周围的结构上,从而可能导致材料的低周
热疲劳。因此,缓解熔池中的热分层现象是反应堆设计的一个重要目标。

研究者已经在一些专门的实验装置上使用水和液钠进行了实验研究,并
发现热分层的发生条件与理查森(Richardson)数和佩克莱(Peclet)数有关。
热分层的数值模拟需要使用 CFD 工具,并采用局部加密网格和高阶湍流模型
(如 LES),来捕捉分层界面上的温度梯度和不稳定性细节。然而,目前的
CFD 模拟应用仅限于小尺度区域。因此,CFD 对分层界面进行捕捉的能力仍
然需要不断开发和验证,同时也需要在小型实验装置和整体性实验设施中进
行实验,并确保实验仪器具有足够的测量精度。

2.3.3　堆芯上部结构

从热工水力角度看,堆芯上部结构是非常重要的组成部分,因为它不仅
影响堆芯出口上方区域的冷却剂流动,而且影响着整个反应堆上腔室中的流
动(Tenchine,2010)。譬如,该结构不仅可以增强燃料组件出口处非等温射流

的交混,还可以减少上腔室中的热纹振荡和热分层现象。

堆芯上部结构是熔池上部的主要组件之一,其可为监测瞬态条件下的堆芯出口温度以及探测燃料组件中流动阻塞的仪器提供结构支撑。因此,不仅要准确了解堆芯上部结构中的速度场和温度场,还要知道它们与上腔室和堆芯出口区域温度之间的关系。目前,关于这种结构的实验和数值模拟研究非常有限,且大多基于特定的设计。堆芯上部结构设计的优化是一个多参数和多目标的复杂过程。在这方面,可以尝试运用 CFD 中的特定优化工具(如多孔介质优化)(Borrvall et al. ,2003)。当然,相应的实验验证项目也必不可少。

2.3.4　容器冷却

当正常的排热系统失效时,辅助冷却系统(如反应堆容器辅助冷却系统,Reactor Vessel Auxiliary Cooling System,RVACS)变得至关重要。RVACS 通常通过自然循环向外部环境排出衰变热。典型的配置是在安全容器周围使用空冷管或空冷通道。通过热传导、(自然)对流和热辐射将热量从反应堆容器经安全容器传递至 RVACS。确定 RVACS 在事故条件下的性能非常重要。在正常运行条件下,RVACS 对容器温度的影响,对于容器内热应力的评估非常重要。类似地,液态金属熔池向覆盖气体的传热也是一个同时包含自然对流和热辐射的过程,其同样需要得到合适的表征,以用于确定施加在反应堆顶盖上的热荷载。反应堆容器顶盖中的侵入结构以及覆盖气体腔室中的结构会使环状对流(cellular convection)复杂化,使得反应堆顶盖和结构产生较大的周向温度变化。覆盖气体的自然对流还可能导致冷却剂蒸汽或气溶胶,从自由液面传输到覆盖气体腔室中较冷的区域,随后沉积并可能导致部件移动困难(Velusamy et al. ,2010)。

目前,系统程序和 CFD 程序已经被用于分析 RVACS 的性能及其对反应堆冷却的影响(Wu et al. ,2015)。对于覆盖气体中的传热和传质现象,三维CFD 程序具有重要价值。然而,可供验证的实验数据非常有限(Aithal et al. ,2016)。因此,基于实验和高精度程序的验证工作必不可少。

2.3.5　化学控制与冷却剂-覆盖气体相互作用

冷却剂和覆盖气体的化学控制是液态金属反应堆运行中的关键问题。由于潜在的活化效应以及对传热表面的腐蚀、传质和生成垢质的影响,所以冷却剂中杂质浓度的控制尤为重要。因此,冷却剂的化学控制不仅应包括氧浓度控制,还应包括污染源研究、质量传输及过滤和捕获技术。在此框架中,熔池中的流型对于化学物质的混合和控制(如铅冷快堆中的含氧量控制)来说非常重要。为此,开发和验证能够考虑这些相互作用的多物理场仿真工具是必不可少的一环。除熔池中流型的评估外,用于化学控制的实用方法和仪器的开发与验证也是需要考虑的问题。

目前,在欧洲进行的液态金属反应堆设计和研究项目中,大部分工作主要集中于运行期间冷却剂的化学控制和净化(即含氧量控制、氧传感器可靠性、冷却剂过滤、冷却剂净化以及从组件中清除冷却剂),以及覆盖气体的控制(即评估不同元素的放射毒性、进入覆盖气体的迁移路径、清除和净化)。在意大利国家计划中的 ALFRED 项目(Tarantino,2017)以及由欧盟支持的欧洲合作项目 MYRRHA 中提及了这些化学控制问题。

虽然目前的研究活动主要与技术开发相关(如氧传感器和净化装置),但为了解决熔池中的传质问题(液态重金属中的含氧量和杂质),模拟和实验研究依然必不可少。由于该项内容与熔池热工水力及流型研究密切相关,因此在模拟时需考虑化学反应、杂质沉积和传质等问题。

2.3.6　主容器内燃料储存

燃料组件从反应堆堆芯中取出后,可存储在反应堆主容器内或容器外。如果选择在容器内存放燃料组件,在所有的运行模式下,反应堆冷却系统都需能有效排出乏燃料的衰变余热。一方面,需要保证储存中的燃料组件在任何时候均能得到良好的冷却;另一方面,需要评估额外热源对整个反应堆系统行为的影响。

目前,已经使用系统热工水力程序和 CFD 工具针对不同类型的反应堆进行了初步的模拟。然而,为了对最终设计进行彻底分析,需要进一步开展数值模拟工作,尤其是确保燃料组件在各种情形下均能得到有效冷却。显然,这些模拟需要基于经过充分验证的程序。

2.3.7　熔池晃动

由于池式液态重金属快堆将大量的(高密度的)液态金属冷却剂装载在反应堆容器中,因此,熔池中液态金属的晃动(如由地震所引起)会对反应堆容器和组件施加动态载荷,这些需要在反应堆设计阶段加以考虑。准确预测晃动引起的力学荷载对反应堆组件和结构的影响非常重要。

关于熔池晃动的实验和数值模拟,目前已经开展了少量研究,这些研究中大多使用缩比例实验装置和模拟流体。最近,米里拉斯(Myrillas,2016)报告了一个小型实验装置的开发、建造和利用,该装置可支持 CFD 的模型开发和验证,同时仔细考虑了因不同尺寸和不同流体所产生的相似效应。在过去,基于简化力学模型的解析研究在三维复杂结构上受到限制,如今高性能 CFD 程序已经能够实现对三维熔池晃动问题的数值模拟,有限元法、有限体积法以及光滑粒子流体动力学(Smooth Particle Hydrody namics,SPH)等数值方法均得到了应用。针对熔池的晃动特性,中山大学也分别在各种实验参数和条件下进行了大量的机理实验与预测模型研究(Cheng et al.,2018,2020b)。然而,需强调的是,基于相关熔池晃动实验的 CFD 验证依然是当前本领域的迫切需求。

2.3.8　射流-分层相互作用

冷却剂从堆芯、泵和换热器中流出并流入熔池时会形成射流,从而可能改变熔池中的流型。通过与熔池中存在的热分层相互作用,进而可能改变冷却剂与容器壁或组件的接触区域,导致出现热纹振荡和热疲劳。需要注意的是,这一现象在正常运行工况下也很重要,因为热纹振荡和热疲劳具有长期影响。

近年来,基于 LES 和 DNS 方法的小范围射流行为模拟已经使用水和液态金属进行了实验验证,然而这些方法的高昂计算成本阻碍了它们在更大范围内(如整个堆芯出口区域和热/冷池本身)应用。因此,目前 RANS 仍是唯一的选择。然而,这些 RANS 模型一般需要经过仔细的校准,以准确地再现射流的平均行为,并且通常无法提供射流波动行为方面的信息。

可以预期,在未来,RANS 模型仍会是预测液态金属反应堆出口射流平均行为的最佳方法,因此,与液态金属反应堆热工水力相关的各类情形下的模型开发及其验证工作无疑需要继续推进。当需要了解射流波动信息时,相对于全尺寸的 LES,整体 RANS 计算与局部 LES 域的耦合模拟可以提供一种计算成本更低的解决方案。相应的验证工作可通过实验(使用液态金属或模拟流体)和数值模拟(对比 DNS 模拟)进行。此外,混合 RANS-LES 模型的适用性也有待探究。

2.3.9　气体卷吸

液态金属熔池自由液面的气体卷吸是钠冷快堆出现堆芯空泡的可能原因之一。由于铅冷快堆使用高密度的冷却剂,所以,一般认为气体卷吸现象相对不重要。为了评估气体卷吸的风险,需要分析各种气体的来源,尤其是气泡从自由液面涡旋脱离的可能性。然后,需要分析将这些气泡输送到堆芯入口的可能性,并评估气泡在入口区积聚的风险。

滕钦等(Tenchine et al.,2014)描述了 2014 年法国在这方面的研究进展。有迹象表明,法国方面已经取得了充分的进展,一些实验和数值方法相继得到了开发和验证,并被允许应用于各种设计。

应用两相 CFD 开展的稳态涡旋小尺度分析,已经从模拟流体和液态金属实验中得到成功验证。然而,由于在液态金属反应堆中的涡旋形成往往是间歇性的,因此,这种小尺度分析要扩展到非稳态涡旋。此外,反应堆中驱动涡流形成的整体流动(约 10 m)和涡旋本身(约 1 cm)之间存在较大的尺度差异,因此,目前在整个自由液面上完全求解涡旋仍是不可行的。研究者们正在定义、开发和验证一些标准,以预测给定的大尺度流动(通过粗尺度模拟)是否会导致气体卷吸涡旋的形成。

2.3.10　熔融物冷却

所有核反应堆的安全评估均需要考虑导致堆芯部分或完全熔化的堆芯解体事故(Rakhi et al.,2017)。为此,研究者们提出了各种设计概念(如反应堆容器内部或外部的堆芯捕集器)和安全措施,并纳入反应堆设计。目前的挑战在于评估这些设计和安全措施对堆芯熔融物的冷却能力。

在局部尺度范围内,研究者们提出和验证了一些关于碎片床冷却能力的经验公式,并给出了堆芯熔融物与周围液态金属冷却剂的有效换热系数。这些经验公式被整合到完整一回路的单相 CFD 模拟中,并且其模拟结果也使用模拟流体实验进行了验证(Kamide et al.,2017)。

2.4　系统热工水力

系统热工水力的研究对象因反应堆的运行状态而异。表 2-4 列出了反应堆在正常运行、非正常运行和严重事故条件下,系统热工水力的重要研究对象。

表 2-4　反应堆在各类条件下的系统热工水力研究对象

反应堆状态	热工水力研究对象
正常运行	一维系统程序验证,换热器、泵、冷却剂预热系统,气举增强循环
非 正 常运行	系统程序改进和自然循环稳定性、多尺度热工水力、中子-热工水力耦合、钠-水和钠-空气反应、铅-水反应
严重事故	安全壳内热工水力

2.4.1　一维系统程序验证

系统热工水力程序是反应堆瞬态分析的参考工具,针对轻水堆已经开发和验证了一些系统程序(如 RELAP、TRACE、CATHARE 等)。为了将这些程序应用于 LMR,需要根据液态金属的特性添加相应的物理性质、定律和经验公式。为准确预测 LMR 堆芯功率的响应,系统程序中的中子点堆模型也需要进行修改。LMR 的瞬态通常涉及三维现象(特别是池式设计),而这些立体现象很难在系统层面上进行模拟和验证。

现在,一些系统热工水力程序能够对单相液态金属进行模拟,CATHARE 和 TRACE 等程序甚至还能预测两相流现象。它们的预测能力取决于反应堆组件(燃料组件、换热器、泵)的验证数据库,随着反应堆设计的发展,这些数据库也在不断扩展。

目前,相较于轻水堆,用于 LMR 一维系统程序验证的数据库仍然有限。因此,进一步的实验显然有助改进和验证所有的一维系统程序。但是,一旦设计了这样的实验,就应该同时考虑对子通道程序、CFD 程序和多尺度中子-热工水力耦合程序的可能验证,以便尽可能有效地利用这些实验设施。

2.4.2　系统组件

1. 换热器

由于在液态金属反应堆熔池中直接安装换热器(蒸汽发生器、中间热交换器、衰变热排出换热器)属于创新设计,因此对换热器进行精确研究和准确评估尤为重要。研究主要涉及设计验证、按需单元隔离、压降特性以及正常状态、运行瞬态和事故条件下的组件行为。

最近,研究者们为了限制反应堆容器的尺寸而提出了紧凑型换热器的设计,如袁等(Yuan et al.,2017)提出的螺旋管式蒸汽发生器设计。另一个创新概念是用于 ALFRED 的带泄漏监测功能的过热蒸汽双壁刺刀管型设计(Frogheri et al.,2013),该设计可实现一回路铅冷却剂与换热管中蒸汽-水回路冷却剂的双层物理隔离。意大利已经设计、建造并正在测试双壁刺刀管型蒸汽发生器(Tarantino,2017),而法国则选择了螺旋管式设计。

换热器的创新设计同样需要实验和数值模拟的验证。数值模型验证需要考虑传热管新的几何结构(如螺旋管、双壁刺刀管),一边是液态金属,另一边是水、蒸汽或过热蒸汽。模拟研究不仅要针对传热特性,还要关注强迫循环和自然循环下的压降特性,因为其与衰变热情形下的液态金属反应堆一回路系统响应的评估息息相关。此外,也需要相关实验以支持新型蒸汽发生器的设计(包括正常和瞬态工况)和模型验证。

2. 泵

在液态金属反应堆中,由于主循环泵位于熔池当中,因此该组件必须保证具有非常高的可靠性和良好的性能(以减少主回路系统的尺寸)。对于液态重金属冷却反应堆来说,冷却剂和泵结构材料之间较高的相对速度意味着泵的叶轮会承受严重的腐蚀/侵蚀环境,因而可能无法长期运行。泵的叶轮结构材料必须满足一些苛刻要求,如承受液态金属冷却剂的高温(480℃甚至更高)、冷却剂相对高速流动(10~20 m/s)导致的腐蚀/侵蚀作用,以及证明该泵能够长期可靠运行的验证和示范。

目前,意大利在其国家项目的框架内(Tarantino,2017),正在对泵进行测试和建模。其已经开发了三种不同的机械泵,并正进行测试。其中一种泵是立式泵,作为反应堆中实际应用的原型泵。在泵的未来研究方面,需要对各类新型泵开展大量的实验研究,以获取泵的特性数据,从而进行安全评估,并研究冷却剂流动的腐蚀、侵蚀和气蚀对泵结构材料的影响。

3. 冷却剂预热系统

由于液态金属反应堆中的冷却剂在常温下为固体,因此,在反应堆启动之前,需要对冷却剂进行预热并使之熔化流动。预热系统的性能以及预热的启动程序需要通过实验来验证。

目前,实验装置中的预热技术主要是在容器和管道外安装加热元件(如加热电缆)。对于实验装置或实验回路来说,这些预热设施不需要具有很高的可靠性,但是对于液态金属反应堆而言,高可靠性是必须的。为此,研究者们提出了各种预热系统以改善预热特性。例如,对于 ALFRED,预热的问题比 ASTRID 和 MYRRHA 更重要,因此,目前正在对放置在堆芯周围哑棒中的内部预热系统进行评估。然而,这一方案主要用于换料和维护阶段,对于启堆来说,一回路系统将由高温气体加热,或者采用蒸汽发生器和衰变热排出换热器作为内部热源。研究者们也考虑了利用反应堆空腔加热整个系统的可能性,尽管该方案似乎并不太适用于大型熔池。

关于冷却剂预热系统,还需要对哑棒中的加热元件进行实验,从而为系统运行和安全评估提供输入数据。此外,这类部件的长期可靠性也需要通过实验来测试。使用高温气体或反应堆空腔的预热方法也有待进一步的模拟研究。

2.4.3　气举增强循环

　　一些液态金属实验设施应用了气举增强循环技术,如自然循环实验回路(NACIE-UP)、铅铋共晶合金回路(液态重金属加压水冷却)(CIRCE-HERO)、麒麟混合循环热工水力回路(KYLIN-Ⅱ-TH MC),将惰性气体从回路上升段的底部注入液态金属中,通过气体浮力来强化回路的流动循环,从而显著增大回路循环的流量。

　　以 NACIE-UP 实验装置(Coccoluto et al.,2011)中的气举强迫循环模式为例(装置示意图详见图 3-5),在等温条件下,下降管内铅铋共晶合金(LBE)与上升管内 LBE/Ar 混合体的密度差为

$$\Delta\rho = \rho_1 - \bar{\rho}_m = \rho_1 - [\rho_1(1-\alpha) + \alpha\bar{\rho}_g] = \alpha(\rho_1 - \bar{\rho}_g) \tag{2-1}$$

式中,ρ_1 为下降管中 LBE 的密度,$\bar{\rho}_m$ 为上升管中 LBE/Ar 混合物的密度,由含气率 α 和上升管内气体平均密度 $\bar{\rho}_g$ 定义。

　　气体密度很大程度上取决于上方 LBE 质量所产生的压强,压强随着气体在上升管中上升而发生变化。为了简化模型,可以将平均气体密度 $\bar{\rho}_g$ 定义为上升管内平均压强下的密度,即高度为 H_R 上升管的半高处压强($z = H_R/2$),同时假定上升的气体与液态金属处于热平衡状态。由于含气率相对较小,平均压强 p 可估算为

$$p = p_0 + \rho_1 g \frac{H_R}{2} \tag{2-2}$$

式中,p_0 为顶部覆盖气体压强,g 为重力加速度。驱动压差 Δp 可表示为

$$\Delta p = \alpha(\rho_1 - \bar{\rho}_g)gH_R \tag{2-3}$$

通过液体流量 $\dot{m}_1$ 和气体流量 $\dot{m}_g$,可引入干度 x 和滑移比 S:

$$x = \frac{\dot{m}_g}{\dot{m}_g + \dot{m}_1}, \quad S = \frac{1-\alpha}{\alpha}\frac{x}{1-x}\frac{\rho_1}{\bar{\rho}_g} \tag{2-4}$$

由此,驱动压差可变为

$$\Delta p = \frac{(\rho_1 - \bar{\rho}_g)gH_R}{1 + S\dfrac{1-x}{x}\dfrac{\bar{\rho}_g}{\rho_1}} \tag{2-5}$$

此外,沿着流动路径的总摩擦压降 Δp_{fric} 可表示为

$$\Delta p_{fric} = \frac{1}{2}\left[\sum_i\left(f_{lo}\frac{L}{D_e}\rho_1\bar{w}^2\right)_i + \sum_j(K\rho_1\bar{w}^2)_j + \varphi_{lo}^2 f_{lo}\frac{H_R}{D_{e,R}}\rho_1\bar{w}^2\right] \tag{2-6}$$

式中,第一项表示单相区域的沿程摩擦压降,第二项是局部形阻压降(如界面扩张或收缩、阀门、孔洞)(K 为形阻摩擦系数),第三项是两相区域的沿程摩擦压降。第一项和第三项由自身特征长度 L、等效直径 D_e(或 $D_{e,R}$)、流型和摩擦系数(f_{lo})来表征(式中 $\bar{w}$ 为流速,φ_{lo} 为与两相组成有关的系数)。引入液相质量流量,并假设上升管截面 A_R 恒定,则上式变为(K_t 为等效系数)

$$\Delta p_{\text{fric}} = \left[\sum_i \left(f_{lo} \frac{L}{D_e} \right)_i + \sum_j K_j + \varphi_{lo}^2 f_{lo} \frac{H_R}{D_{e,R}} \right] \frac{\dot{m}_1^2}{2\rho_1 A_R^2} \cong K_t \frac{\dot{m}_1^2}{2\rho_1 A_R^2} \tag{2-7}$$

与局部形阻压降相比,单相和两相的沿程摩擦压降可忽略不计,并且 K_t 在湍流条件下与质量流量无关。

更进一步,在测试条件下对于驱动压差可以假设:

$$\Delta p = \frac{(\rho_1 - \bar{\rho}_g)gH_R}{1 + S\dfrac{1-x}{x}\dfrac{\bar{\rho}_g}{\rho_1}} \cong \frac{(\rho_1 - \bar{\rho}_g)gH_R}{S\dfrac{\dot{m}_1}{\dot{m}_g}\dfrac{\bar{\rho}_g}{\rho_1}} \tag{2-8}$$

因此

$$\Delta p = \Delta p_{\text{fric}} \Rightarrow \frac{(\rho_1 - \bar{\rho}_g)gH_R}{S\dfrac{\dot{m}_1}{\dot{m}_g}\dfrac{\bar{\rho}_g}{\rho_1}} = K_t \frac{\dot{m}_1^2}{2\rho_1 A_R^2} \tag{2-9}$$

最终,得到在气举增强循环模式下可用于初步评估回路中循环流量的公式:

$$\dot{m}_1 = \sqrt[3]{\frac{2(\rho_1 - \bar{\rho}_g)gH_R\rho_1^2 A_R^2}{SK_t\bar{\rho}_g}} \cdot \dot{m}_g \Rightarrow \dot{m}_1 \cong 常数 \cdot (\dot{m}_g)^{0.33} \tag{2-10}$$

此外,气举增强循环技术中的液态金属-气体两相流模型及相关的程序模拟和实现也是重要的研究方向。西等(Nishi et al. ,2003)和铃木等(Suzuki et al. ,2003)对 LBE-N_2 泡状流动特性进行了实验研究,并认为 SIMMER-Ⅲ 程序能合理地描述低含气率下的液态金属-气体两相流动。米基秋克等(Mikityuk et al. ,2005)基于他们的实验比较和分析,对液态金属-气体两相漂移流模型进行了修正,修正的理论模型能较好地计算池式和回路式系统中低空泡份额下的液态金属-气体两相流。西安交通大学的左等(Zuo et al. ,2013)采用漂移流模型,并对 CIRCE 实验设施中的气举增强循环实验进行了数值模拟研究。他们的研究工作有助于揭示气举泵提高自然循环能力的规律,并为冷却系统的优化设计和系统安全性分析提供理论依据。

2.4.4　系统程序改进和自然循环稳定性

随着冷却剂流量的减少,液态金属反应堆中的大体积腔室有向分层状态转变的趋势,且在自然对流条件下通常是完全分层的。目前的零维或一维系统热工水力程序难以描述这类分层状态。此外,与邻近结构(如内部容器和外部容器)的传热也难以预测。

关于自然循环的稳定性,正如罗洛夫斯等(Roelofs et al.,2015b)所描述的,已经有一些实验和模拟工作在进行中。显然,这些工作能够为将来一维系统程序、子通道程序、CFD 程序以及多尺度热工水力耦合程序的验证提供支持。

虽然在一般情况下,使用更精细的模型(CFD 网格或三维系统尺度网格)来模拟反应堆熔池的瞬态响应似乎是不可避免的,但一些简单模型已成功运用至系统程序中,并实现完全分层熔池的模拟。通过使用这些模型,能够达到以合理的计算成本来模拟长期冷却瞬态过程(百万秒级别),而这对于采用复杂的多尺度方法来说,显然是做不到的。

2.4.5　多尺度热工水力

液态金属冷却反应堆在向自然对流模式转变的过程中,可能会受到许多复杂三维物理现象的影响,例如,熔池冷区和热区的射流动力学和热分层现象,堆芯内燃料组件内、组件之间以及组件盒间隙处的回流循环。目前,这些现象在系统热工水力尺度上均难以模拟。

由于一维系统程序和子通道程序对液态金属反应堆中三维物理现象的模拟具有局限性,因此,开发最先进的多尺度热工水力耦合程序并使用适当的实验数据进行验证是必要的。在这种情况下,系统程序、子通道程序和CFD 程序可耦合使用,从而达到以合理的计算成本实现所需精度的模拟。

为了成功实现涉及两个或多个程序的多尺度模拟,首先要开发耦合策略,以确保每个程序计算反应堆整体状态中的一部分。这种耦合策略通常定义了在同一计算时间下的各个程序之间的数据交换。因此,这就可能需要对一个或多个程序进行深度干预,从而可能需要进一步开发。最后,需要补充的是,该耦合策略还应该是通用的,即同时适用于验证实验和反应堆工况,从而符合验证数据库的定义。

2.4.6　中子-热工水力耦合

反应堆内中子的输运取决于几个参数,其中包括燃料温度和冷却剂温度。系统热工水力程序计算出冷却剂的温度,中子输运程序以此为输入参数进而计算出堆芯功率分布。而热工水力程序则进一步通过堆芯功率分布计算出新的温度,如此循环计算。因此,反应堆瞬态的模拟计算涉及热工水力程序和中子输运程序的耦合。大多数一维系统热工水力程序已被用于瞬态计算,但其预测的准确性和空间精度有限。

为了提高堆芯设计研究的准确性和空间精度,目前世界各地正在开发耦合三维中子输运(确定论法和蒙特卡罗法)和三维热工水力(CFD 和子通道)的程序。王等(Wang et al.,2020)对应用于核能系统的中子/热工水力耦合方法进行了综述,目前的耦合方法分为松耦合和紧耦合方法(图 2-1),松耦合方法对中子输运方程和流体守恒方程分别求解(解耦求解),而紧耦合方法则对中子输运方程和流体守恒方程同时进行耦合求解。紧耦合方法将两组物理控制方程一起求解,形成一个大规模的偏微分方程组。求解大规模偏微分方程的方法主要采用无需生成雅克比矩阵的雅克比-克雷洛夫(Jacobian-Free Newton-Krylov,JFNK)法,这是一种求解全隐耦合问题的新方法。松耦合对两组控制方程分别求解,求解方法分为显式和隐式。在显式解法中,每个物理场使用上一个同步点上另一个物理场的解,如算子分裂法(Operator Splitting,OS);隐式解法则在每一个时间步中在两个物理场之间增加一个外迭代循环,不断进行数据交换,直到两个物理场收敛为止,如皮卡尔(Picard)迭代法。由于中子输运程序与热工水力程序所使用的模型和求解方法不同,而且两者求解的尺度范围也不同,因此松耦合方法能更较好地适用于当前的中子输运程序和热工水力程序的耦合。中子/热工水力松耦合方法的分类如图 2-2 所示,采用确定论法或蒙特卡罗法的中子输运程序与一维系统热工水力程序、子通道热工水力程序或 CFD 程序组成了多种耦合。

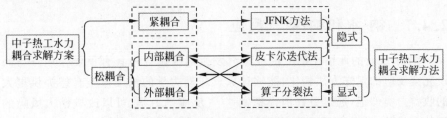

图 2-1　中子/热工水力耦合的方案和求解方法

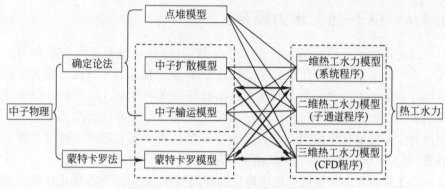

图 2-2　中子/热工水力松耦合的分类

中子/热工水力紧耦合通常基于 KARMA、MOOSE 和 LIME 等多物理计算平台进行,计算精度方面优于松耦合。然而,中子/热工水力紧耦合的研究远远少于松耦合,同时也受到代码开发难度和计算资源的限制,仍需要进一步的开发研究。

杨等(Yang et al.,2020)耦合子通道程序 COBRA 和中子输运程序 SKETCH-N,针对铅冷快堆的控制棒弹出事故,对半隐式算子分裂法、不动点隐式法和近似分块牛顿(Approximate Block Newton,ABN)法(JFNK 方法的一种变形)等三种耦合算法进行了比较。半隐式算子分裂法采用无迭代的顺序求解,滞后的热工水力反馈导致了与时间步长相关的误差。而完全隐式方法可以消除这种误差(即使时间步长较大)。不动点隐式法在半隐式算子分裂法的基本框架上增加了一个外部迭代,以保证耦合参数收敛,但计算时间由于额外的迭代会延长。ABN 法利用了 JFNK 法的优点,避免了雅可比矩阵的构造和存储。经过比较,在温和瞬态问题中,ABN 方法在收敛速度和计算代价上都优于其他两种方法,能被推广至 LMR 的设计开发和研究中。

在耦合程序开发之外,同样需要用适当的实验数据对这些程序耦合方法进行确认和验证。

2.4.7　钠-水和钠-空气反应

钠-水反应的评估在钠冷快堆蒸汽发生器的设计中具有重要作用。与假设完全反应的保守方法相比,能够计算反应动力学的精细模型有望提供更大的收益。类似地,通过更好地模拟钠-空气反应动力学,可以改进钠火风险的评估。目前,世界上开发钠冷快堆的国家几乎都在研究钠-水和钠-空气反应,他们的工作主要集中在获取新的实验数据,以更新和进一步验证既有的数值程序或开发和验证新的(如基于 CFD 的)程序。

另一方面,受高温气冷堆的启发,一些钠冷快堆舍弃了传统的钠-水换热器设计,采用氦气、氮气或超临界二氧化碳作为动力输出回路的换热工质,并利用布雷顿循环进行能量转换,从而从根本上消除钠水反应的事故隐患(Zhao et al.,2008;Ahn et al.,2015;Bertrand et al.,2016)。

2.4.8　铅-水反应

在池式铅冷快堆设计中,蒸汽发生器位于反应堆容器内,这意味着二回路水与一回路液态金属之间可能发生反应。因此,蒸汽发生器管道破裂(Steam Generator Tube Rupture,SGTR)事故是池式铅冷快堆设计和初步安全分析中必须要加以考虑的安全问题。SGTR 研究主要包括事故情形下各种物理现象的理解,以及如何预防这类事故发生、减轻事故后果和降低一回路系统的增压(Del Nevo et al.,2016)。

铅合金与水相互作用在一些欧洲合作项目中已经开展了大量的研究(Pesetti et al.,2016a,2016b,2017)。研究者们在不同温度、不同裂缝结构、不同流量和不同压强下将水注入液态金属池中。除实验外,他们还使用 CFD 和 SIMMER 程序对这些实验进行了模拟和分析。

根据意大利国家项目计划,该国会对这一领域开展进一步的研究(Tarantino,2017)。这些研究主要集中在扩大实验参数范围,特别是在裂缝构造方面,以便获得更充分的验证依据。此外,研究内容还会涉及一回路系统压力波的传播、熔池晃动、一回路系统中蒸汽的迁移、堆芯处蒸汽的卷吸和进入以及铅-水界面的物理现象。破裂/泄漏检测系统和管道破裂事故的缓解措施也正在进行相关的实验研究。

近年来,在国内,针对铅冷快堆 SGTR 事故,中国科学院核能安全技术研究所(INEST)和中山大学等单位也开展了一些研究。例如,INEST 开展了高温铅铋液滴和液柱注入过冷水实验,分析了铅铋温度、水温、铅铋直径、入水高度等因素对铅铋碎化过程的影响(黄望哩,2015;Huang et al.,2017)。为了分析液态铅铋中的单气泡上升速率,INEST 开展了将氩气注入四种透明液体(水、酒精、甘油和氟化液 FC-3283)的模拟实验,并基于实验数据提出了可能适用于预测高密度液体中单气泡终端速度的经验关系式(Zhang et al.,2018a)。为了获得蒸汽在液态铅铋中的迁移深度,INEST 开展了将空气注入常温水的模拟实验(空气模拟水蒸气、水模拟液态铅铋),分析了注入速率、口径等因素对迁移深度的影响规律,并据此开发了相应的迁移深度预测关系式

(Zhang et al.，2017)。针对 SGTR 事故中高压水与液态铅铋的相互作用，INEST 基于 KYLIN-Ⅱ-S 装置还开展了一组将 2 MPa 和 200℃的高压水注入 408℃熔融铅铋的实验，并分析了作用过程中铅铋熔池的温度和压力变化（张朝东，2018）。除实验外，INEST 还通过中子学与热工水力学耦合瞬态安全分析软件 NTC，模拟分析了水与铅铋相互作用实验（张朝东，2018）。

　　针对 SGTR 事故，中山大学首先基于自主建设的熔体-冷却剂相互作用热工水力特性可视化装置（VTMCI）对熔融铅铋的碎化特性，系统性地进行了实验分析（在实验过程中，熔融铅铋的质量为 1250～2500 g）（Cheng et al.，2021a）。而后，中山大学针对 SGTR 事故发生和演变过程中的一系列关键物理现象（如高压水与液态铅铋合金相互作用、液态重金属晃动、熔池内熔融铅铋合金-水滴相互作用、蒸汽泡在流动铅铋合金中的迁移等）启动了系统性的实验研究，并基于实验数据同步进行了相应的分析技术与评估模型开发。譬如，针对事故中第三阶段熔融铅合金-水滴相互作用，中山大学基于自主开发的熔体-冷却相互作用压力特性装置（PMCI）进行了大量的实验研究（Zhang et al.，2018b；Cheng et al.，2019，2021c）。在实验中，通过将一定体积的水块输送至液态金属（熔融铅铋、熔融铅、低熔点铋锡铟合金等）池底部进行释放，系统地分析水块温度、熔池温度、水块体积、水块形状、熔池深度等因素，对熔池内熔体-冷却剂相互作用过程中压力特性的影响规律（Zhang et al.，2018b；Cheng et al.，2019，2021c）。除实验外，中山大学也基于无网格移动粒子法、多相流格子玻尔兹曼法等开展了相应的数值模拟分析（Cheng et al.，2020a，2021b），通过与实验对比，验证了这些数值模拟方法和程序的有效性。

2.4.9　安全壳内热工水力

　　在轻水堆的安全壳热工水力分析中，氢气的生成、分布和燃烧会起到重要作用，而这对于液态金属反应堆则并不那么重要。液态金属反应堆的安全壳热工水力包括安全壳上的温度和压力载荷分析，这在任何反应堆的安全评估中都需加以解决。赫兰兹等（Herranz et al.，2018）认为，对于钠冷快堆而言，还需考虑安全壳内钠火燃烧的影响。由超临界事故引发的堆芯毁坏涉及燃料组件的高能破坏。熔融燃料与液钠相互作用可能导致蒸汽爆炸，从而使一回路系统产生破口。放射性沾染后的高温钠喷射至安全壳后，如果与氧气接触，钠会迅速燃烧并生成氧化钠颗粒，这些颗粒的气溶胶及其化学变化将在很大程度上造成放射性和化学影响。

　　佩雷兹和戈麦兹（Perez et al.，2013）认为，目前运行的轻水堆和其他设计中的核电厂向环境和公众释放的辐射泄漏量可能远低于允许限值。不过,预计在不久的将来依然会把它列入国际合作研发中。赫兹等(Herranz et al.,2018)开发了包含安全壳中钠火反应影响的模型,并进行了部分验证。

关于钠冷快堆安全壳热工水力面临的挑战,赫兹等(Herranz et al.,2018)认为,现有的数值预测依然可能遗漏一些对源项有重要影响的主要物理现象,比如钠雾火灾产生的颗粒、钠-混凝土相互作用产生的裂变产物夹带以及含钠气溶胶中裂变产物的热化学行为等。此外,由于关键物理现象是通过含有大量参数化的模型进行描述的,而目前研究者对这些现象缺乏足够深入的认识和理解,因而不足以支持机理建模。再者,当前的实验数据库也不允许可靠地确定模型中的参数。因此,研究者应仔细设计新的实验,以确保关键数据具有代表性、准确性和可扩展性。

2.5　研究指引

关于液态金属冷却反应堆热工水力数值模拟和实验研究,在以下方面可能存在挑战。

1) 验证、确认和不确定性量化

液态金属反应堆的安全性论证在很大程度上依赖于对各类重要瞬态的数值模拟。为了验证这些模拟,就必须检查数值模拟工具的正确性。这些工具正确预测每个瞬态物理特性的能力必须通过详尽的实验数据库进行评估,并且其计算结果的不确定性也必须被量化。

由于针对轻水堆的验证和确认方法以及不确定性量化方法已经存在,因此将它们移植到液态金属反应堆相对简单。然而,关于液态金属冷却反应堆仍有两点需特别注意:首先,在分析过程中需使用复杂的计算工具(如 CFD 或多尺度模拟);其次,大规模、完整的实验非常少(相比之下,轻水堆存在若干破口失水(LOCA)事故分析大型回路)。

2) CFD 指引

由于 CFD 工程师必须判断模拟结果是否可信,因此进行高质量的 CFD 模拟并不是一件容易的事。虽然现实世界在时间和空间上是连续的,但是计算机在模拟时需将时间和空间离散化处理。这种近似处理方法是不可避免的,但是模拟过程中还采用了各种假设,以在尽可能减少计算成本的前提下获得所感兴趣问题的关键信息。

多年来,为 CFD 应用而制定的通用最佳实践指南正逐步完善并形成文件,这当中最著名的莫过于欧洲流动、湍流和燃烧研究共同体(ERCOFTAC)撰写的文件(Casey et al,2000)。这些指南应在需要时加以更新,并针对液态金属热工水力分析的具体需要进行补充。

3) 多尺度模拟指引

尽管多尺度程序的模拟相比原型堆的开发和试验更容易,但其常受到一致性、稳定性和收敛性的限制。此外,由于大多数开发往往倾向于集中在单个实验或特定反应堆上,因此,在该情况下指引可帮助提供更通用的方法。多尺度耦合模拟的方法和指南正在持续开发和更新,适用于液态金属不可压缩单相流的算法还有待探究。

4) 实验指引

进行液态金属反应堆热工水力实验可加深对基本物理现象的基础理解、确认系统或组件的性能是否合格,以及对模型及其在计算程序中的应用进行验证。研究目标不同,对实验的需求也不同。例如,如果实验主要用于验证,那么对实验条件和局限性的描述以及实验结果的不确定性等要求会很高。

使用液态金属进行实验通常成本高昂,而且仪器设备也面临各种挑战。合理缩减实验装置尺寸以及使用透明或低熔点模拟流体是可能的解决办法。此外,应开发新的可应用于高温液态金属环境中的测量仪器,并确保它们在时间和空间上具有较高的分辨率和精度(如性能与透明或低温液体中的既有技术相当)。

在经济合作与发展组织(OECD/NEA CSNI,2015)、国际原子能机构(IAEA)以及欧盟的一些关于液态金属反应堆的项目中(Roelofs,2019),对液态金属实验的缩放、设计和执行都制定了一般的指引。关于验证/确认的方法和程序,基于目前存在的大量文献,也已经制定了验证实验设计和施行的指引。此外,液态金属仪器在流场超声和电磁技术表征领域也取得了进展。

参 考 文 献

成松柏,王丽,张婷,2018.第四代核能系统与钠冷快堆概论 [M].北京:国防工业出版社:
　　2-4.

成松柏,程辉,陈啸麟,等,2020.铅冷快堆液态铅合金技术基础 [M].北京:清华大学出版
　　社:1-10.

黄望哩,2015.铅基堆 SGTR 事故下铅铋与水接触碎化行为研究 [D].合肥:中国科学技术
　　大学.

魏诗颖,王成龙,田文喜,等,2019.铅基快堆关键热工水力问题研究综述 [J].原子能科学

技术,53(2)：326-336.

张朝东,2018.蒸汽发生器管道破裂对铅基堆热工安全特性影响分析研究［D］.合肥：中国
科学技术大学.

ACHUTHAN N,MELICHAR T,PROFIR M,et al.,2021. Computational fluid dynamics
modelling of lead natural convection and solidification in a pool type geometry［J］. Nucl.
Eng. Des.,376：111104.

AGRAWAL M,BAKKER A,PRINKEY M T,2004. Macroscopic particle model-tracking
big particles in CFD ［C］. Austin, USA：AlChE 2004, Annual Meeting Particle
Technology Forum.

AHN Y,BAE S J,KIM M, et al.,2015. Review of supercritical CO_2 power cycle
technology and current status of research and development ［J］. Nucl. Eng. Technol.,
47(6)：647-661.

AITHAL S,RAJAN BV, BALASUBRAMANIYAN V, et al.,2016. Experimental
validation of thermal design of top shield for a pool type SFR［J］. Nucl. Eng. Des.,300：
231-240.

ANDRUSZKIEWICZ A,ECKERT K, ECKERT S,et al.,2013. Gas bubble detection in
liquid metals by means of the ultrasound transit-time-technique［J］. Eur. Phys. J. Spec.
Top.,220：53-62.

ARIEN B,2004. Assessment of computational fluid dynamic codes for heavy liquid metals-
ASCHLIM［R］. EC-Con. FIKW-CT-2001-80121-Final Report.

BERTRAND F,MAUGER G,BENSALAH M,et al.,2016. Transient behavior of ASTRID
with a gas power conversion system［J］. Nucl. Eng. Des.,308：20-29.

BHAGA D,WEBER M E,1981. Bubbles in viscous liquids：shapes,wakes and velocities
［J］. J. Fluid Mech.,105(1)：61-85.

BLOM D,VAN ZUIJLEN A H, BIJL H, 2014. Acceleration of strongly coupled fluid-
structure interaction with manifold mapping［C］. Barcelona,Spain：11th World Congress
on Computational Mechanics (WCCM XI),5th European Conference on Computational
Mechanics (ECCM V),6th European Conference on Computational Fluid Dynamics
(ECFD VI).

BORRVALL T,PETERSSON J,2003. Topology optimization of fluids in Stokes flow［J］.
Int. J. Numer. Methods Fluids,41：77-107.

BUSHAN S,ELFAJRI O,JOCK W D,et al.,2018. Assessment of RANS,LES,and hybrid
RANS/LES models for the prediction of low-pr turbulent flows［C］. Montreal,Canada：
Proceedings of the ASME 2018 5th Joint US-European Fluids Engineering Division
Summer Meeting.

BUCKINGHAM S,PLANQUART P,EBOLI M,et al.,2015. Simulation of fuel dispersion
in the MYRRHA-FASTEF primary coolant with CFD and SIMMER-Ⅳ［J］. Nucl. Eng.
Des.,295：74-83.

CASEY M,WINTERGESTE T,2000. Best practice guidelines ［R］. ERCOFTAC Special

Interest Group on "Quality and Trust in Industrial CFD".

CHELLAPANDI P,CHETAL S C,RAJ B,2009. Thermal striping limits for components of sodium cooled fast spectrum reactors [J]. Nucl. Eng. Des. ,239 (12)：2754-2765.

CHELLAPANDI P,VELUSAMY K,2015. Thermal hydraulic issues and challenges for current and new generation FBRs [J]. Nucl. Eng. Des. ,294：202-225.

CHENG H,CHENG S,ZHAO J,2020a. Study on corium jet breakup and fragmentation in sodium with a GPU-accelerated color-gradient lattice Boltzmann solver [J]. Int. J. Multiphase Flow,126：103264.

CHENG H,CHEN X,YE Y,et al. ,2021a. Systematic Experimental Investigation on the Characteristics of Molten Lead-Bismuth Eutectic Fragmentation in Water [J]. Nucl. Eng. Des. ,371：110943.

CHENG H,ZHAO J,SAITO S,et al. ,2021b. Study on melt jet breakup behavior with nonorthogonal central-moment MRT color-gradient lattice Boltzmann method [J]. Prog. Nucl. Energy,136：103725.

CHENG S,LI S,LI K,et al. ,2018. A Two-dimensional experimental investigation on the sloshing behavior in a water pool [J]. Ann. Nucl. Energy,114：66-73.

CHENG S,ZHANG T,MENG C,et al. ,2019. A comparative study on local fuel-coolant interactions in a liquid pool with different interaction modes [J]. Ann. Nucl. Energy,132：258-270.

CHENG S,XU R,JIN W,et al. ,2020b. Experimental study on sloshing characteristics in a pool with stratified liquids [J]. Ann. Nucl. Energy,138,107184.

CHENG S,ZOU Y,DONG Y, et al. , 2021c. Experimental study on pressurization characteristics of a water droplet entrapped in molten LBE pool [J]. Nucl. Eng. Des. , 378：111192.

CHOI S K,HAN J W,KIM D,et al. ,2015. The present State-of-the-Art Thermal Striping Studies for Sodium-Cooled Fast Reactors [C]. Chicago,USA：16th International Topical Meeting on Nuclear Reactor Thermal Hydraulics.

COCCOLUTO G,GAGGINI P, LABANTI V,et al. , 2011. Heavy liquid metal natural circulation in a one-dimensional loop [J]. Nucl. Eng. Des. ,241(5)：1301-1309.

DEGROOTE J,VIERENDEELS J,2012. Multi-level quasi-Newton coupling algorithms for the partitioned simulation of fluid-structure interaction [J]. Comput. Methods Appl. Mech. Eng. ,225-228：14-27.

DEL NEVO A,CHIAMPICHETTI A, TARANTINO M,et al. , 2016. Addressing the heavy liquid metal-water interaction issue in LBE system [J]. Prog. Nucl. Energy,89：204-212.

DI PIAZZA I,MAGUGLIANI F,TARANTINO M,et al. ,2014. A CFD analysis of flow blockage phenomena in ALFRED LFR demo fuel assembly [J]. Nucl. Eng. Des. ,276：202-215.

DOUGDAG M, FERNANDEZ R, LAMBERTS D, 2017. Risk assessment of thermal striping in MYRRHA research reactor [J]. Nucl. Eng. Des. ,319：40-47.

FROGHERI M,ALEMBERTI A,MANSANI L,2013. The lead fast reactor：demonstrator (ALFRED) and ELFR design [C]. Paris,France：International Conference on Fast Reactors and Related Fuel Cycles：Safe Technologies and Sustainable Scenarios.

GIF,2002. A technology roadmap for generation IV nuclear energy systems [R]. GIF002-00,US-DOE & GIF,USA.

GIF,2014. A technology roadmap update for generation IV nuclear energy systems [R]. GIF,Paris,France.

GLASBRENNER H,GRÖSCHEL F,GRIMMER H,et al. ,2005. Expansion of solidified lead bismuth eutectic [J]. J. Nucl. Mater. ,343 (1-3)：341-348.

GRACE J R,WAIREGI T,NGUYEN T H,1976. Shapes and velocities of single drops and bubbles moving freely through immiscible liquids [J]. Trans. IChemE. , 54 (3)：167-173.

GUÉNADOU D,TKATSHENKO I, AUBERT P, 2015. Plateau facility in support to ASTRID and the SFR program：an overview of the first mock-up of the ASTRID upper plenum,MICAS [C]. Chicago,USA：16th International Topical Meeting on Nuclear Reactor Thermal Hydraulics.

GUO L,MORITA K,TOBITA Y；2014. Numerical simulation of gas-solid fluidized beds by coupling a fluid-dynamics model with the discrete element method [J]. Ann. Nucl. Energy,72：31-38.

HERRANZ L E, LEBEL L, MASCARI F, et al. , 2018. Progress in modeling in-containment source term with ASTEC-Na [J]. Ann. Nucl. Energy,112：84-93.

HU R,2019. Three-dimensional flow model development for thermal mixing and stratification modeling in reactor system transients analyses [J]. Nucl. Eng. Des. ,345：209-215.

HUA J,STENE J F,LIN P,2008. Numerical simulation of 3D bubbles rising in viscous liquids using a front tracking method [J]. J. Comput. Phys. ,227(6)：3358-3382.

HUANG W,ZHOU D, SA R, et al. , 2017. Experimental study on thermal-hydraulic behavior of LBE and water interface [J]. Prog. Nucl. Energy,99：1-10.

IAEA,2012. Status of fast reactor research and technology development [R]. Technical Report 474,Vienna,Austria.

IAEA,2013. Status of innovative fast reactor designs and concepts [R]. IAEA, Vienna, Austria.

IRSN,2015. Review of generation IV nuclear energy systems [R]. France.

JELTSOV M,KÖÖP K,GRISHCHENKO D,et al. ,2018. Pre-test analysis of an LBE solidification experiment in TALL-3D [J]. Nucl. Eng. Des. ,339：21-38.

KAMIDE H,HAYASHI K, ISOZAKI T, et al. , 2001. Investigation of core thermohydraulics in fast reactors-Interwrapper flow during natural circulation [J]. Nucl. Technol. ,133(1)：77-91.

KAMIDE H,OHSHIMA H, SAKAI T, et al. , 2017. Progress of thermal hydraulic evaluation methods and experimental studies on a sodium-cooled fast reactor and its safety in Japan [J]. Nucl. Eng. Des. ,312：30-41.

KATSUYAMA K,NAGAMINE T, MATSUMOTO S, et al. ,2003. Application of X-ray computer tomography for observing the deflection and displacement of fuel pins in an assembly irradiated in FBR [J]. J. Nucl. Sci. Technol. ,40 (4)：220-226.

KAISER G,CHARPENEL J,JAMOND C, et al. , 1994. Main SCARABEE lessons and most likely issue of the sub-assembly blockage accident [C]. Obninsk, Russia： International Topical Meeting on Sodium Cooled Fast Reactor Safety.

KENNEDY G,LAMBERTS D,PROFIR M,et al. ,2017. Experimental and numerical study of the MYRRHA control rod system dynamics [C]. Fukui and Kyoto, Japan： Proceedings of ICAPP 2017.

KEPLINGER O,SHEVCHENKO N, ECKERT S, 2019. Experimental investigation of bubble breakup in bubble chains rising in a liquid metal [J]. Int. J. Multiphase Flow,116： 39-50.

KULKARNI A A,JOSHI J B,2005. Bubble formation and bubble rise velocity in gas-liquid systems：a review [J]. Ind. Eng. Chem. Res. ,44(16)：5873-5931.

LIU H,VALOCCHI A J,KANG Q, 2012. Three-dimensional lattice Boltzmann model for immiscible two-phase flow simulations [J]. Phys. Rev. E,85(4)：046309.

LONGATTE E,BAJ F, HOARAU Y, et al. , 2013. Advanced numerical methods for uncertainty reduction when predicting heat exchanger dynamic stability limits：review and perspectives [J]. Nucl. Eng. Des. ,258：164-175.

LIU L,YAN H,ZHAO G, 2015. Experimental studies on the shape and motion of air bubbles in viscous liquids [J]. Exp. Therm. Fluid Sci. ,62：109-121.

MASCHEK W,RINEISK A,FLAD M,et al. ,2008. The SIMMER safety code system and its validation efforts for fast reactor application [C]. Switzerland：International Conference on the Physics of Reactors 2008：2370-2378.

MERZARI E,OBABKO A,FISCHER P,et al. ,2017. Large-scale large eddy simulation of nuclear reactor flows：issues and perspectives [J]. Nucl. Eng. Des. ,312：86-98.

MIKITYUK K,CODDINGTON P,CHAWLA R,2005. Development of a drift-flux model for heavy liquid metal/gas flow [J]. J. Nucl. Sci. Technol. ,42(7)：600-607.

MYRILLAS K,PLANQUART P,BUCHLIN J M,et al. ,2016. Small scale experiments of sloshing considering the seismic safety of MYRRHA [J]. Int. J. Hydrogen Energy, 41(17)：7239-7251.

NAGRATH S,JANSEN K E,LAHEY R T, 2005. Computation of incompressible bubble dynamics with a stabilized finite element level set method [J]. Comput. Methods Appl. Mech. Eng. ,194(42)：4565-4587.

NISHI Y,KINOSHITA I, NISHIMURA S, 2003. Experimental study on gas lift pump performance in lead-bismuth eutectic [C]. Cordoba,Spain：ICAPP03.

OBABKO A,MERZARI E, FISCHER P, 2016. Nek5000 large-eddy simulations for thermal hydraulics of deformed wire-wrap fuel assembles [C]. Las Vegas, USA: Proceedings of ANS Winter 2016 Conference: 115.

OECD/NEA CSNI,2015. Assessment of CFD codes for nuclear reactor safety problems-Revision 2 [R]. NEA/CSNI/R(2014)12,Paris,France,2015.

PANG M J,WEI J J,2011. Analysis of drag and lift coefficient expressions of bubbly flow system for low to medium Reynolds number [J]. Nucl. Eng. Des. ,241(6): 2204-2213.

PEREZ F,GOMEZ F, 2013. Containment assessment for the ETDR/ALFRED [R]. LEADER DEL018-2012,Madrid,Spain.

PEREZ-MARTIN S,PONOMAREV A, KRUESSMANN R,et al. ,2014. Study of power and cooling criteria for selecting SA groups in the simulation of accidental transients in sodium fast reactors with SAS-SFR code [C]. Charlotte,USA: International Congress on Advances in Nuclear Power Plants 2014.

PESETTI A,DEL NEVO A, FORGIONE N, 2016a. Assessment of SIMMER-Ⅲ code based on steam generator tube rupture experiments in LIFUS5/Mod2 facility [C]. Charlotte,USA: 24th International Conference on Nuclear Engineering.

PESETTI A,DEL NEVO A, FORGIONE N, 2016b. Experimental investigation of spiral tubes steam generator rupture scenarios in LIFUS5/Mod2 facility for ELFR [C]. Charlotte,USA: 24th International Conference on Nuclear Engineering.

PESETTI A,DEL NEVO A,NERI A,et al. ,2017. Experimental investigation in LIFUS5/ Mod2 facility of spiral-tube steam generator rupture scenarios for ELFR [C]. Shanghai, China: 25th International Conference on Nuclear Engineering.

PETTIGREW M J,TAYLOR C E, FISHER N J,et al. , 1998. Flow-induced vibration: recent findings and open questions [J]. Nucl. Eng. Des. ,185(2-3): 249-276.

PIORO I L,2016. Handbook of generation IV nuclear reactors [M]. Duxford, UK: Woodhead Publishing.

PLANQUART P, VAN TICHELEN K, 2019. Experimental investigation of accidental scenarios using a scale water model of a HLM reactor [J]. Nucl. Eng. Des. ,346: 10-16.

PRILL D P,CLASS A G,2014. Semi-automated proper orthogonal decomposition reduced order model non-linear analysis for future BWR stability [J]. Ann. Nucl. Energy,67: 70-90.

PROFIR M,MOREAU V,MELICHAR T, 2020. Numerical and experimental campaigns for lead solidification modelling and testing [J]. Nucl. Eng. Des. ,359: 110482.

PYLCHENKOV E H, 1998. The issue of freezing-defreezing lead-bismuth liquid metal coolant in reactor installations' circuits [C]. Obninsk, Russia: Proceedings of 1st International Conference on Heavy-Liquid Metal Coolants in Nuclear Technologies (HLMC-98): 110-119.

RAKHI,SHARMA A K,VELUSAMY K, 2017. Integrated CFD investigation of heat transfer enhancement using multi-tray core catcher in SFR [J]. Ann. Nucl. Energy,104:

256-266.

ROELOFS F, VAN TICHELEN K, TENCHINE D, 2013. Status and future challenges of liquid metal cooled reactor thermal-hydraulics [C]. Pisa, Italy: 15th International Topical Meeting on Nuclear Reactor Thermal Hydraulics.

ROELOFS F, SHAMS A, OTIC I, et al., 2015a. Status and perspective of turbulence heat transfer modelling for the industrial application of liquid metal flows [J]. Nucl. Eng. Des., 290: 99-106.

ROELOFS F, SHAMS A, PACIO J, et al., 2015b. European outlook for LMFR thermal hydraulics [C]. Chicago, USA: 16th International Topical Meeting on Nuclear Reactor Thermal Hydraulics: 7414-7425.

ROELOFS F, SHAMS A, BATTA A, et al., 2016. Liquid metal thermal hydraulics, state of the art and beyond: the SESAME project [C]. Warsaw, Poland: European Nuclear Conference (ENC).

ROELOFS F, 2019. Thermal hydraulics aspects of liquid metal cooled nuclear reactors [M]. Duxford, United Kingdom: Woodhead Publishing.

ROUAULT J, 2015. Japan-France collaboration on the ASTRID program and sodium fast reactor [C]. Nice, France: International Congress on Advances in Nuclear Power Plants 2015.

RYU S, KO S, 2012. A comparative study of lattice Boltzmann and volume of fluid method for two dimensional multiphase flows [J]. Nucl. Eng. Technol., 44(6): 623-638.

SAITO Y, MISHIMA K, TOBITA Y, et al., 2005. Measurements of liquid-metal two-phase flow by using neutron radiography and electrical conductivity probe [J]. Exp. Therm. Fluid Sci., 29(3): 323-330.

SHAMS A, ROELOFS F, BAGLIETTO E, et al., 2014. Assessment and calibration of an algebraic turbulent heat flux model for low-Prandtl fluids [J]. Int. J. Heat Mass Transfer, 79: 589-601.

SHAMS A, ROELOFS F, TISELJ I, et al., 2020. A collaborative effort towards the accurate prediction of turbulent flow and heat transfer in low-Prandtl number fluids [J]. Nucl. Eng. Des., 366: 110750.

SOSNOVSKY E, BAGLIETTO E, KEIJERS S, et al., 2015. CFD simulations to determine the effects of deformations on liquid metal cooled wire wrapped fuel assemblies [C]. Chicago, USA: 16th International Topical Meeting on Nuclear Reactor Thermal Hydraulics, : 2747-2761.

SUZUKI T, TOBITA Y, KONDO S, et al., 2003. Analysis of gas-liquid metal two-phase flows using a reactor safety analysis code SIMMER-Ⅲ [J]. Nucl. Eng. Des., 220(3): 207-223.

TAKAHASHI M, YUMURA T, YODA I, et al., 2010. Visualization of bubbles behavior in lead-bismuth eutectic by Gamma-ray [C]. ICONE18, American Society of Mechanical Engineers Digital Collection: 533-539.

TARANTINO M, MARTELLI D, BARONE G, et al. , 2015. Mixed convection and stratification phenomena in a heavy liquid metal pool [J]. Nucl. Eng. Des. ,286: 261-277.

TARANTINO M,2017. International collaboration on Gen-Ⅳ nuclear systems: progress activity [R]. CSEA,Rome,Italy.

TENCHINE D,2010. Some thermal hydraulic challenges in sodium cooled fast reactors [J]. Nucl. Eng. Des. ,240 (5): 1195-1217.

TENCHINE D,FOURNIER C,DOLIAS Y,2014. Gas entrainment issues in sodium cooled fast reactors [J]. Nucl. Eng. Des. ,270: 302-311.

TIAN Z,CHENG Y,LI X,et al. ,2019. Bubble shape and rising velocity in viscous liquids at high temperature and pressure [J]. Exp. Therm. Fluid Sci. ,102: 528-538.

TOMIYAMA A,CELATA G, HOSOKAWA S,et al. ,2002. Terminal velocity of single bubbles in surface tension force dominant regime [J]. Int. J. Multiphase Flow,28(9): 1497-1519.

UITSLAG-DOOLAARD H J,ROELOFS F,PACIO J C,et al. ,2019. Experiment design to assess the inter-wrapper heat transfer in LMFR [J]. Nucl. Eng. Des. ,341: 297-305.

VAGHETTO R,JONES P, GOTH N,et al. ,2018. Pressure Measurements in a Wire-Wrapped 61-Pin Hexagonal Fuel Bundle [J]. J. Fluids Eng. ,140(3): 031104.

VAN TICHELEN K,2012. Blockages in LMFR fuel assemblies [R]. FP7 MAXSIMA, SCKCENR-5433,Mol,Belgium.

VAN TICHELEN K,MIRELLI F,2017. Experimental investigation of steady-state flow in the LBE cooled scaled pool facility E-SCAPE [C]. Xi'an,China: 17th International Topical Meeting on Nuclear Reactor Thermal Hydraulics.

VELUSAMY K,CHELLAPANDI P, CHETAL S C, et al. , 2010. Overview of pool hydraulic design of Indian prototype fast breeder reactor [J]. Sadhana,35: 97-128.

VOGT T,BODEN S,ANDRUSZKIEWICZ A, et al. ,2015. Detection of gas entrainment into liquid metals [J]. Nucl. Eng. Des. ,294: 16-23.

WANG H,LEE S,HASSAN Y A,2016a. Particle image velocimetry measurements of the flow in the converging region of two parallel jets [J]. Nucl. Eng. Des. ,306: 89-97.

WANG L,BAI Y,JIN M,et al. ,2016b. Comparison analysis of temperature fluctuations for double jet of liquid metal cooled fast reactor [J]. Ann. Nucl. Energy,94: 802-807.

WANG Z H,WANG S D,MENG X,et al. ,2017. UDV measurements of single bubble rising in a liquid metal Galinstan with a transverse magnetic field [J]. Int. J. Multiphase Flow,94: 201-208.

WANG J,WANG Q,DING M, 2020. Review on neutronic/thermal-hydraulic coupling simulation methods for nuclear reactor analysis [J]. Ann. Nucl. Energy,137: 107165.

WEAVER D S,ZIADA S,AU-YANG M K,et al. ,2000. Flow-induced vibrations in power and process plant components progress and prospects [J]. J. Pressure Vessel Technol. , 122(3): 339-348.

WISER R,BAYS S E,YOON S,2021. Thermal-striping analysis methodology for sodium-cooled reactor design [J]. Int. J. Multiphase Flow,175：121321.

WU G,JIN M. ,CHEN J,et al. ,2015. Assessment of RVACS performance for small size lead-cooled fast reactor [J]. Ann. Nucl. Energy,77：310-317.

YAMADA Y,AKASHI T,TAKAHASHI M,2007. Experiment and numerical simulation of bubble behavior in argon gas injection into lead-bismuth pool [J]. Journal of Power And Energy Systems,1(1)：87-98.

YANG D,LIU X,ZHANG T,et al. ,2020. A comparison of three algorithms applied in thermal-hydraulics and neutronics codes coupling for LBE-cooled fast reactor [J]. Ann. Nucl. Energy,149：107789.

YUAN H,SOLBERG J,MERZARI E,et al. ,2017. Flow-induced vibration analysis of a helical coil steam generator experiment using large eddy simulation [J]. Nucl. Eng. Des. , 322：547-562.

ZHANG C,SA R,ZHOU D,et al. ,2017. Effects of gas velocity and break size on steam penetration depth using gas jet into water similarity experiments [J]. Prog. Nucl. Energy,98：38-44.

ZHANG C,ZHOU D,SA R,2018a. Investigation of single bubble rising velocity in LBE by transparent liquids similarity experiments [J]. Prog. Nucl. Energy,108：204-213.

ZHANG T,CHENG S,ZHU T,et al. ,2018b. A New experimental investigation on local fuel-coolant interaction in a molten pool [J]. Annals of Nuclear Energy,120：593-603.

ZHANG Y,WANG C,LAN Z,et al. ,2020. Review of Thermal-Hydraulic Issues and Studies of Lead-based fast reactors [J]. Renewable Sustainable Energy Rev. , 120：109625.

ZHAO H,PETERSON P F,2008. Multiple reheat helium Brayton cycles for sodium cooled fast reactors [J]. Nucl. Eng. Des. ,238(7)：1535-1546.

ZHOU Y,ZHAO C,BO H,2020. Analyses and modified models for bubble shape and drag coefficient covering a wide range of working conditions [J]. Int. J. Multiphase Flow,127：103265.

ZUO J,TIAN W,CHEN R,et al. ,2013. Two-dimensional numerical simulation of single bubble rising behavior in liquid metal using moving particle semi-implicit method [J]. Prog. Nucl. Energy,64：31-40.

第 3 章 液态金属冷却反应
堆热工水力实验

在 LMR 的设计开发过程中,需要热工水力、冷却剂化学等领域的大量实验数据来支持其可行性和安全性评估以及理论模型的验证。为此,世界各地的研究机构设计、建造并运行了很多相关的实验设施。根据 IAEA 官网 (2021) 的数据,2021 年世界范围内处于在运行、建造中和备用状态的液态金属反应堆相关设施共有 192 个(其中直接使用液态金属的有 163 个)。这些设施按其研究目的可分为用于验证、确认和许可目的的零功率装置,设计基准事故和超设计基准事故分析用装置,热工水力学装置,以及用于冷却剂化学、材料学、系统和部件、仪器测量、在役监测维修和交叉研究用(同时适用于钠冷快堆和铅冷快堆)的各类装置。在这些装置中,针对热工水力学研究的实验设施有 182 个(其中直接使用液态金属的有 68 个)。

直接使用液态金属的设施,其设计、建造和运行需要额外注意与液态金属物性有关的挑战。譬如,为了实现和保持液态金属的熔融状态,实验设施中需要有辅助加热装置和绝热措施,以避免金属在操作过程中凝固。由于液态金属沸点很高,沸腾现象基本可以忽略。铅和铅铋的高密度不仅影响实验设施的重量,对于给定流速下的惯性力也有重要影响。因此,在分析局部压降和流锤效应时,需特别注意。由于液态金属具有较大的热导率(λ)和热扩散率(a),所以为了准确地测量出温度差异,相应地需要有很大的热流密度,而这无疑将使得实验测试段变得非常紧凑。在液态金属实验设施的设计和建造过程中,还需进一步考虑液态金属化学。为避免液态金属与空气或水接触发生氧化而带来安全问题(如钠火事故),实验中需维持惰性气体氛围。此外,随着温度升高,结构材料的腐蚀将变得更加严重。因此,为了与不锈钢等结构材料保持良好的相容性,常采取一些技术手段对在液态金属中溶解的杂质(如氧)含量进行控制。本章 3.1 节将首先对国内外四个典型液态金属实验设施进行详细介绍,以加深读者对液态金属实验设施的感性认识。在此基础上,3.2 节将对液态金属实验设施设计、建造和运行等各阶段的相关知识和经验进行归纳整理。

液态金属实验系统需特别关注高温、不透明和腐蚀环境下的仪表测量问题。一般而言,在水实验中使用的测量系统和方法往往不能直接用于液态金属中。庆幸的是,最近这些年新发展和出现了不少适用于液态金属的测量技术(如基于液态金属与外界磁场相互作用的非接触式感应流动成像技术)。本章3.3节将对液态金属实验环境中的新型仪器测量方法和技术进行简要介绍。

一方面,由于液态金属(相对水)具有极低的普朗特数(普朗特数的大小对流体速度与温度的耦合分布有重要影响),因此,一般而言,不能通过水实验再现所有的传热过程。然而,另一方面,水实验是可能模拟由雷诺(Reynolds)数(如等温条件下的压降、流固作用)、理查森(Richardson)数(如自然循环)等无量纲量所决定的其他流动状况的。此外,使用水进行模拟实验也具有很多优点,例如,对设备和材料的选择限制比较少,而且可以使用非侵入式的光学仪器。本章3.4节将对使用水的模拟实验进行介绍。

为使读者对液态金属反应堆热工水力学实验设施有更全面的认识,本章3.5节对目前国内外热工水力学的主要实验设施进行汇总和梳理。这些设施包括直接使用液态金属的实验设施和使用水或空气的模拟实验设施。拟介绍的简要信息包括但不限于这些设施的研究目的、设施示意图和运行条件等。

3.1　典型液态金属实验设施

本节选取国内的 KYLIN-Ⅱ,以及国外的 E-SCAPE、NACIE-UP 和TALL-3D 作为代表性的液态金属实验设施进行较详细的介绍,以使读者建立和加深对液态金属实验设施的认识和理解。另外,在3.2节中,为了更好地阐述液态金属实验设施设计、建造和运行的各阶段,将穿插和适度引用CIRCE-HERO 设施以及德国 KIT 搭建的部分回路实验设施作为典型案例。

3.1.1　KYLIN-Ⅱ系列

多功能铅铋堆技术综合实验回路 KYLIN-Ⅱ是由中国科学院核能安全技术研究所设计、建造和运行的,旨在通过研究 LBE 的特性为中国铅铋反应堆CLEAR-Ⅰ 和 ADS 提供设计和建造方面的支持,以及为 CFD 程序和子通道热工水力分析程序提供验证数据库(Lyu et al.,2016)。

该回路包括材料测试回路(KYLIN Ⅱ-M)、安全测试回路(KYLIN Ⅱ-S)、强迫循环热工水力测试回路(KYLIN Ⅱ-TH FC)、自然循环热工水力测试回路(KYLIN Ⅱ-TH NC)以及混合循环热工水力测试回路(KYLIN Ⅱ-TH MC)。其中,KYLIN Ⅱ-M 用于研究 LBE 的腐蚀和结构材料相容性问题,

KYLIN Ⅱ-S 用于研究铅基堆在蒸汽发生器管道断裂事故下,LBE 与高压水的相互作用,KYLIN Ⅱ-TH FC 用于研究反应堆系统组件在液态金属流动中的水力特性,KYLIN Ⅱ-TH NC 用于研究回路的自然循环特性,同时可采用气举增强循环技术驱动 LBE 的回路流动,KYLIN Ⅱ-TH MC 则用于研究稳态和瞬态事故下,LBE 回路的热工水力特性及快堆燃料组件棒束的流动特性,并支持气举增强循环驱动 LBE 回路流动。图 3-1 给出了 KYLIN Ⅱ-TH MC 的示意图。

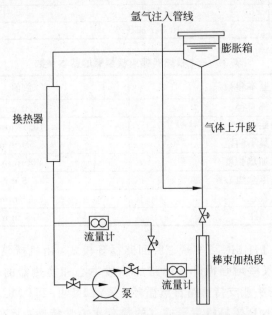

图 3-1　混合循环热工水力测试回路示意图

KYLIN Ⅱ-TH MC 为矩形回路,由上升段、下降段和两个水平管段构成。61 根燃料棒束模拟器(热源)位于上升段的底部,换热器位于下降段的上部,底部水平管道中安装有机械泵,上升段下方设有氩气注入装置,可用于进行气举增强的 LBE 自然循环。表 3-1 总结了 KYLIN Ⅱ-TH MC 的基本设置参数,表 3-2 则给出了 61 根燃料棒束模拟器的参数。

表 3-1　KYLIN Ⅱ-TH MC 的基本参数

装置参数	内容/数值
回路流体	LBE
高度	12 m
管道直径	108 mm
设计最高温度	550℃

装置参数	内容/数值
设计运行压强	1.2 MPa
回路结构材料	316L
最大回路流速	2.00 m/s(强迫循环); 0.15 m/s(自然循环); 0.50 m/s(气体强化循环)
最大热功率	350 kW
二次侧流体	10 bar 加压水

表 3-2　61 根燃料棒束模拟器的基本参数

基本参数	数值
棒束外直径	15.0 mm
棒栅距	16.7 mm
棒盒最小间距	1.79 mm
棒束加热长度	800 mm
六边形盒边心距	67.3 mm
绕丝直径	1.64 mm
绕丝捻距	375 mm

　　KYLIN Ⅱ-TH MC 可实现三种回路循环模式:由机械泵驱动的强迫循环、自然循环和气举增强循环。回路加热段中心和换热器的垂直高度差为 2 m,保证浮力压头能支持回路自然循环。KYLIN Ⅱ-TH MC 中的棒束模拟器可用于研究 LMR 燃料棒束子通道的热工水力学特性。此外,回路设施还可用于:①模拟失流瞬态情形,以证明铅铋反应堆和 ADS 的非能动安全特性;②研究换热器的整体换热系数和换热效率;③研究气举增强循环、气相控氧、滤气和除气;④开发和确认热工水力模型。这些实验工作为中国铅基堆和 ADS 的开发设计、建造和运行提供了重要的技术支持,也为 CFD 程序和子通道分析程序的模拟验证提供了富有价值的实验数据库。

3.1.2　E-SCAPE

　　在 MYRRHA 的框架下,SCK·CEN 设计、建造和运行了 E-SCAPE (European SCAled Pool Experiment)设施(Van Tichelen et al.,2015)。该设施使用的液态金属为 LBE,尺寸为 MYRRHA 的六分之一。E-SCAPE 设施可用于模拟 LMR 的关键热工水力现象,提供强迫循环和自然循环流型下的实验反馈,并验证使用 LBE 的数值计算方法(CFD 程序和系统热工水力程序）。因此,E-SCAPE 设施有助于正确理解反应堆熔池中的热工水力现象,并为 MYRRHA 系统以及 LMR 的设计和许可提供重要的技术支持。

图 3-2、图 3-3 和图 3-4 分别给出了 E-SCAPE 设施的整体结构布置、LBE

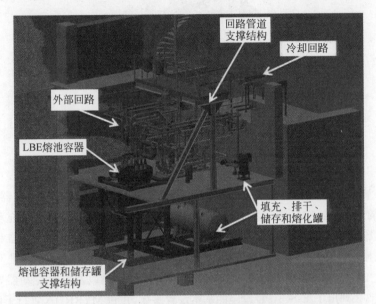

图 3-2　E-SCAPE 设施整体布置图

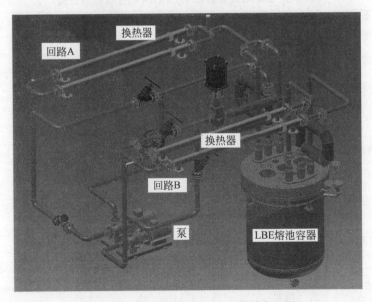

图 3-3　E-SCAPE 设施的 LBE 回路布置图

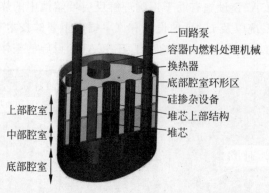

　　　　　　　　　　　　　　　　　　　　　　　　　一回路泵
　　　　　　　　　　　　　　　　　　　　　　　　　容器内燃料处理机械
　　　　　　　　　　　　　　　　　　　　　　　　　换热器
　　　　　　　　　　　　　　　　　　　　　　　　　底部腔室环形区
　　　　　　　　　　　　　　　　　　　　　　　　　硅掺杂设备
上部腔室　　　　　　　　　　　　　　　　　　　　　堆芯上部结构
中部腔室　　　　　　　　　　　　　　　　　　　　　堆芯
底部腔室

图 3-4　E-SCAPE 设施的 LBE 熔池内部结构示意图
（请扫 II 页二维码看彩图）

回路布置和 LBE 熔池内部结构的示意图。E-SCAPE 设施由熔池容器、LBE 回路、泵、油回路、空气冷却器、熔化罐和储存罐组成。LBE 的熔化、填充和排空由熔化罐和储存罐实现。熔池容器内有一回路泵、换热器、堆芯模拟器和燃料处理机械,熔池腔室分为上部腔室、中部腔室和底部腔室。熔池中的堆芯模拟器产生 100 kW 的热功率,经一回路系统、外部的油回路以及空气冷却器导至外部。表 3-3 列出了 E-SCAPE 设施的基本设置参数,并和 MYRRHA 进行了比较。

表 3-3　ESCAPE 设施和 MYRRHA 的主要参数比较

对　象	参　数	E-SCAPE	MYRRHA
熔池容器	外直径	1400 mm	8140 mm
	壁厚	10 mm	—
	高度	2100 mm	12000 mm
一回路系统	LBE 总量	2500 L	500000 L
	堆芯功率	100 kW	110000 kW
	温度范围	200~340℃	270~410℃
	LBE 流量	2.4~120 kg/s	650~9560 kg/s
	一回路主泵数量	2	2
	换热器数量	4	4
	换热器功率	4×30 kW	4×27500 kW
二回路	冷却剂	高温油	水/蒸汽
	流量	10 L/s	—
	温度范围	135~200℃	—
空气冷却	空气冷却器数量	2	
	空气流量	11142 m³/h	

在熔池容器内,LBE 从底部腔室流经由电线加热的堆芯区,往上流经堆芯上部结构后进入顶部腔室,随后经四根管道进入位于容器外部的管壳式 LBE/油换热器,最后由两个离心泵将 LBE 抽回至熔池容器的底部腔室中,实现回路循环。熔池中的热量通过回路和换热器经 LBE-油-空气介质导出。

一方面,E-SCAPE 设施可进行各类情形实验,如启堆、停堆、降功率、换热器失效、泵失效、回路失流、失热阱、气泡输运和颗粒输运等。由于回路设置与 MYRRHA 有差异,瞬态模拟无法直接代表或外推至 MYRRHA 的瞬态情形,但是可以为数值计算工具的模拟验证提供实验数据库。

另一方面,E-SCAPE 设施可用于研究池式 LMR 熔池的一些热工水力挑战。顶部腔室中的挑战包括非等温射流混合、热分层、换热器流量分配、自由液面振荡等;底部腔室中的挑战包括流场分布、一回路泵行为、自然循环衰变余热排出等;整体系统层面的挑战则包括非对称流动条件下的温度场和速度场、颗粒和气泡输运等。

3.1.3　NACIE-UP

NACIE(NAtural CIrculation Experiment-UPgrade)设施是由 ENEA 设计和运行的(Coccoluto et al. , 2011)。该设施位于 ENEA 布拉西莫尼(Brasimone)研究中心,使用 LBE 作为冷却剂,主要用于研究 LMR 设计基准事故、超设计基准事故、热工水力学、反应堆系统和仪器测量等,以便为 LMR 设计开发和运行提供技术支持,并且为 CFD 和热工水力程序验证和开发提供实验数据。

NACIE-UP 设施为一个矩形回路(见图 3-5),总高 9231 mm,在上下水平管道中心轴线之间测得的设施总高度为 7.5 m,宽为 1 m。上升段和下降段为两根垂直不锈钢管道,通过两个相同尺寸的水平管道连接。热源(模拟 MYRRHA 的 19 根带绕丝燃料棒束)位于上升段的底部,换热器位于下降段的上部。燃料棒模拟器的额定热功率约为 43 kW,设计参数如表 3-4 所示。

该设施中,铅铋共晶合金的最大重量为 1000 kg,回路设计的最高温度为 550℃,设计压强为 1 MPa。该设施可以在强迫循环、自然循环和气举增强循环条件下运行,且能研究强迫循环到自然循环的过渡状态,以及在气举增强循环条件下,气体流量变化对回路流动的影响。

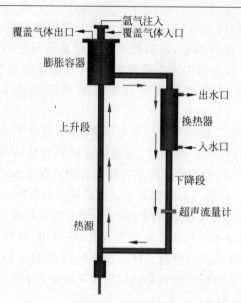

图 3-5　NACIE-UP 设施的回路示意图

(请扫Ⅱ页二维码看彩图)

表 3-4　燃料棒束模拟器的设计参数

参　　　　数	数　　　值
棒束直径	6.55 mm
棒栅距	8.40 mm
绕丝直径	1.75 mm
绕丝捻距	262 mm
总长度	2000 mm
有效长度	600 mm
六边形盒边心距	19.67 mm

　　在自然循环工况下,热源中心与热阱换热器的高度差约为 5.7 m。这个高度差能提供足够的压头,以保证自然循环条件下的合适 LBE 流量。在强迫循环条件下,通过气举增强技术来提高 LBE 流量。上升管内部有内径为 10 mm 的管道,通过膨胀容器顶部的法兰连接至氩气源。管道下部的喷嘴向上升管内注入氩气,以增强回路内的 LBE 循环。气体注射系统能提供 1~20 NL/min 的氩气流量,最大注射压强为 0.55 MPa。氩气流入上升管后,在膨胀容器内与 LBE 分离,LBE 通过上部水平分支管道流入换热器。在气举增强循环和自然循环条件下,LBE 的最大流量分别为 20 kg/s 和 5 kg/s。

　　LBE 回路与水冷回路通过"管中管"逆流式换热器相耦合,设计热负荷为 30 kW。换热器主要由三根不同厚度的同轴管组成,有效长度为 1.5 m(见

图 3-6）。LBE 从上往下流入换热器内管,而水向上流向中层管与外层管之间的环形区域,实现逆流传热。内管和中层管之间的环形区域填充不锈钢粉末。这种粉末间隙能确保 LBE 和水之间的热耦合,并减少管壁的热应力。设施热量由终端热阱空气冷却器排出。

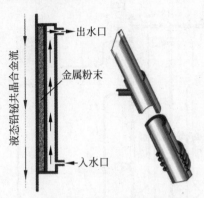

图 3-6　NACIE-UP 设施换热器结构

（请扫 II 页二维码看彩图）

在 NACIE-UP 实验中,已经进行的瞬态实验有气体注入瞬态实验、功率变化瞬态实验和回路失流瞬态实验(Forgione et al.,2019)。目前,已经使用一些系统程序对 NACIE-UP 设施进行了模拟,并结合瞬态实验的结果进行了程序验证(Forgione et al.,2019)。

3.1.4　TALL-3D

TALL-3D 实验设施是由瑞典皇家理工学院(KTH)设计、建造和运行的(Grishchenko et al.,2015),设立该实验设施的目的是验证系统程序和 CFD 程序的耦合模拟能力。

TALL-3D 实验设施使用 LBE 作为液态金属冷却剂。实验设施的总高度约为 6.5 m,由主回路、冷却回路和压差测量系统组成,如图 3-7 所示。主回路由集液罐、三个垂直段和两个水平段组成,每个水平段连接两个弯头和一个 T 形接口。每条垂直段长度为 5.83 m,内径为 27.86 mm,相邻垂直段轴距为 0.74 m。加热段位于最左边垂直段的下方,内有 27 kW 的电加热棒。逆流双管式换热器位于设施垂直段的上部;永磁泵则安装在下方位置。三维(3D)测试段在中间垂直段的中部,是轴对称的圆柱形不锈钢容器,底部进口和顶部出口连接回路(图 3-8),容器外附隔热材料,容器壁的带式加热器用于产生 LBE 熔池的热分层。容器内有一个圆形横板,用于熔池内的流动混合。

设立 3D 测试段的目的在于探究熔池的三维流动现象,如自然循环流的混合和分层之间的变化,同时在整体上可以促进局部三维流动现象与回路系统动力学之间的双向反馈。

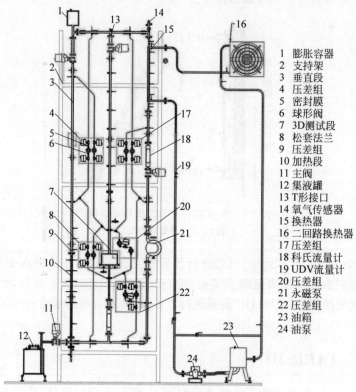

1 膨胀容器
2 支持架
3 垂直段
4 压差组
5 密封膜
6 球形阀
7 3D测试段
8 松套法兰
9 压差组
10 加热段
11 主阀
12 集液罐
13 T形接口
14 氧气传感器
15 换热器
16 二回路换热器
17 压差组
18 科氏流量计
19 UDV流量计
20 压差组
21 永磁泵
22 压差组
23 油箱
24 油泵

图 3-7   TALL-3D 实验设施示意图

(请扫Ⅱ页二维码看彩图)

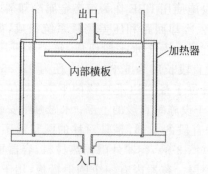

图 3-8   TALL-3D 实验设施 3D 测试段示意图

(请扫Ⅱ页二维码看彩图)

在正常运行条件下,回路在强迫循环模式下,温度可达 773 K,压强达 0.7 MPa,流量达 5 kg/s。与 LBE 直接接触的所有安装部件均采用耐腐蚀的 316L 不锈钢材料制造。二回路使用高温油从换热器中导出 LBE 回路的热量,并将热量通过终端热阱空气冷却器释放至环境。TALL-3D 实验设施中仪器和测量系统的设立旨在为不确定性模型输入参数的校准、系统程序与 CFD 程序独立和耦合模拟的验证提供足够的数据。

在欧盟的 SESAME 项目框架下,研究者已经使用 TALL-3D 实验设施进行了一系列的实验,包括用于验证系统热工水力程序在多种瞬态情形下(如强迫循环到自然循环的过渡)的回路热工水力响应、CFD 程序的 3D 测试段熔池混合和分层现象、系统热工水力程序耦合 CFD 程序的三维流动现象与回路系统热工水力之间的反馈作用,以及固化模型的 LBE 固化现象。这些实验为池式 LMR(尤其是 LFR)的开发设计、安全分析,以及相应先进数值模拟计算方法的开发、确认和验证提供了重要的数据支持。

3.2　液态金属实验设施的设计、建造和运行

液态金属实验设施包括钠冷快堆和铅冷快堆的相关实验设施,本节主要侧重于铅冷快堆系统相关实验设施的设计、建造和运行。关于铅冷快堆系统相关技术的发展,需要再次指出的是,目前,该技术仍未得到充分的验证。有待彻底解决的挑战性问题包括与结构材料的相容性、冷却剂化学、燃料组件和熔池热工流体动力学。对于前两项,显然,新的材料组合会带来新的研究热点和方向,而对于热工流体动力学,需要强调的是,将典型的水或钠的设计软件和模型简单地移植到铅上是不现实的。

因此,为支持铅冷快堆系统的设计、预许可和启动系统建造,需要大量的研发活动。这些研发活动涉及的关键技术问题,包括但不限于(Agostini et al.,2011;Hering et al.,2011;Vermeeren et al.,2011;Juříček et al.,2011;Vála et al.,2011;Roelofs,2019):材料与冷却剂的物理化学问题、堆芯运行维护与在役检查维修、蒸汽发生器的功能和安全、热工流体动力学、液态重金属泵、仪表测量、先进核燃料与辐照测试及中子学等。其中,热工流体动力学方面的研究又可进一步细分为熔池热工流体动力学、燃料组件热工流体动力学以及整体性试验等。

开展熔池热工流体动力学实验研究的目标包括(Tarantino et al.,2015):①获得特定几何结构和边界条件下的实验数据,以提高对组件和系统层面现

象和过程的认识;②获得实验数据库,以支持开发和验证数值计算程序的预测模拟能力。熔池热工流体动力学中具有研究价值的主题有:强制对流下的流动形态(如热交混、热分层、滞止区、自由液面振荡等)、向浮力驱动流转变的过渡流态、自然对流(如压降、自由液面振荡等)、流体与结构相互作用、热疲劳以及熔池晃动现象等。

开展燃料组件热工流体动力学实验研究的目标是,开发和优化带有定位格架或绕丝的组件几何结构,从而优化燃料棒和冷却剂之间的传热(Di Piazza et al.,2016)。此外,燃料组件还应具备承受辐照、高温、机械载荷和腐蚀环境的能力,且刚度和几何形状变化要最小。该方面相关的研究主题有不同对流条件(强制对流、自然对流和过渡流态)下的传热、子通道流量分布、包壳温度分布与热点、压降、流体与结构相互作用、流致振动、格架对燃料棒的微动磨损、燃料组件弯曲变形等。

在整体性试验中,获得的数据在原则上不能直接应用于全尺寸的核电站(Martelli et al.,2015)。然而,一方面,如果实验设施和试验的初始/边界条件比例适当,比例的变化不会影响到重要物理过程的演变,那么,该试验数据就可以外推至全尺寸条件下。另一方面,整体性试验对于支持开发和验证数值计算程序在假设事故场景下,对关键现象和行为的模拟可靠性具有重要意义。当然,将计算程序应用于事故分析有一个隐含的假设前提,即这些程序有能力将现象和过程从试验设施放大至全尺寸的核电站。整体性试验涉及的研究主题有:系统层面上与设计、安全和运行有关的现象和过程,对各种事故情景的模拟和分析,事故管理程序,组件测试,缩比问题,生成数据库以支持许可发放,数值计算程序的评估与验证等。

3.2.1　实验设施设计

本节主要参考 ENEA 公开发表的文献和资料(Roelofs,2019),以其 CIRCE-HERO 设施为例,阐述大型液态金属试验池设施的设计方法。 CIRCE-HERO 设施概念设计的主要特点有:使用气举增强循环(而非机械泵)来促进冷却剂流动、燃料棒模拟器由热功率为 1 MW 的电加热棒束构成、采用刺刀型管束的新型蒸汽发生器热阱设计(命名为液态重金属-加压水冷却管,HERO)。

图 3-9 给出了 CIRCE-HERO 实验设施中液态金属的流动路径:LBE 向上流经燃料棒模拟器,而后在上升管中经注入的气体促进流动循环,到达位于上部的分离器之后再向下流动通过 HERO 蒸汽发生器。这种设计是池式

LMR 的典型流动路径设计。

为促进 LBE 流动,接头区安装有喷嘴,在上升管底部注入氩气以加强 LBE 冷却剂的向上流动能力,实现稳定的气体注入增强循环(Benamati,2007;Tarantino,2011)。在上升管的顶部,分离器将 LBE 与氩气分离,注入的气体被收集到覆盖气体中。通过这种技术可以利用铅液柱的静态不平衡性,借助上升管空泡浮力增强池内液体的循环驱动力。

燃料棒模拟器采用电加热式的棒束结构,额定热功率为 1 MW。该棒束包含 37 根电加热棒,无附着绕丝且位于六边形栅格中。棒直径为 8.2 mm,棒栅距与棒直径比值为 1.8,有效长度为 1000 mm,上游和下游段分别对应发展长度和混合长

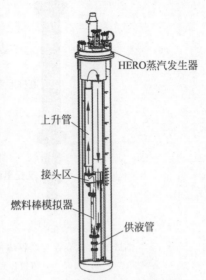

图 3-9 CIRCE-HERO 实验设施主回路流动路径
(请扫Ⅱ页二维码看彩图)

度。棒束由位于活性长度和非活性长度之间以及活性长度中平面上的三个定位格架(图 3-10)固定。燃料棒模拟器的六边形组件盒包含在圆柱形护套内,形成充满滞止 LBE 的封闭填充区间(图 3-11),燃料棒模拟器中的 LBE 质量流量通过文丘里流量计进行监测。该组件的设计目标是当 LBE 平均流速为 1 m/s 时,冷却剂温度梯度为 100℃/m,棒壁面最大热流密度为 1 MW/m^2。

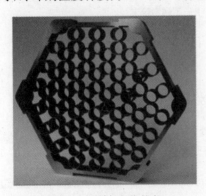

图 3-10 棒束定位格架

蒸汽发生器为逆向流动的双壁面刺刀型管壳式结构。这种创新型结构设计通过将液态金属与水进行双层物理隔离,来减少水与铅/铅合金直接接触和相互作用的可能性,进而提高设备的安全性。此外,用惰性气体给环形隔离区域加压,能够对冷却剂的泄漏进行监测。在该管壳式结构中(图 3-12),LBE 在壳侧流动,加压水在管侧流动。

蒸汽发生器装置主要由刺刀管、氦气室、蒸汽室、六边形格架、带定位格架的六边形盒及圆柱形外壳组成。蒸汽发生器中有 7 根刺刀管,每根刺刀管由 4 根同轴管组成,如图 3-13 所示,其长

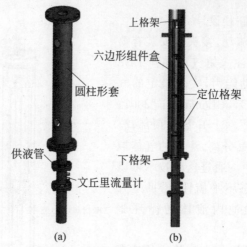

图 3-11　供液管与燃料棒模拟器的立体图(a)及剖面图(b)

(请扫Ⅱ页二维码看彩图)

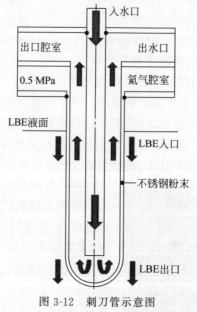

图 3-12　刺刀管示意图

(请扫Ⅱ页二维码看彩图)

度约为 7360 mm(其中有效换热长度为 6000 mm)。给水从内(从)管顶部边缘进入之后往下流动,然后通过第一根管和第二根管之间的环形上升管上升。内管与第一根管的间隙由空气填充,并以此作为绝热层;第二根管和第三根管之间的间隙由 316 L 不锈钢粉末填充,并用 1 MPa 的氦气加压,以监

测可能的破裂和泄漏。这七根管呈三角形
排列于六边形盒中,五个六边形格架用于
保持七根管子的位置。氩气室位于设施的
顶部法兰外,并保持加压状态。氩气室上
方有一蒸汽室,用于容纳过热蒸汽,并装有
给水管。六边形盒中的定位格架用于刺刀
管外壳在盒内的定位,LBE 通过六边形外
壳上的六个孔进入,这些孔位于分离器内
部和 LBE 液面以下。六边形盒外设有圆柱
形外壳,两者之间的空隙由空气填充,以减
少熔池与蒸汽发生器管束之间的传热。

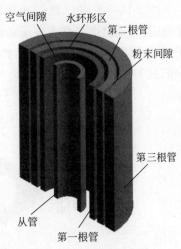

图 3-13　刺刀管几何结构

　　在 CIRCE-HERO 实验设施的设计过
程中,ENEA 通过使用多种数值工具和方
法对设施的设计合理性进行了分析。例如,针对燃料棒模拟器的热工水力特
性采用 ANSYS CFX 18 软件进行了 CFD 模拟分析,而针对包括蒸汽发生器
在内的二回路系统则利用系统热工水力分析程序 RELAP5-3D(4.3.4 版)进
行了建模和分析。这里,仅对燃料棒模拟器的 CFD 分析情况进行简要描述。

　　图 3-14 为模拟中使用的燃料棒束的轴向示意图。经网格无关性分析后,
选择含有 1100 万节点的网格进行计算。湍流模型使用 SST k-ω 模型,以便
在计算准确性与稳健性之间取得平衡。采用 1 MW/m^2 的额定壁面热流密度
和 70 kg/s 的质量流速进行计算。该质量流速是气举增强循环下可达到的最
大值,相当于燃料棒模拟器子通道中 1 m/s 的流速。进水温度设定为 286℃。

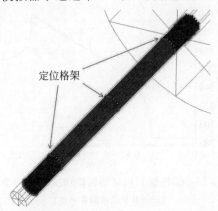

图 3-14　燃料棒束轴向示意图(中间红色段为活性区域)

图 3-15～图 3-18 展示的是部分模拟结果。由图 3-15 可知,冷区在侧边子通道,局部温度最低点在子通道中心。外部子通道中的温度等值线与内部子通道不同,主要是因为流经燃料棒模拟器六边形边缘(与组件盒相邻)的 LBE 获得的热通量相对较低。

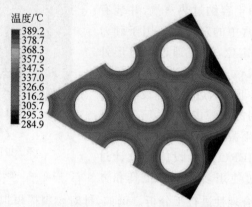

图 3-15　中间定位格架上游 20 mm 处横断面温度等值线图
（请扫Ⅱ页二维码看彩图）

由图 3-16 可知,加热区域末端的最高温度为 420℃。另外,还可以发现,中间定位格架会产生一个温度峰值(温度梯度的峰值为 10℃)。由图 3-17 可知,该速度场符合理论预期,能确保棒束的冷却性。由图 3-18 可知,燃料棒模拟器中的总压降低于 11 kPa(较低的格架压降未计入),单格架压降在 1500 Pa 左右,格架局部压损可估算为 $K_{格架}=0.3$。

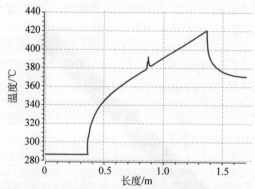

图 3-16　燃料棒 1(内部燃料棒)的轴向温度曲线
（请扫Ⅱ页二维码看彩图）

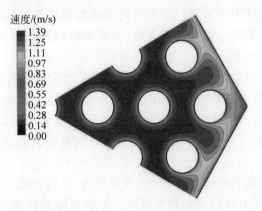

图 3-17　中间定位格架上游 20 mm 处横断面速度等值线图

（请扫 Ⅱ 页二维码看彩图）

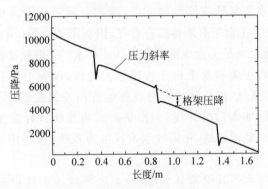

图 3-18　CFD 模型中的压降趋势

（请扫 Ⅱ 页二维码看彩图）

　　最后，需要指出的是，液态金属实验设施的设计过程涉及若干学科、数值工具和方法，且彼此之间都是高度关联的。本节所讨论的只是实际设计工作中很有限的一部分。此外，在液态金属设施的概念化阶段，还应当考虑其他方面（如仪器设置、液态金属注入和排放操作、冷却剂调节、冷却剂化学控制与监测、主要部件的更换和维修、系统设计的灵活性等），从而为将来进行系统修改、改进翻新和空间管理提供足够的便利。

3.2.2　实验设施建造

　　本节主要以德国 KIT 的一些公开资料和文献为基础（Roelofs，2019），介绍其在液态金属实验设施建造方面的经验。在实践过程中，通常需要区分试验设施和试验段这两个术语。本节中的试验设施是指为特定试验端口建立具体环境条件所需的支持性基础设施,而试验段则专指安装在试验端口上,进行详细测量的装置。

实验设施可以按照不同的研究主题或研究目的分开处理,如通过建造若干个单独的设施(而不是一个多功能的综合性设施)来简化系统设计。对于特定的实验研究,选择最高运行温度的原则是,在保持必要高温的同时,要尽可能地降低温度。当然,试验设施的建造也应使安装的试验段具有一定程度的灵活性。

KIT 已经建造和运行了多个液态金属设施,这些设施涉及其下属的多个研究所,并涵盖了不同的学科和领域。由于本书的重点是热工水力研究,因此将主要关注核与能源技术研究所(IKET)及中子物理与反应堆技术研究所(INR)的相关工作,并尤其关注铅、LBE 和钠的相关特性。

一方面,与水等常见流体设施一样,液态金属实验设施也具有一般液体实验设施的特征:①由于有液体贮存存在,因而需要化学(预)调节系统,而且贮存液体的容器须满足工业规范和安全认证要求;②设施必须有适当的支撑结构以及地基、脚手架和起重机等其他相关构件,设施中要有仪表并辅以现代化的数据采集系统,以监测所有与设施运行相关的变量;③控制系统通过对各类独立变量(如阀门的开度)的控制而影响其他目标变量(如流量)。此外,关于其他附加基础设施,还需特别重视电力系统(包括用于电源和信号的电力系统)。

另一方面,与水等其他液体相比,液态金属设施的建设也受该类流体特殊性质的影响。下文将首先以 LBE 和 Na 为例,介绍其物理和化学特性以及材料的相容性等方面的问题,然后,在此基础上,对回路中主要设施和测试段在建设方面的事项进行重点阐述。

1. 液态金属的特殊性质及对设施的影响

1) 物理性质

LBE 和 Na 的液态范围很广会具有双重效应。一方面,为了避免液态金属在所有运行情况下发生凝固,有必要采取辅助加热和保温措施;另一方面,也使得系统可以在低压下运行,并通常具有很大的沸腾裕量。

由于铅和 LBE 之类的液态重金属具有很高的密度,因而对设施的重量影响很大。在给定的流速(u)下,会存在比水大得多的惯性力(与 ρu^2 成正比)。这在分析局部压力损失和液锤效应时必须加以考虑。

与水相比,液态金属的比热容(c_p)相对较低(也可用体积比热容 ρc_p 表示)。因此,根据应用情况和加热功率的变化,可能需要相应的体积流量。液态金属具有较大的热导率和热扩散率,这意味着,一方面,需要更大的热流密度才能获得可以精确测量的温度差,从而使得测试部分更紧凑。另一方面,在给定热功率输入的情况下,较低的热梯度可减少液态金属设施在瞬变期间的热应力变化。

液态金属在300℃时,与水在0.1 MPa和25℃时的热膨胀系数相近(2.57×10^{-4}),这一物性会直接影响膨胀箱的大小以及自然对流的浮升力。液态金属具有比较大的表面张力,这会导致固体表面的润湿性较差。由于残余的气泡会残留在壁面上,所以,这使得设施的吹扫变得非常重要(如对于传热试验而言)。对于两相流而言,较大的表面张力意味着将会出现较大直径的气泡。

2) 化学性质

钠等碱金属会与许多常见物质,如水、空气(氧气和水蒸气)、二氧化碳和一些有机液体(如酒精)发生放热反应(Addison,1984)。与水反应还会产生氢气,造成氢爆隐患。因此,在钠设施的建造过程中,必须考虑如何避免这些反应的发生。庆幸的是,目前已经发展了实用的钠操作准则(徐銤,2011)。对于化学特性来说,液态金属设施的建造尤其须考虑以下几点:①设置一个可容纳回路中全部液体的集液罐,以此作为设施紧急排放时的最终容器,并制定好相应的填充和排放程序;②使用覆盖气体系统(如氩气),以避免运行过程中液态金属与空气直接接触;③(通过冷阱技术等)去除或控制溶解杂质(如氧气)的含量。虽然 LBE 或铅与空气接触时不存在与剧烈放热反应有关的安全问题,但氧含量会对铅的毒性有重要影响。因此,上述所考虑的因素通常也适用于液态重金属设施。

3) 腐蚀(与固体结构的相容性)

液态金属的腐蚀是一个非常广泛的研究课题。这是因为,与水相比,流动液态金属对固体材料的腐蚀会涉及非常不同的物理现象,如溶解、微动磨损、脆化和加速蠕变等,这方面的具体细节读者可参考书籍(OECD,2015;成松柏等,2020)。与腐蚀相关的液态金属设施建造方面的通用准则可总结如下:①一般来说,钠对钢的腐蚀要比 LBE 等液态重金属轻微;②在保持必要高温的同时,要尽可能地降低温度,并尽可能地将大多数部件(如泵和阀门)放在回路的冷端;③一些常见的过渡金属(包括铝、铜、银以及铬和镍等一些钢铁成分)在液态金属中的溶解度极限相对较大,并随温度升高而增加,因此,这些金属熔解后可能发生浸出,并在设施的低温部分沉积;④通过控制氧浓度,可以在壁面形成保护性氧化膜,从而防止浸出的发生;⑤氧控技术的适用性受温度范围限制,对于超出范围的更高温度条件,可以考虑使用难熔金属(如钨、钼)、陶瓷和石英玻璃(Heinzel,2017；成松柏等,2020)；⑥对于一些特殊部件(如薄壁部件)来说,可考虑采用防腐涂层技术。

2. 热工水力回路中的设施

如本节所述,回路中的基础设施主要为试验段提供充分的入口或环境条件,而试验则在试验段上进行。对于热工水力研究来说,相关环境条件通常指稳态或特定瞬态场景下的流量、温度、压力和热功率等。为此,回路中需要一些主要的部件(如输运装置和换热器等),并辅以相关的仪器设备。

1) 输运装置

输运装置的主要作用是为流体提供足够的流量和压头。由于固有的导电能力,液态金属的输运可以通过电磁力进行,例如,通过施加外部移动磁场而在液态金属中诱导产生体积力(Molokov,2007)。这种设计的首要优势在于保持流体通道的完全密封,没有运动部件(提高了可靠性,降低了劣化和维护成本),并且流动特性可以通过施加的频率进行微调。然而,这种设计的整体效率通常较低(钠的效率高于 LBE)。对于实验室级别的应用来说,虽然可以不用过分考虑能源成本,但是余热也会带来与温度控制有关的新挑战。

电磁泵具有不同的几何结构,包括平面通道(FLIP——平面线性感应泵：每侧各有一组线圈)、环形通道(ALIP——环形线性感应泵：核在内而线圈在外)及 Ω 形通道(PMP——永磁泵：带有旋转的永磁体)等多种类型。

除电磁泵外,液态金属还可以使用机械泵进行输运。一方面,机械泵的优势是能高效地提供大流量和压头,并且在水系统拥有成熟的商业市场和大量的使用经验。然而,另一方面,流体中的运动部件面临着密封和腐蚀/侵蚀等问题。

为适用于高密度的液态重金属,可以考虑使用以下的相似准则进行估算和分析(Grote,2014)：所有的惯性力,例如轴承处的惯性力,其大小都与密度和速度的平方成正比(ρu^2)；轴上的扭矩则与密度和转速的平方成正比($\rho \omega^2$)。这些考虑都会导致泵以较低的转速(ω)运行,以便保持泵部件的机械完整性。转速降低意味着流量(正比于 ω)和扬程(正比于 ω^2)也会相应减少。对于在高温和密封等方面存在的其他挑战,浸没泵会是一个比较好的选项。

如果允许有足够的高度,流体也可以通过密度差异所产生的浮力来驱动(如自然循环加热试验)。此外,气泡的注入还可以提供额外的浮力,即所谓的"气举增强"概念,欧洲原子能机构(ENEA)在 CIRCE 设施中已积累了大量的工程经验(Benamati,2007)。

2）换热器

换热器是热工水力实验设施中的关键部件,可作为最终热阱、内部换热器或作为详细测量的测试段本身。KIT 已经使用了液态金属对液态金属、液态金属对空气以及液态金属对油的换热器。除热工特性外,换热器几何形状的选择还受到机械和材料因素的影响。管式换热器一般用途最广,可以建造成各种尺寸,并在高温高压下运行。在 KIT 中,建造的换热器大多为管壳式换热器,而双管式结构则适用于低功率密度的实验室场合,或在需考虑减轻蒸汽发生器传热管破口(SGTR)事故风险的反应堆装置中。

由于液态金属的导热系数很高,所以,在大多数实际情况下,液态金属管壳式换热器的热阻主要由另一侧的介质主导(尤其当介质为气体时)。在这种热阻不平衡的情况下,虽然扩展传热面积(如使用翅片)能有效促进传热,但是高温下的机械稳定性、压降和结垢等额外挑战会限制翅片在小部件上应用。另一种可行方法是,将气体放在管侧流动,可以提高流速,从而提高传热系数,使设计更加平衡和紧凑。此外,由于换热器是设施中具有最大温差的部件,因此其结构设计和建造必须考虑瞬态过程(从预热到待机状态)的热膨胀和机械应力。

3）仪表

实验设施的运行和控制离不开对流量和压差等几个重要物理量的测量。原则上,在空气和水中得到充分验证的测量技术可以移植到液态金属中,但是较高的运行温度、液态金属与结构材料的相容性(腐蚀),以及液态金属的高密度等,对某些技术或材料的影响会在一定程度上限制已有测量技术的应用。经济合作与发展组织(OECD)(2015)和成松柏等(2020)在文献中,对液态金属的应用测量技术进行了详细描述。这里仅概述液态金属设施中与流速和压差测量最相关的实际考虑因素。

工艺操作条件下的高精度和高重复性是仪表选择的最重要标准。校准工作可以先在使用水的装置中进行(如供应商校准),然后进一步考虑相关的无量纲参数(如雷诺数)和液态金属物理性质,使其适用于液态金属介质。

流量测量技术可分为以下几类,每一类应用于液态金属时都有其优势和局限性。

(1)基于压差的技术(正比于 ρu^2),如文丘里式或安努巴式流量计,该类技术主要依靠一个校准常数和一个压差测量值。尽管在进行结构设计和建造时有一些工业标准可以参考,但应该注意的是,这些标准最初是为大直径和高雷诺数应用而开发的。因此,应谨慎使用这些标准并进行经验验证。

（2）涡街流量计依靠障碍物后振荡湍流涡的频率来测量流量，原则上与雷诺数相关。由于这种物理现象只在雷诺数大于最小阈值时才会出现，因此这种仪器存在最小测量流速，不适合在低流速下测量。目前，这种流量计最主要的挑战是高温下材料的相容性。

（3）科氏流量计依据的原理是科氏力（由振动几何体中的质量流量引起）。原则上，这些力仅与质量和频率有关，而与密度和黏度等物理属性无关。因此，对水的测量经验理论上可以移植到液态金属测量中，并具有相对较高的精度（相对其他测量技术）。和涡街流量计一样，实际中，在铅和铅合金应用时，主要面临的挑战是材料的相容性。对于液钠而言，相容性问题则不突出。

另外，利用液态金属的高导电性进行流量测量的特殊技术正在研发中，如依靠施加外部磁场的电磁技术和依赖于速度对压力信号传播影响的超声波传感器。这些测量技术不仅可以实现非侵入式测量，还可用于低流速流动。然而，这些测量技术通常对运行温度比较敏感，因此校准过程相对复杂。

在热工水力装置中，测量压差是为了测量摩擦阻力或作为一个中间物理量来表征液位或流量。压差计是一项非常成熟的技术，适用于较大工作范围（包括高温和高压下）的高精度（优于 0.1%）压差计早已面世。在液态金属应用中所面临的主要挑战是液态金属凝固可能对敏感弹性膜片造成损坏。为了消除这种风险，可以使用一种中间流体（如矿物油）将压力信号传递给传感器。在中间流体侧，一些压力表供应商已经可以提供商业化的技术解决方案。另外，在液态金属侧则需要开发一种手段或技术，通过一层膜将液态金属压力信号传递给中间流体。

测量压力时，需要确认这些腔室和所有辅助管线中没有残余气体、氧化物颗粒或液态金属凝固后的堵塞物，且这些管线需要定期进行清洗。对于铅或铅合金这种高密度流体而言，可能需要进一步修正辅助管线中与温度有关的流体静力作用。如果温度保持不变，这种作用可视作一种偏移量。

4）应用示例

图 3-19 和图 3-20 显示的是在 KIT 建造的两个代表性液态金属热工水力实验设施：THEADES（LBE）和 KASOLA（Na）。这两个设施都是在原型比例条件下进行部件测试的大型热工水力回路。总体上，LBE 回路和钠回路的布置是相似的，但 THEADES 设施包含一个氧气控制系统，而 KASOLA 设施则包含一个冷阱。这两个设施的主要参数列于表 3-5 中。这两个回路都设有竖直的测试端口，可以安装向上流动的不同实验段。

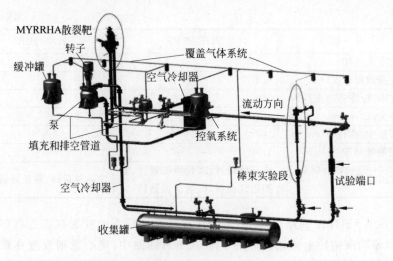

图 3-19　KIT 的 THEADES (LBE)设施：热工水力与 ADS 设计

（请扫 Ⅱ 页二维码看彩图）

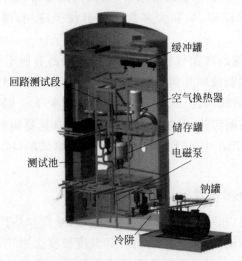

图 3-20　KIT 的 KASOLA (Na)设施

（请扫 Ⅱ 页二维码看彩图）

表 3-5　THEADES (LBE)和 KASOLA (Na)回路中的主要参数

参　数	THEADES	KASOLA
工作流体	LBE	Na
温度范围/℃	200～450	150～550
最大流量/m³/h (kg/s)	47 (137)	150 (37)

参　数	THEADES	KASOLA
最大压头/MPa	0.59	0.40
最大测试段长度/m	3.4	6.0
最大加热/冷却功率/kW	500	400
液体量/L（kg）	4000（42000）	7000(6500)
主管尺寸(内径)/mm	102.3	109.1
压强等级/MPa	1.00	0.60
安装的流量计	电磁流量计、文丘里流量计、安努巴式流量计、涡街流量计	电磁流量计、科氏流量计

在 KASOLA 回路中，一个电磁环形线性感应泵被放置在靠近底部的位置，以驱动液钠往上流动；而在 THEADES 回路中，离心泵则放置在顶部附近，以驱动 LBE 向下流动。这两种不同的布置与泵的特性有关，即电磁环形线性感应泵没有活动部件，但离心泵必须密封，而在较低的静压下，密封比较容易。在这两个回路中，泵和大多数阀门都位于冷端，即在空气冷却器的下游。

此外，这些设施的布置与相对简单的矩形回路有所不同，这是因为在设计上考虑了其他试验段的几何形状。这些设计选择会极大地影响设施的布局（如额外的辅助管线、阀门、仪表以及测试端口本身）。特别地，THEADES 顶部会开展自由液面实验，以进行 MYRRHA 等加速器驱动系统中的散裂靶研究。而在 KASOLA 中，还预留了一个额外的测试端口以安装一个板状熔池模拟器。

3. 热工水力测试段

由于液态金属（相对水）具有非常高的导热系数和热扩散率，因此，对于给定的几何形状和施加的热功率而言，其温度梯度会更小，也更难测量。为此，液态金属热工水力试验段通常需要建设和运行在高热流密度下（如通过更紧凑的结构设计）。然而，更紧凑的结构设计又意味着会带来诸如制造公差、密封和电绝缘等额外挑战。因此，这就需要进行折中处理，即同时扩展制造和仪器能力的极限。

为了确保测量数据的准确性和可重复性，需要考虑基础设施的一些影响因素。

1）可重复的运行条件

测量段具有可重复的速度和温度曲线是准确测量的必要条件，这要求测试段上游的阀门和配件后面必须有足够长的流动发展长度。使用整流器可以消除连续的平面外弯曲流动产生的二次流动,并减少必要的流动发展长度。

设施管道外壁面通常会施加绝热边界条件,但在实际中完全绝热是不存在的,因此热损失的再现和评估非常重要。关闭试验段的辅助加热装置,可使壁面温度曲线仅取决于试验段的内部条件。

一些变量的瞬态变化特征时间会比其他变量大,不易在短期时间内察觉其变化,因此,有必要确认所有相关变量是否均处于静止或稳定状态。由于测试段气泡或氧化物颗粒的存在同样会影响测量的重复性,因此,需定期进行相应的净化清理和过滤措施。

2) 仪器和数据采集链的现场校准

由于在液态金属实验中涉及相对较小的温度差,因此,需要使用热电偶进行非常精确的测量和额外的校准。热电偶通常根据在规定公差范围内的温度-电压匹配表进行字母编码。对于液态金属热工水力实验而言,热电偶首选 K 型和 N 型(因为它们的灵敏度高且温度测量范围广)。一些工业标准会对热电偶的公差等级进行定义。例如,根据标准 DIN-EN-60584,K 型和 N 型热电偶在 400℃时的公差分别为 3.0 K 和 1.6 K。这意味着即使有最好的可用公差,测量的温度曲线也可能没有物理意义(特别是在低热流密度下)。需要注意的是,实际上,这些公差是绝对温度。虽然热电偶之间的相对差异及其可重复性通常会更好,但是无论如何都需要进行仔细的校准。

另外,由塞贝克(Seebeck)效应产生的热电偶电信号在 0～500℃时(K型)的范围为 0～20 mV。虽然这个范围在技术上是可以接受的,但是测量时依然需要较高的精度。平均塞贝克系数约为 40 μV·K^{-1},直接转化成电压测量的灵敏度为 2.5×10^4 K/V。因此,相对较小的影响(如模数转换器的分辨率和数据采集卡的温度漂移)也必须加以考虑。此外,还必须规避伪信号,如屏蔽电磁噪声、使用频率滤波器改善信号质量以及冷端接口补偿以保持温度恒定。

液态金属的高热扩散率允许进行原位相对校准。譬如,在一个没有加热且流量足够大的测试中,只要所有热电偶位置都具有相同的温度预计值,测量的差异就可以解释为相对偏移。在实际应用中,实现等温所需的最小流量可以通过对外面绝热壁的热损失进行估算以及基于能量平衡得到。通过在多个温度层面上重复该操作,可获得每个热电偶相应的经验拟合值。

对于其他仪器(如流量计和差压计)来说,电流输出(4～20 mA)可以转换为任何范围内的电压信号,因而对电信号的考虑就显得不那么苛刻。尽管如此,通常在操作温度下,依然有必要通过零流量测试来调整偏移量。

　　与本节第 2 部分内容节类似,这里介绍 KIT 的两个测试段示例。第一个测试段是安装在 THEADES 回路中,带绕丝定位的六边形 19 棒束,该测试段用于模拟液态金属冷却快堆中的燃料元件几何结构。基于该测试段,欧洲 FP7 项目 SEARCH 主要研究正常工况下的传热和压降特性(Pacio,2016 年),而 MYRRHA(安全评价方法、分析与实验)项目则通过添加堵塞部件来研究假定的事故场景。图 3-21 显示的是该棒束的详细视图。第二个测试段是安装在 KASOLA 回路中的后台阶试验段(如图 3-22 所示)。这个几何结构可以作为流道截面突扩情形下(如堆芯出口端)的基准检验。

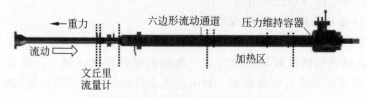

图 3-21　THEADES 回路棒束测试段

(请扫 II 页二维码看彩图)

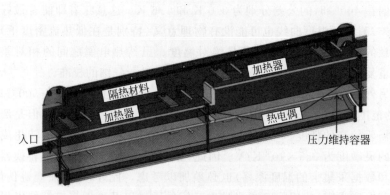

图 3-22　KASOLA 设施的后台阶测试段

　　虽然这两个试验段具有不同的几何形状,但它们在建造方面具有一些共同特征,这些特征可作为液态金属实验装置的代表性特征。

　　(1)加热区的上游通过配备较长的发展段,来确保获得充分发展的流动速度曲线。棒束测试段和后台阶测试段的轴向距离分别为 2.5 倍的绕丝捻距和 55 倍的水力直径。对于后台阶测试段来说,还安装有一个孔隙率为 60% 的整流器,以避免冷却剂从圆形通道过渡到矩形通道后由于离心作用而产生二次流动。

(2) 在机械结构方面,测试段应能够维持与设施其他部分相同的运行条件。棒束的六边形通道壁应尽可能薄,以减少方位角上的热传导。为此,安装一个充满静止 LBE 的外部容器,以维持设施的压力条件,并确保只有摩擦引起的压差被施加在六边形通道壁上。

(3) 在测试段上施加高达 $1.0\ MW/m^2$ 的高热流密度,以获得能够准确测量的足够大的温度梯度。这一要求对于电加热器建造带来不小的挑战。为了提高高温下的电绝缘性能,低电压、高电流的设计是最理想的,并且应尽可能地采用低电阻。然而,这种设计会受到制造公差的限制,而且必须为所有导线提供足够的空气冷却。

两个测试段都安装了详尽的测量仪表,以用于局部流场测量,并根据每个测试段的几何特征采用不同的测量方法。在 THEADES 回路中,为了测量三个高度处选定位置的局部壁温,直径为 0.5 mm 的热电偶被安装在相同宽度和深度的凹槽中(凹槽在加热棒包壳中加工而成)。此外,尖端更细的热电偶(0.25 mm)通过绕丝支撑被放置在需准确测量的选定子通道的中心。为避免干扰流场,信号电缆进行了仔细铺设,并且在容器顶部的连接处收集。压差则是由位于六边形通道一边缘处的探针进行测量,随后连接至相应传感器。

后台阶测试段中的局部流场测量仪表布置如下:在流体通道中的一些固定位置安装了多个 0.5 mm 的热电偶。为容纳众多热电偶且尽可能地减少对流动的干扰,在折叠成十字的金属薄片(宽度小于 1 mm)上钻了一些小孔(Jäger,2016)。传感器可以在通道边缘的五个位置上移动以获得速度和温度分布曲线。每个传感器包括一个用于测量速度的永磁探针以及一个 0.25 mm 的热电偶。将一块小磁铁(2 mm×2 mm×1 mm)放置在两个电极之间,液态金属流动便会产生相应的电压(电压与流速和磁场的矢量积成正比)。由于流动通道的尺寸(90 mm×40 mm)相对较大,因此测量仪表对流场速度和温度分布的影响可以忽略不计。

3.2.3　实验设施运行

由于液态金属相对较高的温度和特殊的物性特点,因此,在液态金属实验设施的运行中,需要额外考虑一些特殊的运行和安全问题。遵循良好的操作规范对于操作人员的安全防护、实验设施的保护以及可重复和高质量实验数据的获取都是至关重要的。

类似于许多系统工程流程,为支持液态金属实验设施的运行,可以为实验设施制定相应的功能性能规范(Functional Performance Specification, FPS),以专门描述系统在正常运行和非设计情况下应该如何运作。此外,在功能性能规范中,还可以定义用户与软件系统之间的交互情况,并作为操作程序的一部分。

系统状态与模式图是描述系统功能的一种常用方法。图 3-23 展示的是一个简化的并能应用于液态金属设施的系统状态流程图。根据图 3-23 中的状态流程图示例,可以识别出典型的通用状态并列于表 3-6 中。使用状态与模式方法可以唯一地为每个状态定义功能需求。由于各状态是独立存在的,因此状态之间也必须有转换过程,如填充、排空、清洗(气体调节)、冷却剂循环启动和关闭、紧急关闭(泄漏情形)、加热和冷却。系统所有者或设计者可自行定义转换过程的触发条件和要求(即转换设定点的触发和互锁),这些触发器可以是手动、自动或两者的结合。手动触发器需要用户在可编程逻辑控制器(Programmable Logic Controller,PLC)上输入,而自动触发则根据具有合适设定值的测量仪表的反馈来启动。

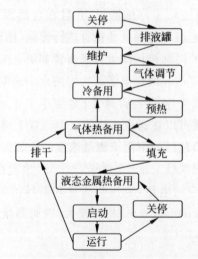

图 3-23　液态金属实验设施的系统状态流程图

系统状态和转换是进行实验设施运行方面描述的基础。尽管系统的状态定义、转换过程以及相关的具体操作程序会因具体的实验设施而有所差异,但是不同液态金属实验设施之间仍然存在一些相似的通用状态定义和转换过程。本节主要基于 ENEA 和比利时 SCK·CEN 研究所的公开资料和文献介绍液态金属(LBE 和铅为主)设施的一些运行经验(Roelofs,2019)。

表 3-6 液态金属设施典型的通用状态

模 式	排液罐			回 路		
	满/空	温度	覆盖气体	满/空	温度	覆盖气体
关闭	满	室温		空	室温	空气/氩气
维修	满	高于熔点		空	室温	空气/氩气
冷备用(氩气)	满	200℃	氩气	空	室温	氩气
热备用(氩气)	满	200℃		空	200~400℃(变化)	氩气
热备用(LBE)	空	200℃		满	200~400℃(变化)	氩气
运行	空	200℃		满	200~400℃(变化)	氩气

1. 预氧化

由于液态金属(如 LBE 或铅)具有腐蚀性,因此在第一次填充设施前,宜对设施表面进行预氧化。预氧化的目的是在所有可能与冷却剂接触的金属表面上生成一层氧含量较高的保护层。如果在设施运行期间,液态金属中的氧势始终保持在规定范围内,该保护层就可以防止钢铁中合金元素的溶解。

预氧化过程通常是通过将设施的相关部件预热到 250~450℃,并将其暴露在空气中 24~48 h 完成。预热温度通常不超过设施中已安装设备和仪器的最高工作温度。为了强化氧化作用,可以在需要氧化的表面提供空气流。对于竖直结构来说,可以通过打开设施的顶部和底部来建立空气的自然循环。对于较长的水平试验段来说,则可能需要强制空气循环。

然而,氧化虽然能提高结构的耐腐蚀性,但在很大程度上会减少液态金属对部件的润湿性。对于依赖于润湿性的仪器来说,如超声多普勒测速仪(UDV)探头(由于接触声阻的增加)和某些类型的电磁流量计(由于接触电阻的增加),氧化可能会使测量性能恶化。这类设备和仪器可在设施氧化后再安装,或者在氧化后通过机械/化学处理去除表面的氧化层。

2. 液态金属熔化与首次填充

由于金属固体必须经熔化后才能填充入设施中,因此大型液态金属设施通常需要配备专门的熔化容器,并尽可能采用分批填充程序。以熔化 LBE 为例,分批填充通常需要一个重复的程序,即在熔化容器内熔化一部分金属锭,必要时可采用机械手段移除自由表面的氧化物,并将熔体从熔化容器的底部排入实验设施,以减少将漂浮的固体氧化物引入到设施中的可能性。执行这个程序需要在熔化容器与实验设施之间的填充管道上安装一个阀门,重复执行该程序直到设施填充满为止。注入 LBE 的体积可通过称重并根据熔融物密度计算得出,也可以通过预先安装的液位传感器测得排放罐中的液位来估计所转移的体积。连续的液位测量可以通过激光或声学测距仪或者浮子液位传感器来实现,离散的液位测量则可以通过电接触探头来实现。

熔化容器最好为封闭式加热容器,以避免液态金属在加热过程中飞溅。如果使用敞开型熔化容器,操作人员应采取必要的安全防范措施,如佩戴高温防护罩和防护手套等。使用可拆卸的机械臂可以更安全地添加金属到熔化容器中。对于 LBE 和纯铅来说,理想的熔化温度分别是 150~180℃ 和 380~400℃,从而在减少熔化过程氧化的同时避免局部低温凝固。在熔化过程中,金属固体中含有的杂质以及在熔化过程中产生的氧化物将漂浮到自由表面,可以使用工具机械地分离移除。

被填充的设施部分和连接熔化容器的管道在熔化容器第一次转移液态金属之前应进行预热,并且需仔细考虑填充过程中任何局部凝固的可能性。在理想情况下,这些设备的预热温度与正在添加的熔体温度应大致相同(以减少热冲击)。连接设施排液罐或附属管道的填充管线应尽量避免安装仪表或敏感部件,这不仅是为了防止在组件和熔体之间出现温度差异时产生热冲击,也是为了防止液态金属自由落体时可能撞击到敏感的仪器传感器。填充管线内安装过滤器可滤除固体氧化物或杂质。

在预热和第一次填充液态金属之前,要确保完成设施的清洗和干燥。在水压试验后,宜充分地排干积水,随后在系统内抽成真空负压并加热干燥。真空接口通常安装在设施的每个覆盖气体的腔室内。该操作通常涉及膨胀罐(通常是回路的最高点)和排液罐(通常是回路的最低点)。真空接头的位置需始终能防止任何工艺介质(如 LBE/水)流入气体供应系统。

3. 气体调节程序(惰性化)

气体调节是指在系统加热前用惰性气体吹扫设施,从而有效降低系统内氧浓度的一种过渡过程。在启动任何预热或填充程序之前,均应进行气体调节,以减少氧化的可能性。比较容易实施的预防措施是对预热程序进行系统互锁,从而要求在进行任何预热之前均完成气体调节程序。在设施的相邻两次运行之间,如果设施内始终保持着超压的惰性气体氛围,那么就可以不进行气体调节。此外,气体调节过程也起到泄漏检测的作用。监测设施内残余气体压力随时间的变化(注意兼顾温度变化对气体压力的影响)可以帮助识别设施的密封性能和潜在泄漏。

目前,存在多种使用惰性气体吹扫系统的方法,如加压吹扫和真空吹扫。真空吹扫首先使用真空泵从设施中抽走空气,然后用惰性气体冲扫设备,反复进行这两个步骤直到达到所需的目标氧浓度。只要系统(如容器、管道和部件)能够承受真空负压,真空吹扫法特别适用于存在若干死区的系统(Kinsley,2001)。对于同样的目标氧浓度来说,真空吹扫可以消耗更少的惰性气体。经 n 次吹扫循环(抽真空和冲扫)后的氧浓度由下式估算:

$$a_n = a_0 \left(\frac{P_L}{P_H}\right)^n \tag{3-1}$$

式中,a_0 为最初的氧气浓度,P_L 和 P_H 是该循环中的最低和最高压强。

4. 预热

设施的预热通常使用安装在容器、管道和部件外围的电阻伴热器来进行。在将液态金属引入设备之前,需要在确保完成气体调节程序之后进行预热程序,将设施从冷备用状态转换为热备用状态。

伴热器的加热温度应和从排液罐进入的液态金属温度大致相同(以减少热冲击)。在提高温度设定值时应当限制加热速率。这是因为过高的加热速率可能会导致局部温度不均匀,从而产生热应力,并对一些部件产生不利影响。此外,还应当避免已填充设施中液态重金属的加热速率过快(特别是对于最初启动以及在插入新试样或新试验段后)。这是因为,与液态重金属接触的合金元素的溶解度会随温度升高而迅速增加,在高温下,液态重金属中的氧浓度通常远低于其溶解度。因此,如果没有进行预氧化处理并且液态重金属温度过快地升至高温,就会出现钢中合金元素的快速溶解。为此,建议以可控的速度或分阶段加热,以便形成保护性的氧化膜。

5. 液态金属填充

排液罐通常安装在设施的最低处,以便依靠重力实现完全排液。图 3-24 展示的是一个典型的液态金属实验设施排液罐设计。使用惰性气体(如氩气)对排液罐加压,通过伸入罐内的浸入管将液态金属从排液罐排出并填充进实验设施。这种浸入管可确保液态金属只从排液罐底部进入设施,从而确保在填充过程中漂浮的氧化物和杂质会一直漂浮在排液罐内。然而,使用一根普通管道来同时对回路进行填充和排放也有缺点。在回路排放期间及以后,漂浮在回路自由液面的固体氧化物或碎片都可能停留在这根共同管道内并局部积聚,以至于在启动下一次填充时,这些氧化物或碎片会轻易地被重新引入到设施中。为避免这种情况出现,可以分别使用专门的填充管道和排放管道,但是需要注意阀门密封性,以避免在加压过程中,气体进入设施。

当从排液罐填充好设施后,最好将排液罐的压力保持在略低于填充时所需的压力,这样可以降低之后从回路排放液态金属的速度,这对于具有很大

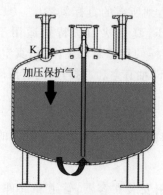

图 3-24　液态金属实验设施最低处的典型排液罐设计

(请扫 Ⅱ 页二维码看彩图)

静压头的系统而言非常重要。

6. 泵的启动和关闭

对于任何流体系统而言,泵的启动和关闭等瞬态过程都是非常重要的。在液态金属设施中,泵的操作同样需要遵循泵的一般操作规程,如使用前应先排气灌泵,观察净正吸头(Net Positive Suction Head,NPSH)要求以及最低的泵速/流量,并确保在运行前泵内充满液体。

泵的启动和关闭程序取决于许多因素,如系统布局、泵的比转速以及过渡过程产生的功率和压头等。按照设计要求来说,启动过程所需的启动扭矩或功率应当尽可能低。泵的功率与流体密度成正比,这对于 LBE 等液态重金属来说尤为重要。一般来说,径流型和混流型(离心泵)的低中比转速泵(比转速低于 5000)在接近关断点时的功率要求最低,且所需功率随着流量的增加而增加。因此,在一般的泵启动程序中,要求泵在排放阀关闭或部分关闭的情况下启动是很常见的。然而,如果泵的电机功率能适应启动时的飞逸工况(偏离泵性能曲线的右侧),那么泵可以在阀门开启的情况下启动。与此相反的是,高比转速的叶轮(如立式轴流泵)在关闭状态下功率消耗最高,而安装的电机功率通常无法满足。因此,在启动泵时,必须开启排放阀,以使系统中的压力阻力逐渐增加到所需的工作扬程。

大多数液态金属设施很可能是封闭的回路设施,在启动前已经完全填充。虽然每个设施会有所不同,但对于使用高密度流体的液态重金属设施而言,建议使用某种程度的软启动(逐步提高泵速)。虽然变频器主要用于增强过程控制,但也可以用于降低启动电流,如在最高的转矩下提供尽可能低的电流。实际上,变频器在启动过程中起着类似于软起动器的作用。

应该注意的是,某些类型的泵,如使用旋转永磁体的感应泵,对泵的启动程序没有严格要求。然而,磁力泵对过热很敏感。

7. 冷却

与加热过程类似,制定冷却程序时也应当考虑液态金属冷却的影响,尽可能避免在部件中产生过大的温度梯度。根据伴热器控制方案以及部件的热惰性,设置过快的冷却速率可能会导致某些部位比其他部位冷却得更快,从而出现低温警告、自动排液,甚至局部凝固。

8. 排液

排液可以由两个不同的排液程序启动,即使用者手动启动的受控排液程序以及由一个或多个标准所触发的自动、紧急的排液程序。建议实验设施使用电动或气动的排液阀,以方便设施自动排液的需要,同时也能满足安全要求。

手动控制的排液程序通过打开通往排液罐的自动排液阀来启动,从而让液态金属在重力作用下自动排放。排液时,应采取措施,通过减少回路和排液罐之间的驱动压差,来减小液态金属从回路流入排液罐的速度。这些措施包括:确保回路泵不运行(通过排液顺序联锁)、降低回路中覆盖气体的压力以及适当增加排液罐覆盖气体的压力。一般来说,启动排液时可以定义如下的先决条件或联锁事宜:停止所有的泵(强迫循环)、停止所有冷却器运行(以避免液态金属在换热器中凝固)、打开除主排液阀外的所有阀门(以保证设施完全排空)。在排液过程中,应注意排液罐中的气体会被加压,而这可通过通风或送回设施的顶部以平衡压力。如果对排液过程的耗时有要求,那么就应当仔细考虑排液管道的尺寸和排液罐通风管的尺寸。

自动/紧急排液程序可以基于几个条件而启动,典型的条件由表 3-7 给出。阀门故障时所处位置的选择应考虑到所要进行的实验类型以及预期故障(如失去电源或失去加压的空气供应)的频率。对于可能被任何突发的排液程序所危害的长期实验而言,故障关闭型阀门可能更适合。如果有必要,这种故障关闭型阀门依然可以在后期启动,譬如对气动阀使用备用的空气接收器供气或对电磁阀提供不间断电源(Uninterruptible Power Supply,UPS)。

表 3-7　可能的紧急排液条件示例

条　件	检　测	原　因
LBE 温度低	两个或多个热电偶温度低于 150℃	伴热器失效或过冷
LBE 液位低	液位低于阈值	LBE 泄漏
覆盖气体失压	覆盖气体压力低于阈值	膨胀罐减压

　　俄罗斯早期 LBE 设施的运行经验表明,LBE 实验设施应当避免排空(或敞开),以防止氧化物和杂质污染设施。然而,现实中经常需要打开设施更换部件或实验段,基本不可能永远不排空实验设施。对于这些情况应当制定相关程序,以达到在设施关闭和维护期间尽量减少氧气进入的目的。操作程序还应规定,当回路处于无填充状态时,任何情况下的设施应始终处于惰性气氛(氩气)中。当更换组件、仪器或试验段时,设施内轻微的氩气超压可减少氧气的进入量(需要注意操作时的氩气窒息风险)。在预计会频繁操作或更换试验段的地方,需要预留阀门或安装盲板法兰。

9. 运行过程中的一般说明和注意事项

　　本部分将介绍 SCK·CEN 关于 LBE 设施的一些运行反馈经验,内容涉及仪器和部件的设置及调试等。

　　1) LBE 的凝固:阀门操作/启动

　　在液态金属系统中,波纹管密封阀是最常用的用于关闭隔离和过程控制的手段。波纹管密封阀内部的波纹管焊接在阀杆和阀盖上,当阀杆移动时波纹管保持密封。与传统使用填料的阀门相比,波纹管能大大降低泄漏的可能性。然而,波纹管为了保证灵活性,其厚度较薄(零点几毫米),因此应避免在阀体/阀盖的密闭空间内出现液态金属凝固,以防止因凝固过程体积变化而损坏脆弱的波纹管。如果凝固不可避免,则要尤其注意不要操作阀门,以免对波纹管产生过大压力。自动阀门应该被联锁,并确保不在接近液态金属熔点的设定温度以下启动。

　　2) 压力激增

　　压力激增(或称流锤效应)是一种由于流体速度突然变化(即流体动量变化)而引起的压力瞬变。压力激增现象普遍存在于常见的流体网络系统。然而,由于液态重金属的高密度特性,压力激增现象成为液态重金属设施设计和运行中必须考虑的一个重要方面。阀门关闭过快、泵在空的排放管道中启动、泵在跳闸时突然停止,都可能引发流锤效应,产生远大于正常工作压力的压力波,导致严重的振动、管道应变,甚至管道或部件破裂。

　　与流锤效应相关的最大可能压力上升(潜在激增)值可以根据乔可夫斯基(Joukowski)方程简单估算,该方程对应的设想情形是无摩擦的管道中阀门瞬间关闭(Thorley,2004):

$$\Delta P = \rho c \Delta v \tag{3-2}$$

式中,ΔP 为压强上升量(Pa),ρ 为流体密度(kg/m^3),c 为压力波速度(m/s),Δv 为流体速度的变化(m/s)。

对于压力激增来说,阀门瞬间关闭的假设是偏保守的。压力波的速度以及压力波激增的大小也取决于管道的约束特性、管道材料的模量以及液体的弹性模量。虽然压力波速度与管道的弹性特性有关,但是压力上升却直接与流体密度成正比。考虑液态金属的高密度,和具有相同初始流速和管道设计的水设施相比,LBE设施中阀门瞬时关闭所产生的潜在压力突增量大约是水设施的10倍。一些工艺技术(如泄压装置)可以防止或减少压力突增的影响。然而,最佳的操作建议仍然是缓慢关闭阀门。

3)仪器仪表

液态金属的性质和较高的工作温度使得设施通常需要使用远程密封隔膜式压力变送器。这些变送器利用安装在腔室中的柔性薄膜,将工艺介质与仪器分开。柔性薄膜与仪器之间的空间充满了填充液(通常是一种耐高温油)。当待测的工艺介质压力发生波动时,这种变化会通过柔性膜片和系统中填充的液体以液压传输至测量仪器。

过去的经验反馈表明,在使用基于上述仪器构造的远程密封隔膜式压力变送器时,操作过程中应注意以下几个方面。

(1)防止压力测量系统内出现气泡卷吸。在填充过程中,膜片室必须完全充满液体,以确保没有气泡滞留。建议使用专门的填充和排气管线,以便从底部填充/排放,并向顶部排气。

(2)压力测量系统的不同部件宜采用单独控制的伴热器。填充/排气管线以及从主要工艺管道(或测试段)到压力测量隔膜的连接段一般使用小直径管道。为避免在这些小管子内出现凝固而导致压力测量失准,有必要对这些小管布置伴热器和进行分组控制加热。对于具有不同热惯性的部件而言,建议伴热区域分开。

(3)高压和低压膜片在同一高度处放置。对于差压变送器来说,如果使用两个膜片,高压和低压膜片应安装在同一高度以避免静压差异。在实验测试之前,差压变送器应在无流量的情况下调零。建议对每个隔膜室采用独立伴热加热,并配备专用的控制热电偶和比例微分积分(PID)控制回路。这样做是为了防止两个膜片之间因热损失不同而产生温度差异,从而可能影响到压力测量。

(4)避免液态金属在隔膜室内凝固。凝固过程中的体积变化可能会损坏薄膜。

4)系统性能监测

在新建设施的调试过程中,建议尽可能对基准部件或系统做性能标定。这项工作至少有两个作用:①确认部件或系统是否按照预先设计或原始的设备规格运行;②建立寿命初期的性能基准线,以用于后期比较和性能监测。

基准部件性能标定包括但不限于泵的性能标定(泵的曲线和效率)、总系统曲线标定、过滤器压降标定以及换热器负荷标定。

在系统性能监测方面,还需要考虑泵内热能在设施中的耗散、设施热膨胀对弹性管道支撑件的影响,以及密闭空间内的含氧量监测。泵内摩擦和水力损失的能量将转化为流体热能,这种额外热源往往不可忽略。如果没有安装主动的温度控制装置或者该装置没有很好地控制,有可能会对恒温流体的控制造成困难。液态金属设施的高温运行环境意味着设施管道可能存在明显的热膨胀现象,因而需要弹性管道支撑件(如弹簧吊架和膨胀节)提供一定程度的结构缓冲。对这类管道支撑件需要进行例行检查,以确保系统继续得到良好的支撑,从而有效缓冲热膨胀现象。在液态金属设施中,通常会使用惰性气体氩气,而氩气比空气重,在密闭空间内会有窒息危险,因此有必要在密闭空间内监测含氧量,并在氧气不足时发出警报以提醒操作人员。

10. 设施/试验段的清洁

由于液态金属氧化物、腐蚀产物以及其他杂质随时间推移可能在测试区、换热器等区域沉积,造成阻塞而影响设施的热工水力行为,进而影响实验结果。因此,在进行任何重复操作之前,需要视具体情况对部件甚至整个设施进行清洁。建议经常对设施内部进行可视化分析(如通过内窥镜),检查设施的状态并考虑是否需要采取清洁措施。

设施部件的清洗一般可以使用合适的化学浸蚀剂。对于使用铅或 LBE 的设施来说,要去除的残留物为铅/铋金属和铅/铋氧化物。乙酸或硝酸的水溶液与这些金属和金属氧化物反应会生成可溶的铅/铋醋酸盐或硝酸盐,从而通过水溶液迅速清除(Pruksathorn,2005;Gholivand,2010;Saito,2004)。过氧化氢可配合醋酸使用来适当加快浸出速度。纯铅和稀硝酸反应会生成有毒气体一氧化氮,浸洗过程要即时移除。大型部件(如阀门、试验段和膨胀容器)的清洗通常在含有酸性水溶液的专用水池内进行。酸洗建议使用乙酸/过氧化氢或硝酸的稀释溶液,以避免过多的热量和气体产生,并且要防止清洗混合物释放到设施外面。对回路的清洗还可以通过外部泵建立酸性水溶液的循环。酸洗去除固体残留物后需用清水清洗,从而去除设施中残留的酸性溶液。

3.3　液态金属实验测量仪器、方法和技术

液态金属实验设施通常在高温下运行,因此,用于测量的仪器须具备耐受高温的特性,或者采用新的非接触式测量方法。同时,液态金属的不透明

特性也限制了常规光学检测方法和测量技术的使用。此外,为了检测液态金属中的沸腾或气体卷吸现象,还需要与两相流相关的测量技术。本节将简要介绍与液态金属流量、局部速度以及气泡检测有关的最新测量技术。关于液态金属测量技术的全面综述和总结,读者可参考相关的书籍(OECD,2015;成松柏等,2020)。本节将首先介绍两种基于超声波的技术,即通过超声多普勒测速仪(Ultrasound Doppler Velocimetry,UDV)来测量速度曲线以及通过超声时间穿越技术(Ultrasound Transit Time Technique,UTTT)来检测气泡的位置和尺寸。本节余下部分将介绍几种基于电磁感应原理的流量或局部速度的测量方法,包括瞬态涡流流量计(Transient Eddy-Current FlowMeter,TEC-FM)和非接触式感应流动层析成像(Contactless Inductive Flow Tomography,CIFT)。

3.3.1 基于超声波的方法

基于超声波的液态金属检测方法主要通过向熔体中传输超声波脉冲,来检测由微粒或气泡界面反射的回声。根据熔体中的声学知识可以确定超声波发射器与散射物体之间的距离(飞行时间法)。UDV 和 UTTT 都采用这一原理,前者几乎能够实时测量随空间分布的速度信息,后者则可以检测熔体中气泡的位置和直径。超声波方法是一种非侵入式测量方法,但超声波换能器到被测流体之间需要存在连续的声音传输路径,因此需要与实验设施结构直接接触。

UDV 的测量原理如图 3-25 所示。从超声换能器发出的超声脉冲沿着与换能器延伸法线重合的测量线传播到流体中。一部分超声脉冲能量被悬浮在液体中的微粒所散射。反射信号由同一个换能器接收,并包含沿超声束方向速度曲线的全部信息。基于液体中的声速知识,并根据测量的脉冲信号发射与相应回波信号接收之间的时间延迟,可以确定散射粒子在测量线上的位置。散射粒子在测量区域内的运动将导致连续两次脉冲之间的信号结构出现小的时间偏移,因此,对连续脉冲的相关性分析可以得到流体的速度。超声波频率的选取取决于所需的测量深度和最大预期速度。在通常情况下,使用的频率在 1~8 MHz。UDV 测量方法存在一些限制:传感器和液体之间存在声学耦合,这一耦合现象由传感器顶端的液体润湿条件决定;流体中散射粒子浓度的不平衡会影响速度测量的可靠程度,一方面,这是因为较高的粒子浓度会削弱前方区域的信号,以至于声波无法传播到较远的测量位置,而另一方面,当粒子浓度过低时,在某些测量区域,散射粒子的缺乏又不利于流体流速的确定。

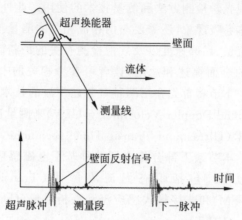

图 3-25　超声多普勒测速仪的测量原理

　　超声多普勒技术最早应用于医学领域,之后由武田(Takeda)(Takeda,1986,1991)应用于物理学和流体工程领域。武田(Takeda,1987)通过测量室温下汞的速度曲线证明了 UDV 技术测量液态金属速度曲线的可行性。随后,研究者使用 UDV 技术成功地对液态镓、液态钠等液态金属进行了测量(Brito et al.,2001;Eckert et al.,2002)。如今,经过改良的高温 UDV 传感器和特殊安装方法已经可以测量高达230℃高温流体的流动。图 3-26 显示的是,应用 UDV 技术测量的组件回路测试(COMPLOT)设施中,LBE 的管内流动速度分布。然而,在实际测量中,声学探测通常需要穿透不锈钢壁面,声音信号的能量损失较多,信号强度变弱,因此声学探测的位置和声波信号的传输路径需要仔细选择。当温度高于 230℃时,测量必须使用波导管(Eckert,2003)。足够长的波导管可以保护压电陶瓷不受居里点以上温度的影响。在该技术中,声能在由不锈钢薄片组成的结构中传播,可以用于高达 600℃的熔体。

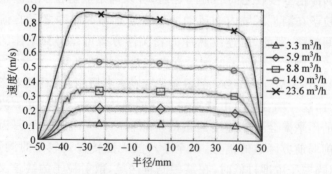

图 3-26　在 COMPLOT 设施中不同流量下测得的 LBE 管内流动速度分布

(请扫Ⅱ页二维码看彩图)

　　UDV 技术的新近发展使用了几个线性超声阵列,从而使得对二维测量平面内流动的两个分速度的测量具有很高的空间和时间分辨率(Franke,2013)。

　　与 UDV 同源的 UTTT,借助脉冲波对来自声音反射物(如气泡)的脉冲传输时间进行评估,从而确定两相流中气泡的位置和直径(Andruszkiewicz,2013)。UTTT 通常使用 10~15 MHz 的超声频率来实现高空间分辨率。为了推断出气泡的直径,需要将两个超声波传感器安装在容器壁的相对两侧,以测量气泡的界面与两侧的距离,如图 3-27 所示。通过使用多对传感器,可以检测到气泡的运动轨迹和直径。

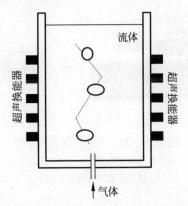

图 3-27　流体中气泡的直径和上升路径检测示意图

3.3.2　感应式测量技术

　　非接触式流动测量技术主要基于电磁感应原理和液态金属的高电导率(1 MS/m 量级)性质,其物理学基础是作磁流体动力学近似的麦克斯韦方程组(Davidson,2001)。这种测量技术通常对流体施加外部磁场,并在流体外部测量该磁场的扰动(扰动可能由测量区域内电导率的变化或液态金属在磁场中运动引起)。第一种电磁感应原理(即电导率变化引起)是互感层析成像(MIT)的关键原理,可用于液位或气泡检测(Gundrum,2016),它能够检测管道一个截面上的电导率分布(Ma,2005)。第二种(即液态金属运动引起)则可以用来测量流量,甚至是流速的空间分布。

　　用于测量流量的传感器有涡流流量计(如相移流量计)(Priede,2011)和洛伦兹力测速仪(LFV)(Thess,2006 年)。相移流量计测量激励线圈和接收线圈之间的相移,洛伦兹力测速仪则测量靠近通道的永磁体上的机械力。然而,这些流量计的校准会因流体温度变化而难以进行,因为测量值不仅取决于流速,还取决于随温度变化的液体电导率。一种被称为瞬态涡流流量计(TEC-FM)的新技术可以大大降低熔体电导率对测量结果的影响(Forbriger,2015)。该方法在液态金属内建立一个涡流系统,并使该系统与液态金属以相同的速度移动。通过跟踪涡流系统的移动过程可以直接测量流体速度。图 3-28(a)显示的是可以安装在流体容器或管道壁上的外部版本 TEC-FM 传感器示意图。发射器线圈通过开启或关闭恒定电流将涡流环植入流动介质中,通过测量三个检测线圈的电压可以跟踪该涡流环的磁极位置,并通过磁极的移动信息获得平均流速。

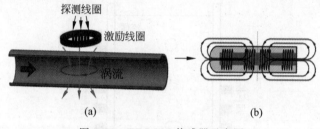

图 3-28　TEC-FM 传感器示意图
(a)非接触式版本;(b)浸入式版本
(请扫Ⅱ页二维码看彩图)

目前可使用的还有一种浸入式版本的 TEC-FM 和相移传感器。传感器线圈被放置在一个不锈钢套管中,防止与液态金属直接接触。该方法可以测量传感器周围的流量,例如,在反应堆容器内燃料组件的上方检测局部堵塞(Krauter,2017)。图 3-28(b)是由两个激励线圈和两个检测线圈组成的浸入式 TEC-FM 传感器示意图。两种浸入式传感器(TEC-FM 和相移)都在 GaInSn和钠中进行了测试。此外,浸入式相移传感器还在 LBE 中进行了测试。

非接触式感应流动层析成像(CIFT)允许测量流体的速度空间分布(Stefani,2004),通过测量一个或多个外加磁场的流动诱发扰动,可以重建液态金属中的整体三维流场。从测量结果出发,利用适当的正则化技术求解线性逆问题,可以实现流场结构的重建。除对逆问题进行适当的数学建模外,这项技术的难度还在于如何可靠地测量比外加磁场小 3~5 个数量级的微小流动诱发的磁场。对此,需要借助一个非常稳定的电流源来产生激励磁场,以及具有高动态范围和非常线性响应的磁场传感器。旺德拉克等(Wondrak et al.,2010,2011)使用磁通门探头和静态激励磁场,重建了连铸机模具内的流场,结果与相应的 UDV 测量结果一致性良好。Wondrak 等(2018)在一个改进的瑞利-贝纳德(Rayleigh-Benard)装置中成功测量了随时间变化的流场,证明 CIFT 对约 20 mm/s 的极低流速测量具有适用性。使用频率为 1 Hz 数量级的交流激励磁场,可以抑制非期望的信号(如来自运动的铁磁材料或来自传感器系统附近电流的通/断),从而将流动诱发磁场和环境噪声进行分离。拉塔恰克等(Ratajczak et al.,2016)通过重建被强静态磁场改变的连铸机模型内的流动,证明了一种由梯度感应线圈和交流激励组成的新测量系统的鲁棒性。另外,CIFT 对于池式反应堆熔池内整体流动的检测具有潜在应用技术价值。在首次进行的数值可行性研究中,CIFT 被应用于检测 ESCAPE 设施下腔室的流动,结果显示,由两台泵产生的射流以及进入堆芯的流动得到了重建。

综上内容,近年来适用于液态金属的测量技术得到了发展,包括测量局部流动结构(UDV)、局部速度(TEC-FM)、整体流动结构(CIFT)和从空间上分辨气泡(UTTT)等。这些传感器大多数已经在钠、铅或 LBE 中进行了测试,部分传感器已经可以用于检查和连续监测 LMR 的状态。

3.4　模拟流体实验

直接使用液态金属的热工水力实验通常非常复杂、费力和昂贵。更重要的是,由于液态金属完全不透明,因此,常规的可视化观察和光学测量手段无法应用,对此,人们很自然地想到使用水或者其他透明流体来代替和模拟液态金属的流动现象。同时,适用于水实验的设备(如泵、管道和传感器)便宜且容易获取。借助激光多普勒测速仪(LDA)、粒子图像测速仪(PIV)和粒子跟踪测速技术(PTV)等光学测量技术可精确地测量出水流中的信息(包括时间和空间维度)。

对于等温流动来说,水实验可以完美地模拟液态金属流动(因为影响该过程的唯一无量纲数是雷诺数)。湍流、二次流和脉动流等现象也可以精确地分析。然而,如果涉及自然对流一类的传热问题时,由于液态金属的低普朗特数特性,水实验是不适宜的。

本节首先介绍水实验设计所涉及的相似理论基础以及一些重要的光学测量技术,在此基础上对使用水的 LMR 棒束和液池实验进行探讨。

3.4.1　理论基础

不可压缩流体的连续性方程、动量方程和能量方程的基本矢量表达式如下：

$$\frac{\partial \rho}{\partial t} + \nabla \cdot (\rho \boldsymbol{u}) = 0 \tag{3-3}$$

$$\rho \left(\frac{\partial \boldsymbol{u}}{\partial t} + \boldsymbol{u} \cdot \nabla \boldsymbol{u} \right) = -\nabla p + \nabla \cdot (\mu \nabla \boldsymbol{u}) + \boldsymbol{g} \tag{3-4}$$

$$\rho c_p \left(\frac{\partial T}{\partial t} + \boldsymbol{u} \cdot \nabla T \right) = \nabla \cdot (k \nabla T) + Q \tag{3-5}$$

式中，$\boldsymbol{u}$ 表示速度，ρ 表示流体密度，p 表示压强，μ 表示动力黏度，$\boldsymbol{g}$ 为重力加速度，c_p 表示定压比热，T 表示温度，k 表示导热系数，Q 表示体积热源，t 为时间。当液池形状近似轴对称时，速度的主要分量为 v（垂直方向）和 u（径向方向）。在稳态流动且热量平衡的假设条件下，基于布辛涅斯克（Boussinesq）近似假设（即密度仅与温度有关），将密度分为参考密度项 ρ_0 和由温度引起的密度变化项 $\Delta \rho$（远小于 ρ_0）：

$$\rho = \rho_0 + \Delta \rho \tag{3-6}$$

引入热膨胀系数 β，公式（3-3）～式（3-5）做近似处理后可变为

$$\frac{\partial u}{\partial x} + \frac{\partial v}{\partial y} = 0 \tag{3-7}$$

$$u \frac{\partial u}{\partial x} + v \frac{\partial u}{\partial y} = -\frac{1}{\rho_0} \frac{\partial p_x}{\partial x} + \nu \left(\frac{\partial^2 u}{\partial x^2} + \frac{\partial^2 u}{\partial y^2} \right) \tag{3-8}$$

$$u \frac{\partial v}{\partial x} + v \frac{\partial v}{\partial y} = -\frac{1}{\rho_0} \frac{\partial p_y}{\partial y} + \nu \left(\frac{\partial^2 v}{\partial x^2} + \frac{\partial^2 v}{\partial y^2} \right) - g\beta(T_h - T_c) \tag{3-9}$$

$$u \frac{\partial T}{\partial x} + v \frac{\partial T}{\partial y} = \alpha \left(\frac{\partial^2 T}{\partial x^2} + \frac{\partial^2 T}{\partial y^2} \right) \tag{3-10}$$

式中，α 为流体的热扩散率，ν 表示运动黏度，T_c 和 T_h 分别为回路中最低和最高温度。为了将公式（3-7）～式（3-10）中的变量归一化，引入如下无量纲特征量：

$$X = \frac{x}{L}, \quad Y = \frac{y}{H}, \quad U = \frac{u}{U_{ch}}, \quad V = \frac{v}{V_{ch}} \tag{3-11}$$

$$P_x = \frac{p_x}{\rho_0 U_{ch}^2}, \quad P_y = \frac{p_y}{\rho_0 V_{ch}^2}, \quad \theta = \frac{T - T_c}{T_h - T_c} \tag{3-12}$$

式中，L 和 H 分别为堆芯与换热器之间的水平和垂直距离，p_x 和 p_y 分别为压强 p 在 x 和 y 方向上的分量，U_{ch} 和 V_{ch} 为特征速度。将无量纲特征量代入公式（3-7）～式（3-10）中，得到如下无量纲连续性方程、y 方向动量方程和能量方程：

$$\frac{U_{ch}}{L}\frac{\partial U}{\partial X} + \frac{V_{ch}}{H}\frac{\partial V}{\partial Y} = 0 \tag{3-13}$$

$$U\frac{\partial V}{\partial X} + V\frac{\partial V}{\partial Y} = -\frac{1}{\rho_0}\frac{\Delta P_{ch}}{V_{ch}^2}\frac{\partial P_y}{\partial Y} + \frac{\nu}{V_{ch}H}\left(\frac{H^2}{L^2}\frac{\partial^2 V}{\partial X^2} + \frac{\partial^2 V}{\partial Y^2}\right) - \frac{Hg\beta(T_h - T_c)\theta}{V_{ch}^2} \tag{3-14}$$

$$U\frac{\partial\theta}{\partial X} + V\frac{\partial\theta}{\partial Y} = \frac{\alpha}{V_{ch}H}\left(\frac{H^2}{L^2}\frac{\partial^2 T}{\partial X^2} + \frac{\partial^2 T}{\partial Y^2}\right) \tag{3-15}$$

特征速度和特征压强的取值与待分析的物理现象相关,因此强制对流与自然对流需分别处理。

在强制对流条件下,通过回路质量守恒可以求得特定的流速值。流体的质量通常由泵的功率(基于冷却剂比热设计)和堆芯功率(冷却剂最高温度不超过阈值)确定。在强制对流下,与反应堆实际工况的相似准则可以由公式(3-14)和式(3-15)中的无量纲数组合直接得到,如雷诺数 Re、欧拉数 Eu、理查森数 Ri、佩克莱数 Pe 和几何相似性 H/L:

$$Re = \frac{V_{ch}H}{\nu},\quad Eu = \frac{1}{\rho_0}\frac{\Delta P_{ch}}{V_{ch}^2},\quad Ri = \frac{Hg\beta(T_h - T_c)}{V_{ch}^2},\quad Pe = \frac{V_{ch}H}{\alpha} \tag{3-16}$$

其中佩克莱数和雷诺数的比值为普朗特数 Pr。

在非能动余热排出条件下,回路摩擦压降与由温差导致的阿基米德力相平衡时,自然对流过程将得以建立(Welander,1967)。回路的压降 ΔP 定义为(Todreas et al. ,1990):

$$\Delta P = \rho g\beta H(T_h - T_c) \tag{3-17}$$

自然对流通常比较复杂,具有很大的速度梯度,因此难以预测特征速度。然而,由于自然对流回路中浮力压头应与压降平衡(Todreas et al. ,1990),特征速度 V_{ch} 可以由压降项与浮力项平衡的关系而计算得到

$$V_{ch} = \sqrt{\frac{g\beta H(T_h - T_c)}{Eu}} \tag{3-18}$$

对于回路自然对流来说,由于流量、压降和浮力并不是相互独立的物理量,因此,预先得到特征速度和特征压降是不现实的。为了避开这个问题,可使公式(3-18)中的欧拉数 Eu 等于 1 来选取特征速度(或特征压降)。将此时的特征速度表达式代入动量方程(3-14)与能量方程(3-15)中,在稳态条件下可以得到以下的无量纲方程:

$$U\frac{\partial U}{\partial X} + V\frac{\partial U}{\partial Y} = -\frac{\partial P}{\partial X} + Gr^{-0.5}\left(\frac{H^2}{L^2}\frac{\partial^2 U}{\partial X^2} + \frac{\partial^2 U}{\partial Y^2}\right) \tag{3-19}$$

$$U\frac{\partial V}{\partial X}+V\frac{\partial V}{\partial Y}=-\frac{\partial P}{\partial Y}+Gr^{-0.5}\left(\frac{H^2}{L^2}\frac{\partial^2 V}{\partial X^2}+\frac{\partial^2 V}{\partial Y^2}\right) \tag{3-20}$$

$$U\frac{\partial \theta}{\partial X}+V\frac{\partial \theta}{\partial Y}=-\frac{\partial P}{\partial X}+(Pr\cdot Gr)^{-0.5}\left(\frac{H^2}{L^2}\frac{\partial^2 \theta}{\partial X^2}+\frac{\partial^2 \theta}{\partial Y^2}\right) \tag{3-21}$$

式中，格拉晓夫数 Gr 表达式为

$$Gr=\frac{H^3 g\beta(T_h-T_c)}{V_{ch}^2} \tag{3-22}$$

因此，相应的无量纲组合为 $Gr^{-0.5}H^2/L^2$ 和 $(Pr\cdot Gr)^{-0.5}H^2/L^2$。格拉晓夫数的大小代表了自然对流中的不同流型（层流、过渡流或湍流）。

3.4.2　水实验测量技术

1. 激光多普勒测速仪

激光多普勒测速仪（Laser Doppler Anemometry，LDA）是一种适用于棒束间流动测量的、对流场无干扰的单点光学测量技术。图 3-29 为 LDA 系统示意图。激光器产生的一束激光通过布拉格盒分散成一对激光束，而后通过透镜在焦点处汇聚。汇聚后的激光在待测区域形成椭圆形的干涉条纹（测量区域）。测量区域的流场有感知光束的示踪粒子不断通过。

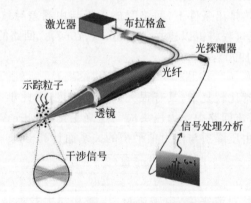

图 3-29　激光多普勒测速仪系统示意图
（请扫Ⅱ页二维码看彩图）

流体中的示踪粒子会对光束进行散射。当示踪粒子通过探测区域时，光束被散射回来，同时波长发生变化（多普勒效应）。被散射回来的激光又被光探测器收集，而后通过光电转换器转换为电信号。显然，示踪粒子对激光的散射速率与示踪粒子的移动速度以及干涉条纹的间距成正比，以此可以得出示踪粒子在与激光光束垂直方向上的速度分量。然而,仅对速度模量进行测量难以区分示踪粒子的移动方向。此时,借助布拉格盒可以改变光束对中一束光的频率,使得干涉条纹图案以恒定速度移动,从而判断移动方向并计算移动速度。

当使用 LDA 进行棒束实验时,实验者需要经常处理靠近椭圆形测量区域的燃料棒壁面的光反射问题。通常,采用后处理程序将棒壁的光反射当成速度为零的信号进行解读,使得在平均值被人为降低的同时改变了均方根。当实际流动速度远大于零且棒壁并不与测量区域接触时,可以对速度进行过滤,从而把接近零速度的棒壁反射效应加以消除或减少。

当激光进入燃料棒时会发生光的折射。为降低折射效应,可通过采用与水折射率相同的材料制作燃料棒,或使用与其他组件折射率相同的工作流体来代替水(具体将在本节第四部分详细阐述)。然而,不管采用哪种方式,当光从空气进入另一种不同的介质时,光的折射过程将影响两光束间的夹角,这意味着 LDA 的测量范围将发生改变。在通常情况下,当空气侧的入射角确定时,光束出射夹角将与进入介质的折射率相关:随着介质变得稠密,折射效应将加强,从而使得光束夹角减少,进而导致流体中的检测范围被拉长。在设计棒束实验装置时,必须仔细考虑由光束夹角变化所带来的影响。

与其他测速技术相比,激光多普勒测速技术具有以下优点(刘倬彤,2015)。

(1) 激光多普勒测速技术为非接触式测量,流体的运动不会受到干扰(仅需把激光发射的光源汇聚到流体或者待测物体的指定位置上),该优势体现在对目标远距离的动态实时测量上,并且可以在相对恶劣的环境(如高温、高腐蚀、高湿度等)下进行测量。

(2) 激光多普勒测速的信号相当于光速传播,接触速度极快,能够与信号处理器和光电接收管连接使用,是进行实时监测的非常好的方法。

(3) 由于激光器发射的光束可以聚焦成很小的光斑,所以识别流体空间的分辨率极高,可以测量体积很小的流体速度。

(4) 现在,激光多普勒测速仪已经有一维、二维和三维,可以实现多维度的速度分量测量。

(5) 因为待测物体的运动速度与多普勒频移量存在很好的线性关系,所以激光多普勒测速量程大,测量精度也非常高(可达 0.025%)。

2. 粒子图像测速仪

相对于激光多普勒测速仪仅能逐点测量来说,由于粒子图像测速仪

(Particle Image Velocimetry,PIV)可以进行全局速度测量,因而在流体力学中占有特殊地位。PIV 是一类通过记录分析流体中粒子位移的测量技术,测量原理如图 3-30 所示。流体被强光源照射,示踪粒子的位置会因其对激光的散射而被记录成像。因此,首先需要将具有良好反光性与跟随性的示踪粒子均匀地添加到流场中,然后使用激光照射目标平面,借助电荷耦合器件(CCD)等相机设备捕捉示踪粒子的瞬时图像。最后,通过图像处理分析得到目标平面的速度矢量分布(程孝远,2018)。

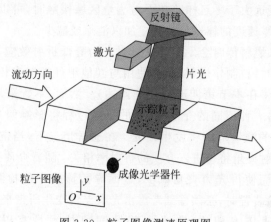

图 3-30　粒子图像测速原理图

(请扫Ⅱ页二维码看彩图)

随着实验所测流体种类的不同,PIV 装置会相应发生变化。一般而言,PIV 装置主要由四部分组成,即粒子添加系统、流场照明系统、图像捕捉系统和图像数据分析系统(程孝远,2018)。

1) 粒子添加系统

在使用 PIV 时,需要往流场中布撒示踪粒子,通过对示踪粒子的运动图像分析,来获取二维流场的流速分布。因此,示踪粒子应具备以下特质。

(1) 均匀的分布性。示踪粒子在流场中需分布均匀、密度合适。粒子太稀少会使流场信息不准确,无法显示具体的流动情况,对于流动存在较大变形的情形,误差明显;相反,粒子过于浓密会增加数据量,同时会导致图像中的粒子发生重叠混乱的现象,使对应的粒子产生误差错乱,造成计算误差,因而适宜的示踪粒子浓度是提高 PIV 精度的重要因素。

(2) 良好的跟随性。一般来说,粒子大小在 5～300 μm,与流体相似的密度可以保证示踪粒子跟随流体,相应的示踪粒子的运动就可以准确地代表流体的运动。

（3）优良的光散射性。粒子的光反射性太低会导致示踪粒子图像质量差，降低粒子图像清晰度，致使得到的流速与实际存在误差。

（4）不改变流体性质。

在实际应用中，需根据目标流场与硬件设备参数（如相机的分辨率、激光强度、流速等）的具体情况去选择合适的示踪粒子。而适宜的示踪粒子又能够得到质量较好的图像，从而在对图像进行分析时获得更精准的测量数据。目前，很多学者对示踪粒子种类的选择做了许多工作，合理地利用这些成果选取合适的示踪粒子可以使得测量数据更为准确。在确定好示踪粒子后，要将粒子均匀地布撒到流场中。在 PIV 实验中，粒子在合适的时间与空间中，是否均匀进入流场影响着测量结果的准确度。

2）流场照明系统

用来为图像提供亮度的光源，其强度以确保示踪粒子能够被清晰捕捉为准。其中，激光因其能够发射高能量密度的单频光，从而产生厚度适宜的光面来捕捉记录示踪粒子，因而被广泛应用于 PIV 中。在实际应用中，激光束经长焦距的球面镜聚焦后，再以凹面柱透镜扩束后，形成激光面的情形使用较多。快速流动的流场宜采用不间断激光，一般采用氩离子激光发射器。为记录粒子位置，发射激光应为脉冲光和可以多次曝光记录的多脉冲激光光源，一般使用双 YAG（钇铝石榴石）脉冲激光器系统。

流场照明是 PIV 中非常重要的部分，激光强度和种类的选择不仅要与相机的感光范围相适应，还要和选取的示踪粒子的光散性能相对应。

3）图像捕捉系统

数字粒子图像测速系统（DPIV）是目前普遍采用的图像捕捉系统。所谓 DPIV 是指采用 CCD 相机将多次曝光的粒子位移信息瞬时记录下来，然后由 CCD 相机将图像转换成数字信息导入计算机中。

PIV 初期一般使用照相底片进行记录处理，这样可使用已有的设备，即各类相机均可使用。一般来说，底片的尺寸越大，所取得实际流场的空间分辨力越高，取得图像的速度场速度向量数越多。不过用照相底片的缺点是需要进行湿处理，不能够实时地获取和观察粒子图像的记录情况。即时图像的可用性、在记录过程中的反馈以及完全避免光化学处理是电子成像带来的明显优势。目前的趋势表明，电子记录甚至可以在不久的将来完全取代大的胶片相机和全息底片。对于电子记录来说，传感器是至关重要的。最常见的传感器有电荷耦合器件（CCD）和电荷注入装置（CID）等，目前，CCD 相机发展较快且应用较为广泛。

4) 图像数据分析系统

PIV 的基本原理是在目标流场中布撒跟随性优良的示踪粒子,用激光照射流场中的一个目标平面,借助 CCD 等捕捉设备记录下连续两次曝光时示踪粒子的位置,通过互相关等原理分析,得到同一粒子在两帧图像中的不同位置,即可求得该粒子的位移。位移除以两次曝光时间间隔,就可得到该粒子的速度。以粒子速度代表其所在流场内相应位置处流体的运动速度。在实际操作中,为了使示踪粒子具有良好的流动跟随性,一般采用直径几十微米的粒子,且布撒的浓度较大。由于很难单独分辨出图像上的单个粒子,因而一般借助粒子成像的统计平均特性来进行模板分析匹配。同时,为得到某一点的速度,一般在第一帧图像中围绕此点取一区域(即查询区),并获取查询区中粒子的平均位移来近似替代此点的实际位移。因此,查询区的大小对 PIV 的精度有直接影响,其选择受互为矛盾的两个因素制约,即窗口尺寸不宜太小,过小意味着含有的粒子信息过少,会造成错误匹配;窗口尺寸也不宜太大,过大会导致平均效应增大,减小了 PIV 的精度,即降低了速度测量的精度。不同的匹配方法也就形成了不同的 PIV 算法。

在棒束实验中应用 PIV 技术,其精度会受到棒壁光反射的影响(光反射会导致成像颗粒不能与背景光相区分)。克服该缺陷的方法是在数据预处理阶段从所录制的图像中减去背景。另一种限制背景影响的可能方法是将棒壁漆成黑色。譬如,通过在棒壁涂一层若丹明荧光染料可以使棒壁反射回来的光具有不同的波长,从而轻易将其过滤掉。

3. 激光诱导荧光技术

激光诱导荧光(Laser Induced Fluorescence,LIF)是一种原子或分子在被激光激发的同时,自发地从高能状态回到低能状态并发出一定强度荧光的现象。利用流场中特定粒子(荧光粒子)在激光脉冲的作用下,产生荧光的特性来显示并得到流场中某些参数的技术称为 LIF 技术。早期发展的 LIF 技术为单点测量,后来发展为一维测量技术(即能够显示激光传输路径上的荧光)。由于在大部分工程应用中产生的是湍流流场,因此,为了对流场一定区域内的平面二维分布进行显示和诊断,需要发展二维的 LIF 技术。

一维 LIF 成像技术向二维平面成像发展后,称为平面激光诱导荧光(Planar Laser Induced Fluorescence,PLIF)技术。而基于高速相机发展起来的高速 PLIF 技术可以应用于高速变化的流场诊断。通过片光整形系统将激光束进行一定的压窄、扩展和准直,并将其转变为平面片状光束。片光穿过待诊断的流场时会选择性激发特定组分(称为示踪粒子),这些示踪粒子吸收光子的能量后,从基态能级跃迁到激发态能级。处于激发态能级的粒子由于性质不稳定,会通过自发发射过程跃迁回到基态能级,同时会发出荧光。将微弱的荧光信号进行放大并使用相机记录下荧光在不同空间位置处的强度值,根据荧光灰度图,并结合一定的图像和数据处理方法,就可以分析出流场中的组分浓度、流场空间温度等相关的参数信息。

　　由于示踪粒子的寿命非常短,只有纳秒量级,因此,通过时序控制系统就可以准确控制相机开门时间来捕捉荧光图像,而且相机像素通常都在百万级别以上,因此 PLIF 技术相对于其他技术具有的突出优点是具有较高的时间和空间分辨率。另外,由于本技术使用片光作为光学探针,对流场的结构没有扰动,因此是一种非侵入性的测量技术。PLIF 技术原理如图 3-31 所示(王浩军,2019)。基本的 PLIF 系统主要包括激光器系统、流场示踪系统、信号采集系统和时序控制系统等几部分。

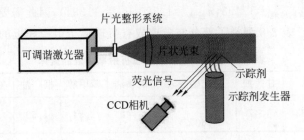

图 3-31　激光诱导荧光技术原理示意图

(请扫 II 页二维码看彩图)

4. 折射率匹配技术

　　LDA 和 PIV 之类光学测量方法的一个不足之处是需要光线通过测量区域。由于透明固体壁面的折射率与周围流体的折射率不同,因而会因为光的折射而影响测量精度。折射率不仅与温度有关,还随着电磁辐射频率的变化而变化。只要界面是平整的,光的折射是可以预测的,就可以相应地对测量仪器进行修正。然而,当界面是倾斜、弯曲且较厚的时候,折射的预测值就可能非常不准确。通常,界面越倾斜、弯曲和越厚,离开界面的光线受折射率及界面几何特性间的不确定性影响就越大。

　　解决上述问题的一个方法是使壁面不仅透明而且尽可能薄,从而减少对光通过路径的影响。但是,由于一些特定情况不允许固体壁面发生弯曲或抖动,因而难以选择一种既薄且具有较高强度和抗弯曲能力的材料。更合理可行的方案是使流体与透明固体壁面的折射率相匹配(Refractive Index

Matching,RIM),从而使得在流体中的固体壁面从光学上消失。通常,有两种具体的实现形式,一是选择一种与固体材质折射率相近的易于使用的液体(如水),二是使用一种与液体折射率相近的特殊透明固体材料。上述两种方法需要根据应用场景的特性和需要加以选择。

　　1) 选择与固体折射率相匹配的流体

　　该方法的优点是可以便捷地使用常见的各种固体透明材料(如玻璃或有机玻璃等)。一方面,玻璃不仅透明,而且很经济(石英玻璃除外)。玻璃的缺点是易碎,这在装置的建设阶段(尤其在需要连接玻璃与金属时)是一项挑战。玻璃的另一个优势是其与很多流体之间存在很好的化学惰性,这对于我们选择合适的工作介质是非常有利的。另一方面,高分子材料(如有机玻璃)会比玻璃容易操作,但其与一些化学组分(如酒精)之间的相容性却不太好。玻璃和有机玻璃的折射率与水相差比较大(如在 23℃用波长为 532 nm 的蓝光照射时,$n_{有机玻璃}=1.493$,$n_{玻璃}=1.520$,$n_{水}=1.334$),因此需要使用其他流体来代替水。表 3-8 列举了部分与玻璃或有机玻璃折射率相近的流体。

表 3-8　与玻璃或有机玻璃折射率相近的流体

流　体	水	甘　油	碘化钠溶液	矿物油	苯甲醇	桐　油	冬青油	醋氨酚
折射率	1.33	1.47	1.33~1.50 (60%)	1.48	1.54	1.52	1.53	1.49

　　该方法的缺点在于,进行较大型装置的实验时,这些流体会比水难以操作,而且成本昂贵。这些流体可能易挥发、易燃或对人类有害,因此需要采取额外的防控措施,且流体的量也必须加以限制。更重要的是,考虑到检测区域存在最小尺寸(如热电偶尖端、LDA 中的两激光束重叠区或 PIV 中的激光片光厚度),有时候不得不使用大型实验装置进行实验(以获得较好的空间测量精度)。因此,当进行高雷诺数下具有充分发展长度的多棒束实验时,为了获得较好的流场测量精度,一个更有效的办法是使用水做流体(更换固体材料),而不是目前的更换流体法。最近,多明戈斯-翁蒂维罗斯(Dominguez-Ontiveros et al.,2014)等在一个子通道狭窄且没有发展长度的小型装置上,应用流体匹配固体折射率的方法开展了棒束实验。在他们的实验中,醋氨酚和有机玻璃分别用于流体和固体材料,并使用 PTV 对棒束间的流场速度进行了测量。

　　2) 选择与流体折射率相匹配的固体

　　对于大型设施而言,水是一种理想的、成本很低的实验流体。水实验系统中的设备(如泵、管道和传感器)便宜、简单且易得到(尤其在压力和温度不太高的情况下)。对于液态金属冷却反应堆相关研究来说,由于水仅用于研究流场,因此常温常压条件即可。

　　然而,与水折射率相近的固体材料并不多见。表 3-9 列举了部分材料的折射率和光吸收系数(表征单位材料长度中光的衰减),其中吸收系数越大,材料的透明性越差。据不完全统计,目前仅氟化乙丙烯(FEP)材料已被应用于棒束材料。多明戈斯-翁蒂维罗斯(Dominguez-Ontiveros,2009)使用 FEP材料和 PTV 对 5×5 棒束结构中的流场进行了分析。马哈茂德(Mahmood,2011)进一步使用 LDA 技术进行了类似的分析。

表 3-9　与水折射率相近的固体材料(入射光波长 532 nm)

材　料	氟化乙丙烯 (Hassan,2008; Mahmood,2011)	铁氟龙 AF2400 (Yang,2008)	铁氟龙 AF1601 (Yang,2008)	铁氟龙 AF1300 (Yang,2008)	全氟环状聚合物(Cyt, 2017; Wu, 2001)
折射率	1.33	1.29	1.31	1.31	1.34
吸收系数	1.20	—	—		0.08

　　虽然固体材料折射率与水的折射率能很好地匹配,但是光的衰减问题还需引起进一步重视。譬如,光通过一块 0.5 cm 厚的 FEP 平板后,光线的衰减百分比为 75%。为此,我们需要使流体中的固体壁面(如棒束实验中的燃料棒)尽可能地薄。在文献(Dominguez-Ontiveros,2009)中,实验者们使用的FEP 材料厚度为 0.125 mm,光线衰减百分比约为 4%;而在文献(Mahmood,2011)中,实验者们使用的厚度为 0.250 mm,光线衰减百分比为7%。此外,还有以下两点需要注意:一方面,对于光学测量手段来说,光线需要被送进实验段并在散射后被检测到,因此,光线需要越过 FEP 壁至少两次,而在大多数工程实践中,光线需要通过单根棒两次,这意味着光线经 FEP 壁被传输四次;另一方面,固体壁面通常是倾斜的,壁面与光线不是垂直的,对于环形结构来说,这意味着壁的有效厚度将变大。

　　FEP 壁变薄会使得棒的加工变得很困难。FEP 材料厚度小于 1 mm 时,就容易弯曲变形,因此将其浸于水中时会出现抖动。很明显,这种变形和抖动与反应堆中的燃料棒实际工况并不符。为解决该问题,马哈茂德(Mahmood,2011)对 FEP 材料进行了加热处理(以使其缩紧)。另一种解决办法是在 FEP 管内用水加压,以使管内外压力相当,从而限制管壁变形。

3.4.3　棒束实验

　　使用水的实验在一些层面上非常适用于研究 LMR 中的各种现象。尽管液态金属的低普朗特数特性决定了很难用水实验来模拟温度场,但是水实验仍可以模拟流场。

1. 平均流与湍流特性

艾夫勒和尼幸(Eifler et al.,1967)是世界上最早开展棒束平均流实验的研究者之一,他们使用可移动的、细小的皮托管测量了棒束轴向压降以及距棒壁不同距离处的局部平均速度。西尔(Seale,1979)同样使用皮托管进行了测量,但他们使用的介质为空气。为了对棒束间热能的交混过程进行分析,除皮托管外,西尔(Seale,1979)还使用了温度传感器。显然,在流场中使用探针(如皮托管)会对流场造成干扰,进而影响实验结果。鉴于此,罗(Rowe,1973)开始尝试使用在当时较为新颖的 LDA 技术。随后,LDA 进一步被其他的一些研究者采用(McIlroy et al.,2008;Mahmood et al.,2011)。除 LDA 外,麦克尔罗伊等(McIlroy,2008)还使用 PIV 进行了测量。

由于从燃料表面到冷却剂的传热在很大程度上取决于湍流涡的存在,因此,很明显,湍流是棒束实验中一个非常重要的现象。对棒束中湍流的研究可以追溯到 20 世纪 70 年代,罗等(Rowe et al.,1974)除测量了平均流量外,还借助 LDA 测量了轴向和横向湍流强度。大约在同一时间,特鲁普(Trupp,1973)以及特鲁普和阿扎德(Trupp et al.,1975)利用皮托管和热线风速仪测量了空气在三角形棒束中的湍流特性。此外,他们还测量了轴向压力分布,从而为建立壁面达西摩擦系数与雷诺数、P/D 比(棒栅距与棒直径比值)之间的函数关系式提供了可能。最近,佐藤等(Sato et al.,2009)模拟 LMR 工况对棒束状几何中的湍流流场进行了研究,他们使用 PIV 与 RIM 相结合的方法测量了垂直于流动方向的平面内的速度,并从管束的前侧进行了测量。多明戈斯-翁蒂维罗斯(Dominguez-Ontiveros,2014)通过使用 PTV 和 RIM 技术,研究了 3×3 棒束几何结构中的湍流流场。他们测得的平均速度和湍流强度的精度控制在 11% 以内。目前,在 SESAME 项目的框架下,LDA 与 RIM 相结合的方法同样被应用于三角形排列带绕丝的棒束几何结构中的湍流特性测量(Roelofs,2015)。

2. 二次流

湍流的非均匀性会导致出现额外的流动现象,即二次流。二次流动相对于平均流动速度来说非常小(不足 1% 的量级)。冯卡(Vonka,1988a)借助 LDA 开展实验,测定了不同雷诺数下三角形排列的棒束结构中的二次流。通过分析发现,尽管二次流的速度很小,但是对热量的横向传输却可能有显著贡献(Vonka,1988b)。细川等(Hosokawa et al.,2012)在 PIV 和 RIM 技术的帮助下也发现了二次流。这些流动大约为平均流动速度的 1.5%。

3. 周期性脉动流

除湍流和二次流外,棒束几何结构中还可能存在另一种现象。塔普库(Tapucu,1977)通过实验研究了由两个平行通道组成的系统中的轴向压力变化(两平行通道间通过一个长的横向槽连接)。他们发现,两个通道之间有一个振荡的压力差。流体中的示踪粒子大致呈现出正弦波的移动路径(波长似乎是槽内间隙大小的函数)。莱克斯蒙德等(Lexmond,2005)在一个类似的装置中进行了实验。该装置由两个平行通道组成,通道间通过一个狭窄的缝隙相互连接。他们的测量结果直观显示出,在缝隙两侧各有一个涡街,并且均与主流的运动方向一致。马哈茂德等(Mahmood,2009,2011)使用 LDA、PIV 和 RIM 技术进行了大量的实验研究,以深入了解这些间隙涡街与间隙宽度、雷诺数以及其他参数的依赖关系。

此外,他们还利用盐示踪分析了两个子通道之间的交混情况。研究发现,这些涡街对横流交混的贡献与单纯的湍流混合大约在同一数量级。涡街在缝隙两侧交替出现,并相互作用。由于其振荡性和规律性,脉动流动不能从时均信号中检测到。

4. 流体与结构相互作用

与棒束相平行的液流会导致棒在横向方向发生移动,这种流体与结构相互作用称为流致振动,它可以进一步分为不稳定性导致的振动和由外界因素导致的振动。第一种指流动中存在不稳定性(如周期性的脉动流或涡脱落),第二种指由湍流或外部施加的流动振荡导致的流场或压力波动(Paidoussis,2014)。研究表明(Paidoussis,1966),一个两端夹住的柔性棒会根据施加在棒上的应力和流速的变化而发生弯曲和振荡。

里德等(Ridder et al.,2015)描述了圆柱形通道中单根悬浮棒的运动行为。在很低的流速下,棒会停留在通道中心;当流速增加时,湍流将导致棒以较小的振幅振动;当流速再次增加时,振幅将增大,在一定的速度下,棒将以较大的振幅向一侧弯曲;当流速继续增加时,棒会在通道中心重新定位。当达到一定速度时,棒开始围绕中心位置颤动。

显然,棒束几何结构在流体中的行为会更加复杂。在使用水的实验设施中,由棒束间轴向流动引起的流致振动需要一系列的实验技术。譬如,记录棒束的位移就需要通过一系列的技术来实现。鲍等(Pauw et al.,2013)应用了大量不同的技术来确定核燃料棒的变形和振动,包括应变仪(Basile et al.,1968)、加速度计(Takano et al.,2016)、激光多普勒振动计(Choi et al.,2004)

和网格法(Badulescu et al.,2009)等。基于激光斑点摄影(Laser Speckle Photography)的非侵入式技术也可用来测量平面内的平移、旋转或振动(Keprt,1999)。法贝尔特等(Fabert et al.,2014)将该方法应用于燃料包壳,并且能测量微米范围内的振幅。

5. 绕丝的影响

绕丝主要是作为一种间隔物,防止紧密燃料棒束中的燃料棒因膨胀和弯曲而相互接触。如果燃料棒相互接触,可能会因局部流速降低而导致局部传热恶化(进而出现热点)。绕丝对流场的影响,以及对传热和堆芯压降的影响一直以来都是重点研究问题。在过去的几十年里,研究者已经对交混、摩擦系数、包壳温度等现象进行了广泛的测量。最近,通过使用 PIV 和 RIM 对使用水和含有绕丝的棒束几何结构内流场进行了详细测量。由于绕丝的确切位置并没有被很好地拍摄下来,因此,无法与 CFD 模拟结果进行对比分析(Sato,2009)。最近,沙姆斯等(Shams et al.,2015)的 CFD 计算揭示了一个非常复杂的流动现象,即主流沿着绕丝的螺旋路径流动。

6. 横向交混

在原则上,由于液态金属的普朗特数要远小于水的普朗特数,因此,使用水的实验设施不能模拟液态金属冷却燃料棒束内的温度场。尽管如此,过去这些年,部分研究者依然开展了一些实验。李等(Lee et al.,2015)通过使用所谓的丝网传感器测量了水实验设施中的横向交混。通过注入盐来作为能量的表征量,可以测量盐在棒束几何中一定高度上的径向扩散。该技术最初是由普拉塞尔等(Prasser et al.,1998)开发的。伊洛能等(Ylönen et al.,2011)、布尔克等(Bulk et al.,2013)和布斯克莫伦等(Buskermolen et al.,2014)已经将该技术应用于棒束几何结构中。该技术的缺点在于侵入式的传感器(丝网)会影响流场,而且分辨率有限(因丝网的空间交错密度不能太大)。非侵入式技术的应用可以克服上述困难。王等(Wang et al.,2016)使用了 LIF 技术与染料示踪剂,通过进一步结合 RIM 技术,将荧光强度转换为浓度来测量横向交混情况。

3.4.4 池式实验

热工水力分析是反应堆设计与安全分析中的关键内容。尽管使用数值计算工具进行模拟可以解决很多不同的难题,但是使用水模型来研究一回路的热工水力行为仍然具有一定的价值。这是因为,一维的系统程序并不总是非常适合池式反应堆的分析,而且 CFD 模拟也可能会忽略掉一些复杂的物理现象,因此,需要一个基于水的物理模型来为 CFD 模拟以及系统程序分析提供所需的信息和验证数据。

　　法国、日本、德国和印度已经基于水模型开展了一些针对上腔室和下腔室中整体热工水力行为的研究(表 3-10)。

表 3-10　为核反应堆服务的现有水模型(Spaccapaniccia,2016)

模　型	比　例	反应堆	相似性	参考文献
COLCHIX	1∶8	EFR	Ri,10Pe,Re 任意	(Tenchine,2010)
JESSICA	1∶3	EFR	Re 任意	(Tenchine,2010)
COCO	1∶10	EFR	Ri,10Pe,100Re	(Tenchine,2010)
RAMONA	1∶20	EFR	Ri,Pe,Eu,Re 任意	(Hoffman et al.,1995),(Ieda et al.,1993)
NEPTUN	1∶5	EFR	Ri,Pe,Eu,Re 任意	(Hoffman et al.,1995),(Ieda et al.,1993)
SAMRAT	1∶4	PFBR	Ri,10Pe,100Re	(Padmakumar et al.,2013)
AQUARIUM	1∶10	JSFR	Ri,Pe 任意,Re 任意	(Ushijima et al.,1991)

　　为研究堆芯上部区域稳态和瞬态条件下的流场,CEA 建立了 COLCHIX(比例为 1/8)和 JESSICA(比例为 1/3)水模型,并同时测量了堆芯上部区域和上腔室的温度变化。为进一步分析下腔室内的热工水力特性,CEA 单独建立了一个名为 COCO(比例为 1/10)的水模型。在研究自然循环条件下的余热排出能力方面,日本方面针对 JSFR 建立了一个比例为 1/10 的水模型 AQUARIUM。AQUARIUM 模型主要致力于解决先前数值模拟中识别的自然循环运行条件下的各种问题。为了模拟钠流行为,德国方面建设了 RAMONA 和 NEPTUN 水设施(比例分别为 1/20 和 1/5)。此外,印度方面建立了 SAMRAT 水模型(PFBR 的 1/4 比例),用于分析 PFBR 反应堆中自由液面波动、气体卷吸、热分层和热纹振荡等各种问题。

　　CEA 新确定了四个水模型,以支持 ASTRID 和其他钠冷快堆的研发(Guénadou,2015)。其中,比例为 1/6 的热池测试(MICAS)装置(图 3-32)主要用于研究内部容器(热腔室)中的流型,以满足程序验证、工程设计和研发的需要。

图 3-32　CEA 的 MICAS 模型(Guénadou et al. ,2015)

　　通过对 LMR 上腔室和下腔室建立水模型,可以解决各种热工水力方面的挑战性问题。在上腔室中,可以测量正常工况和事故场景下的全局速度场和温度分布。通过测量不同位置的速度分布和温度分布,可以确定是否存在流动不稳定性和热分层现象。水模型试验也可用于检测和分析自由液面的振荡情况(液面振荡可能导致结构热疲劳)、靠近换热器入口处自由表面的涡的形成、气体卷吸、从堆芯逸出的气泡或颗粒的行为以及非对称情形下的流动形态测量。在下腔室中,水模型能够提供重要数据,并用于对旋转泵产生的漩涡消散行为进行分析。此外,三维流动形态的测量也可更好地验证或校准 CFD 模拟。例如,通过水模型,可以轻易地识别出低速但高湍流的滞止区域,并且可以对非对称情形下的流动形态进行分析。此外,还可以注入气泡和(比水轻或重的)颗粒来研究事故情况下的上浮或迁移行为。

1. 池式实验的相似性要求

　　使用透明流体的池式实验需满足以下几个相似性要求:应保留原型反应堆中的整体热工水力行为;应能再现主要的热工水力现象;水模型的比例必须足够高,以便能够表现反应堆上的详细特征;当分析自然对流时,必须保持浮力与压力损失之间的平衡;必须保持产热和散热之间的平衡;建立水模型的成本要合理。

　　对于液态金属反应堆来说,在正常运行工况下,泵驱动液态金属通过堆芯棒束、吊篮穿孔壁、换热器,以强制对流的形式实现堆芯热量排出。在反应堆停堆后,堆芯将继续通过放射性同位素的自发衰变产生热量,衰变热相当于额定功率的 10%。在泵发生故障的情况下,衰变热应能够通过自然对流非能动地排出系统。因此,对于使用透明流体的液池实验,需重点关注的热工水力现象为堆芯热量的正常排出(强制对流)和非能动排出(自然对流)。描述这些现象的无量纲准则数可以通过对主回路动量和能量输运方程进行无量纲分析得到(参见 3.4.1 节)。

2. MYRRHABELLE 水模型

MYRRHA 液体流动实验基础装置(MYRRHA Basic SEt-up for Liquid FLow Experiments,MYRRHABELLE)水模型是一个比例为 MYRRHA 主回路(设计版本号 1.2)1/5 的、完全由有机玻璃制成的模型(Spaccapaniccia et al.,2015),该模型由冯-卡曼研究所设计和建造。

如图 3-33 所示,MYRRHABELLE 模型沿用了 MYRRHA 反应堆的堆内设计,包含上腔室和下腔室,并通过隔板将两个腔室分开。该模型装备了 16 个用于模拟堆芯的电加热器(最大加热功率为 48 kW),类似 MYRRHA 设计那样使用了两台浸入式泵,并将四台水冷式换热器(每台冷却能力 12 kW)置于上腔室中。水模型的自由表面处于大气压下。额定水流量为 5.6 L/s,试验中的最大温度变化为 30℃。在自然对流下,假设实际规模的 LMR 自然衰变功率为 5 MW,那么,估计 MYRRHA 与 MYRRHABELLE 的速度比为 3,温度比为 4,时间维度比为 0.6。

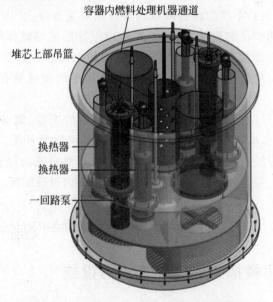

图 3-33　MYRRHABELLE 水模型示意图

在考虑换热器和堆芯压力损失的基础上,通过测量回路的整体压力损失,可以在堆芯上方增设障碍物以满足欧拉相似性的要求。使用滑动闸门可以控制通过堆芯旁路的流量。

图 3-34 是 MYRRHABELLE 装置中的 PIV 测量部分示意图,图中同时标明了相应的热电偶位置。热电偶探针位于吊篮筒体的每个出口附近,在上腔室内的吊篮板和换热器的中间位置。在实验中,使用双脉冲激光器从模型顶部对测试部分进行照射,并使用双帧相机记录 PIV 示踪粒子的连续图像。

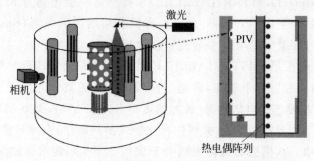

图 3-34　MYRRHABELLE 水模型中的 PIV 测试面

(请扫 II 页二维码看彩图)

在正常运行条件和自然对流条件下,采用 PIV 技术对上腔室的流场进行测量,测量过程包括不同的理查森数以及自然对流条件。PIV 测量的图像同时显示了通过四个孔的流场分布,能够给出很好的流场整体结构、速度分布以及湍流程度等定量信息,并且可以清晰地识别出各出口处射流的不同情形。研究者随后从这些测量结果中进一步提取了质量流量和射流的出口角度等信息。

在 MYRHHABELLE 水模型上腔室中进行的实验,能够验证在非能动余热排出条件下,堆芯和换热器之间发展出来的两股质量流。其中一股质量流通过换热器后经由下腔室返回堆芯,以完成自然对流的循环过程,而另一股质量流则在上腔室的吊篮与换热器之间的空间内进行循环。

3.5　国内外热工水力学实验设施一览

3.5.1　使用模拟流体的热工水力设施

根据 IAEA 官网统计(IAEA,2021),目前,世界上使用模拟流体研究液态金属冷却反应堆热工水力学的设施共有 18 个。

1. 比利时

比利时冯-卡曼研究所设计和建设了 MYRRHABELLE 装置(图 3-33)。

研究目的：进行 MYRRHA 反应堆缩比例模型流动实验，以提供 CFD 模拟验证实验数据库。

使用流体：水。

运行参数：加热功率 0～48 kW，水总量 4000 kg，运行温度 30℃，运行压强为常压，流量为 0～10 kg/s。

2. 中国

1) 中国原子能研究院快堆燃料棒模拟器水力测试装置 FRIYG-1(图 3-35)

研究目的：进行快堆燃料棒热工水力测试和流致振动研究。

使用流体：水。

运行参数：加热功率 50 kW，水总量 1000 kg，运行最高温度 95℃，运行压强 0.6 MPa(设计压强 0.8 MPa)，流量 3～120 m³/h。

2) 中国原子能研究院快堆虹吸破坏设计验证装置(SIPHON)(图 3-36)

研究目的：用于钠泄漏事故的虹吸破坏装置性能验证。

使用流体：水。

运行参数：加热功率 50 kW，水总量 6000 kg，运行最高温度 65℃，运行压强 0.25 MPa(设计压强 0.4 MPa)，流量 0～20 m³/h。

3. 法国

1) 法国原子能和替代能源委员会(CEA)的先进反应堆组件特征研究平台(BACCARA)装置(图 3-37)

研究目的：进行快堆燃料组件热工水力实验。

使用流体：水。

运行参数：泵功率 115 kW，水总容量 1000 kg，运行最高温度 110℃，设计/运行压强 1.5 MPa，流量不超过 250 m³/h。

2) 法国原子能和替代能源委员会水实验平台(PLATEAU)装置(图 3-38)

研究目的：结合多种快堆实体模型进行系统热工水力、自然对流、气体卷吸实验研究。

使用流体：水。

运行参数：加热功率 250 kW，水总量 150 m³，运行温度 10～60℃，运行压强为大气压(设计压强 0.5 MPa)，流量不超过 350 m³/h。

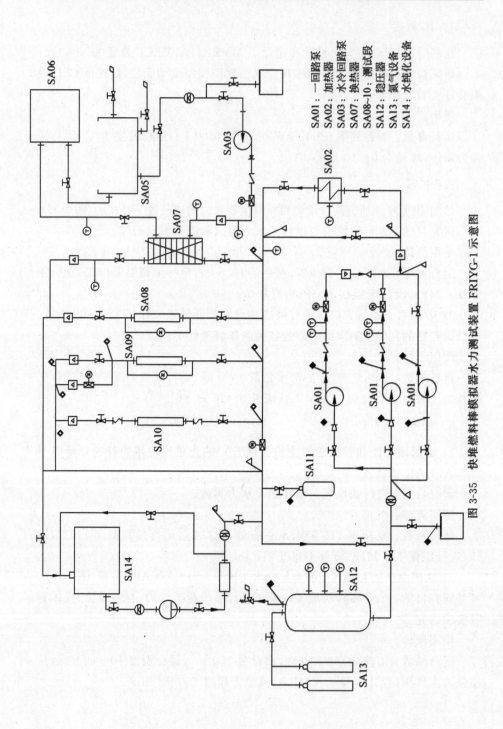

SA01: 一回路泵
SA02: 加热器
SA03: 水冷回路泵
SA07: 换热器
SA08~10: 测试段
SA12: 稳压器
SA13: 氦气设备
SA14: 水纯化设备

图 3-35　快堆燃料棒模拟器水力测试装置 FRIYG-1 示意图

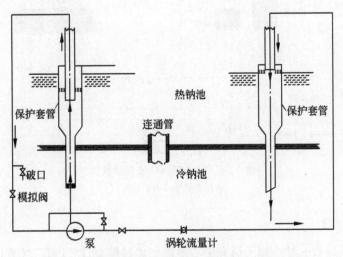

图 3-36 快堆虹吸破坏设计验证装置 SIPHON 示意图

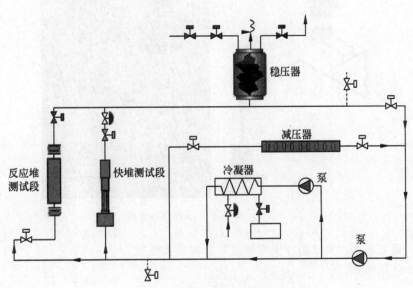

图 3-37 BACCARA 装置示意图

(请扫 II 页二维码看彩图)

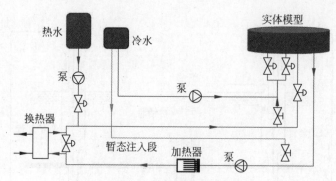

图 3-38 PLATEAU 装置示意图

（请扫 II 页二维码看彩图）

4. 印度

1) 英迪拉·甘地原子研究中心池漏收集器模型（LCTMF）装置（图 3-39）

图 3-39 LCTMF 示意及装置图

研究目的：测试钠冷快堆钠泄漏收集装置性能。

使用流体：水。

运行参数：加热功率 50 kW，水总量 150 kg。

2) 英迪拉·甘地原子研究中心反应堆热工水力研究缩比例模型（SAMRAT）装置（图 3-40）

研究目的：进行 PFBR 缩比例热工水力实验、系统组件流致振动研究。

使用流体：水。

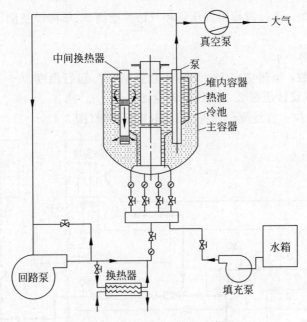

图 3-40　SAMRAT 装置示意图

运行参数：加热功率 200 kW，水总量 20 m³，运行温度 30～70℃，运行压强 1 MPa（设计压强 1.5 MPa），流量 40～2400 m³/h。

3）英迪拉·甘地原子研究中心组件水力测试台（Sub Assembly Hydraulic Test Rig）（图 3-41）

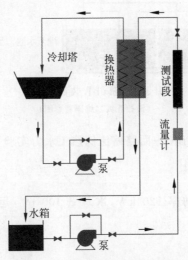

图 3-41　组件水力测试台示意图

（请扫 II 页二维码看彩图）

　　研究目的：进行哑棒组件压降和气蚀性能测试、压降设备测试、流致振动研究。

　　使用流体：水。

　　运行参数：加热功率 120 kW，水总量 12 m³，运行温度 30~70℃，运行压强 1.6 MPa(设计压强 2.2 MPa)，流量 25~250 m³/h。

　　4) 英迪拉·甘地原子研究中心 Hall-Ⅳ装置(图 3-42)

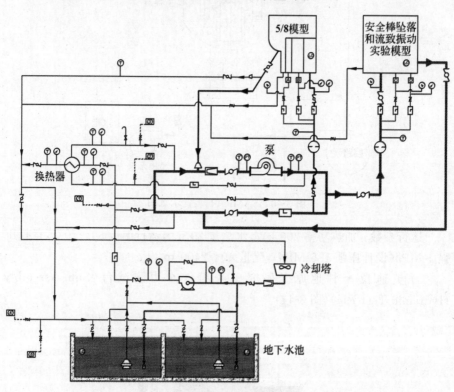

图 3-42　Hall-Ⅳ装置示意图
(请扫Ⅱ页二维码看彩图)

　　研究目的：进行 FBR 一回路缩比例热工水力实验、气体卷吸缓解设备测试、流致振动测量。

　　使用流体：水。

　　运行参数：加热功率 120 kW，水总量 100 m³，运行温度 30~70℃，流量 30~4000 m³/h。

5. 意大利

　　意大利国家新技术、能源与可持续经济发展局(ENEA)设计和运行了新型核反应堆衰变热排出系统(SIRIO)装置(图 3-43)。

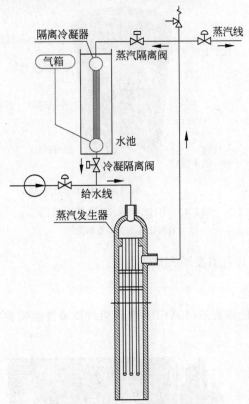

图 3-43　SIRIO 装置示意图

(请扫 II 页二维码看彩图)

　　研究目的:测试 ALFRED 示范铅冷快堆非能动衰变热排出系统性能。

　　使用流体:加压水。

　　运行参数:加热功率至少 490 kW,运行温度蒸汽侧 335~450℃,运行压强 18 MPa。

　　6. 日本

　　日本原子能机构(JAEA)设计和运行了严重事故现象研究实验(PHEASANT)装置(图 3-44)。

　　研究目的:进行快堆严重事故熔融燃料迁移的热量排出阶段热工水力现象研究。

　　使用流体:水。

　　运行参数:加热功率 65 kW,水总量 2500 kg,运行压强 0.12 MPa(设计

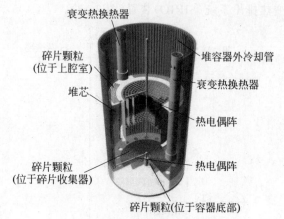

衰变热换热器

碎片颗粒
(位于上腔室)

堆芯

堆容器外冷却管

衰变热换热器

热电偶阵

碎片颗粒
(位于碎片收集器)

热电偶阵

碎片颗粒(位于容器底部)

图 3-44　PHEASANT 装置示意图

（请扫Ⅱ页二维码看彩图）

压强 0.50 MPa)，运行温度 10～50℃。

7. 韩国

1) 韩国原子能研究所（KAERI）燃料组件机械性能实验（FAMPEX）装置（图 3-45）

图 3-45　FAMPEX 装置示意图

研究目的：进行燃料组件力学测试、动态加载（地震事故）测试和小型水力回路实验。

使用流体：水。

运行温度为室温。

2) 韩国原子能研究所(KAERI)PGSFR 反应堆中间换热器测试回路(iHELP)装置(图 3-46)

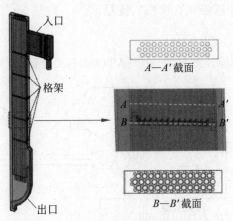

入口

格架

出口

A—A'截面

B—B'截面

图 3-46 iHELP 装置示意图

(请扫Ⅱ页二维码看彩图)

研究目的:进行快堆中间换热器换热管束压降特性研究。

使用流体:水。

运行参数:加热功率 120 kW,水总量 9 m^3,运行温度 35℃,运行压强不超过 0.4 MPa(设计压强 0.5 MPa),流量 14.3～53.8 kg/s。

3) 韩国原子能研究所(KAERI)PGSFR 反应堆堆内压降和流量分配(PRESCO)装置(图 3-47)

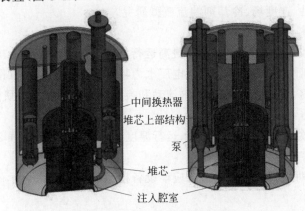

中间换热器
堆芯上部结构
泵
堆芯
注入腔室

图 3-47 PRESCO 装置示意图

(请扫Ⅱ页二维码看彩图)

研究目的：进行 PGSFR 堆内热工水力行为研究。

使用流体：水。

运行参数：加热功率 120 kW，水总量 9 m³，运行温度 60℃，运行压强不超过 0.4 MPa(设计压强 0.5 MPa)，流量 13.9～49.5 kg/s。

8. 俄罗斯

1) 俄罗斯国家原子能公司(ROSATOM)B-2 装置(图 3-48)

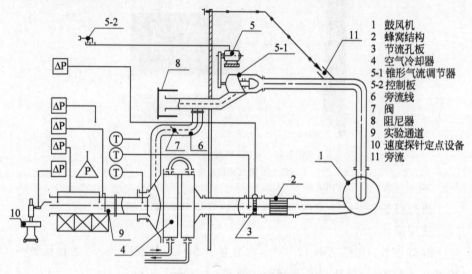

图 3-48　B-2 装置示意图

研究目的：进行水冷堆、气冷堆和液态金属冷却反应堆的换热设备通道流动水力特性、速度场、冷却剂湍流流型研究。

使用流体：空气。

运行参数：加热功率 60 kW，最高运行温度 50℃，最大流量 10000 m³/h。

2) 俄罗斯国家原子能公司核电厂水力特性研究(SGI)装置(图 3-49)

研究目的：进行反应堆冷却剂流动和换热设备的热工水力研究。

使用流体：水。

运行参数：加热功率 250 kW，运行温度 10～80℃，运行压强 2.5 MPa，流量 1～150 m³/h。

3) 俄罗斯国家原子能公司反应堆设备模型流动部分水力学研究(SGDI)装置(图 3-50)

研究目的：进行水冷堆、液态金属冷却反应堆冷却剂流动区域和换热设备的热工水力研究。

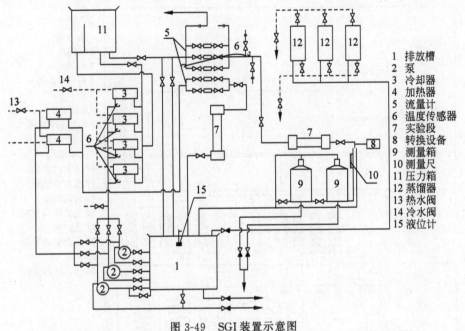

图 3-49　SGI 装置示意图

1　排放槽
2　泵
3　冷却器
4　加热器
5　流量计
6　温度传感器
7　实验段
8　转换设备
9　测量箱
10　测量尺
11　压力箱
12　蒸馏器
13　热水阀
14　冷水阀
15　液位计

使用流体：空气。

运行参数：加热功率 700 kW,运行温度 10～50℃,运行和设计压强 0.01～0.05 MPa,流量 200～66000 m³/h。

4) 俄罗斯国家原子能公司 V-200 装置(图 3-51)

研究目的：进行液态金属冷却反应堆非能动紧急冷却系统设计验证、堆内热分层现象等热工水力研究。

使用流体：水。

运行参数：加热功率 150 kW,运行温度 20～95℃,运行和设计压强为常压,流量 25000 kg/h。

3.5.2　使用液态金属的热工水力设施

根据 IAEA 官网统计(IAEA,2021),目前,在世界范围内,直接使用液态金属的热工水力学设施共有 68 个。为支持中国液态金属冷却快堆的设计和研发,近年来,中山大学也建设了一系列的液态金属实验设施(如 PMCI、VTMCI 和 COLETHEL)。这些设施虽暂未列入 IAEA 的统计数据库,但为提供尽可能完备的信息,本节也将对这些装置进行简单介绍。

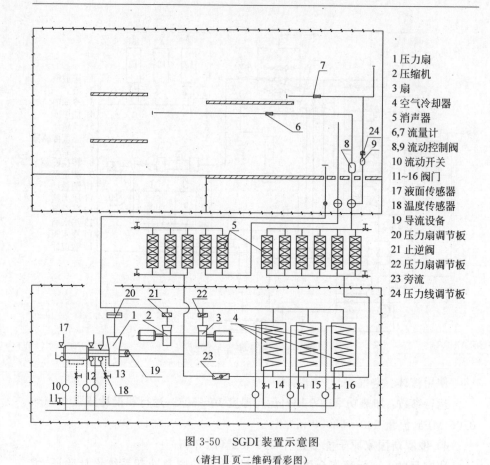

1 压力扇
2 压缩机
3 扇
4 空气冷却器
5 消声器
6,7 流量计
8,9 流动控制阀
10 流动开关
11~16 阀门
17 液面传感器
18 温度传感器
19 导流设备
20 压力扇调节板
21 止逆阀
22 压力扇调节板
23 旁流
24 压力线调节板

图 3-50　SGDI 装置示意图

（请扫Ⅱ页二维码看彩图）

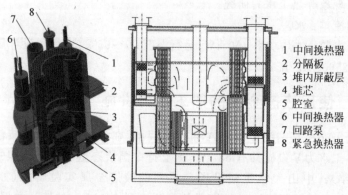

1 中间换热器
2 分隔板
3 堆内屏蔽层
4 堆芯
5 腔室
6 中间换热器
7 回路泵
8 紧急换热器

图 3-51　V-200 装置示意图

1. 比利时

1) SCK · CEN E-SCAPE 装置(图 3-2、图 3-3、图 3-4)

研究目的：进行 LMR 关键热工水力现象模拟实验,验证使用 LBE 作为工作流体的 CFD 程序和系统热工水力程序,为 MYRRHA 系统以及 LMR 的设计和许可提供技术支持。

使用流体：LBE、油、空气。

运行参数：加热功率 100 kW,LBE 总量 27 t,运行温度 200～320℃,最大流量 120 kg/s。

2) SCK · CEN COMPLOT 装置(图 3-52)

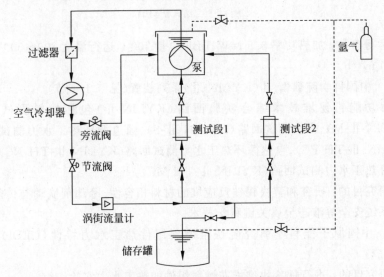

图 3-52　COMPLOT 装置示意图

研究目的：进行 MYRRHA 系统组件热工水力实验研究。

使用流体：LBE。

运行参数：加热功率 75 kW,LBE 总量 9000 kg,运行温度 200～400℃,流量 3.6～104.7 kg/s。

2. 中国

1) 中国科学院铅基堆工程技术集成试验装置 CLEAR-S(图 3-53)

研究目的：验证我国铅基反应堆的非核关键技术,并进行液态金属冷却反应堆技术的基础研究。

使用流体：LBE。

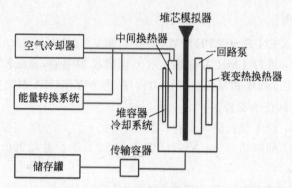

图 3-53　铅基堆工程技术集成试验装置 CLEAR-S 示意图

(请扫Ⅱ页二维码看彩图)

运行参数：加热功率 3.5 MW，LBE 总量 200 t，运行温度 200～500℃，流量 100 m³/h。

2) 中国科学院麒麟-Ⅱ(KYLIN-Ⅱ)系列装置(见 3.1.1 节)

多功能铅铋堆技术综合实验回路(KYLIN-Ⅱ)包括材料测试回路(KYLIN Ⅱ-M)、安全测试回路(KYLIN Ⅱ-S)、强迫循环热工水力测试回路(KYLIN Ⅱ-TH FC)、自然循环热工水力测试回路(KYLIN Ⅱ-TH NC)及混合循环热工水力测试回路(KYLIN Ⅱ-TH MC)。

研究目的：研究和解决铅铋反应堆的材料相容性、冷却剂流动与传热、设备与系统安全等液态金属关键科学技术。

3) 中国原子能科学研究院快堆燃料组件热工水力特性(CEDI)装置(图 3-54)

研究目的：进行钠冷快堆堆芯燃料组件的热工水力实验研究。

使用流体：钠。

运行参数：加热功率 450 kW，钠总量 15 t，最高运行温度 600℃，最大流量 320 m³/h。

4) 中国原子能科学研究院燃料棒热工水力测试(ESPRESSO)装置(图 3-55)

研究目的：进行钠冷快堆燃料棒的热工水力测试。

使用流体：钠。

运行参数：加热功率 450 kW，钠总量 3180 kg，最高运行温度 600℃，最大流量 140 m³/h。

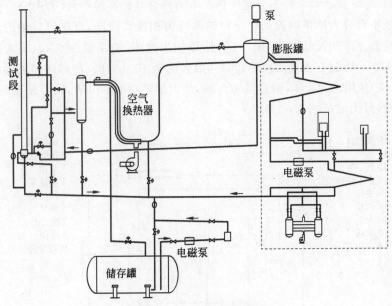

图 3-54　CEDI 装置示意图

（请扫Ⅱ页二维码看彩图）

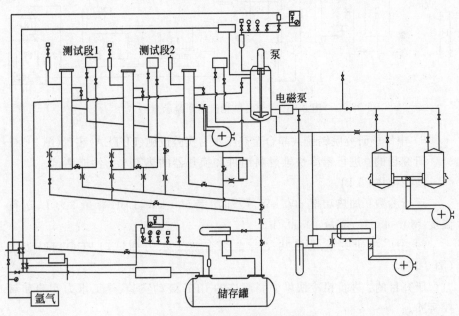

图 3-55　ESPRESSO 装置示意图

5）西安交通大学液态金属钠热工水力综合基础实验平台（TSBS）

该平台分为钠单向流动回路和钠沸腾两相流动回路，旨在研究钠的热工水力特性。单相流动回路（图 3-56）使用钠为流体，钠总量 500 kg，最大加热功率 170 kW，运行温度 200～500℃，最大流量 10 m³/h。沸腾两相流动回路（图 3-57）使用钠为流体，钠总量 260 kg，最大加热功率 90 kW，运行温度 500～1300℃，最大流量 0.5 m³/h。

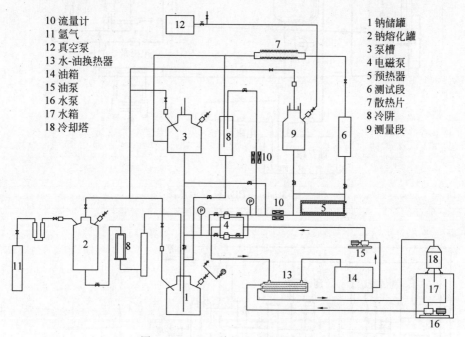

10 流量计
11 氩气
12 真空泵
13 水-油换热器
14 油箱
15 油泵
16 水泵
17 水箱
18 冷却塔

1 钠储罐
2 钠熔化罐
3 泵槽
4 电磁泵
5 预热器
6 测试段
7 散热片
8 冷阱
9 测量段

图 3-56　TSBS 单相流动回路示意图

6）中广核研究院铅铋共晶合金热工水力实验设施（LETEA）装置（图 3-58）

研究目的：进行铅冷快堆燃料组件和换热器的热工水力性能测试。

使用流体：LBE。

运行参数：加热功率 400 kW，冷却功率 500 kW，LBE 总量 800 L，运行温度 180～450℃，流量 10 m³/h。

7）中广核研究院铅铋共晶合金综合热工水力测试（LECOTH）装置（图 3-59）

研究目的：进行铅冷快堆燃料组件的 LBE 流动实验、热工水力实验和氧控实验。

使用流体：LBE。

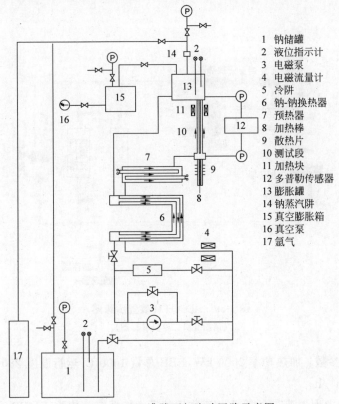

1　钠储罐
2　液位指示计
3　电磁泵
4　电磁流量计
5　冷阱
6　钠-钠换热器
7　预热器
8　加热棒
9　散热片
10　测试段
11　加热块
12　多普勒传感器
13　膨胀罐
14　钠蒸汽阱
15　真空膨胀箱
16　真空泵
17　氩气

图 3-57　TSBS 沸腾两相流动回路示意图

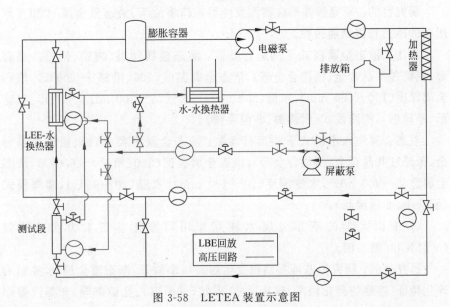

图 3-58　LETEA 装置示意图

（请扫 Ⅱ 页二维码看彩图）

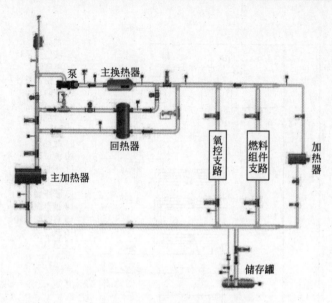

图 3-59　LECOTH 装置示意图

(请扫Ⅱ页二维码看彩图)

运行参数：加热功率 2500 kW，LBE 总量 1000 L，运行温度 280～550℃，流量 30 m³/h。

8) 中山大学液态金属-水相互作用的压力特性实验装置(PMCI)(图 3-60)

研究目的：研究铅基堆在蒸汽发生器破口事故下，液态重金属-水相互作用中的压力和机械能特性。

水注入液态金属模式下的运行参数：液态金属种类(纯铅、铅铋共晶合金、铅铋过共晶合金、伍德合金等)，液态金属温度(200(铅铋)～600℃)，液态金属深度(100～180 mm)，水温(20～90℃)，水量(5～200 mL)，水块形状(球形、非球形)，沸腾模式(膜沸腾、非膜沸腾)。

液态金属注入水模式下的运行参数：液态金属种类(纯铅、铅铋共晶合金、铅铋过共晶合金、伍德合金等)，液态金属温度(200(铅铋)～600℃)，液态金属量(5～300 mL)，水池深度(70～180 mm)，水温(20～95℃)，沸腾模式(膜沸腾、非膜沸腾)。

9) 中山大学的液态金属-水相互作用可视化热工水力实验装置(VTMCI)(图 3-61)

研究目的：研究铅基堆在蒸汽发生器破口事故下，液态重金属-水界面的碎化特征(熔融物碎化距离、碎片尺寸、形状(球形率)、孔隙率等)和蒸汽爆炸

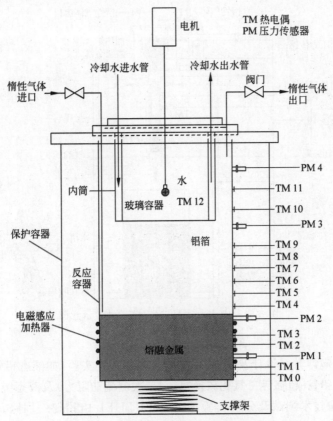

图 3-60　中山大学 PMCI 实验装置示意图
(请扫 Ⅱ 页二维码看彩图)

机理。

运行参数：液态金属种类(纯铅、铅铋共晶合金、铅铋过共晶合金、伍德合金等)；液态金属质量(千克级或数十千克级)；液态金属温度(200(铅铋)～600℃)；水温(25～90℃)；液态金属注入速度(0～4 m/s)；初始液柱直径(5～40 mm)；水深(20～60 cm)；沸腾模式(膜沸腾、非膜沸腾)。

10) 中山大学的多功能铅铋共晶合金热工水力试验回路(COLETHEL)

研究目的：在广泛实验条件和参数范围下进行一系列铅铋快堆热工水力学实验,包括但不限于熔融铅铋流束热交混特性实验、液态铅铋回路自然对流特性实验、液态金属冷却剂工艺技术(如净化、氧控等)实验、铅铋熔池热分层实验、铅铋流动传热和压降基础实验、泵等关键设备服役性能测试和分析、燃料棒束腐蚀污垢等对堆芯换热性能的影响实验、铅铋-空气热交换器传热特

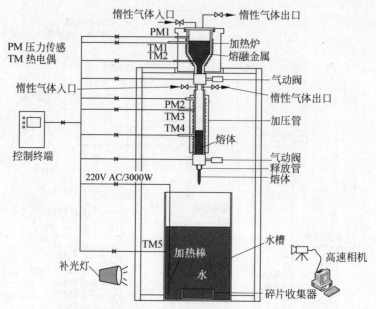

图 3-61　中山大学 VTMCI 实验装置示意图
（请扫Ⅱ页二维码看彩图）

性实验、气泡浮升泵设计及实验、螺旋管换热器系列实验（如液态铅铋-加压水换热、液态铅铋-超临界二氧化碳换热、一二次侧流动阻力）及液态金属流速等可视化测量技术测试及分析实验等。COLETHEL 由铅铋一回路、辅助散热回路（图 3-62）和二回路（图 3-63）构成。

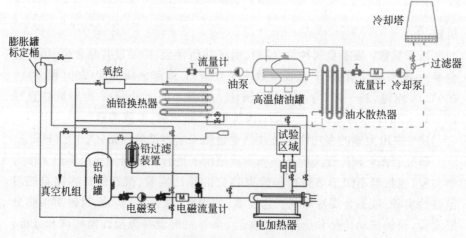

图 3-62　中山大学 COLETHEL 装置一回路和辅助散热回路示意图
（请扫Ⅱ页二维码看彩图）

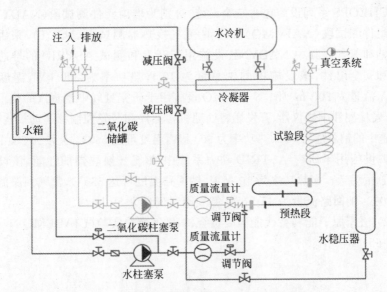

图 3-63　中山大学 COLETHEL 装置二回路示意图

（请扫Ⅱ页二维码看彩图）

　　使用介质：一回路为铅铋共晶合金，辅助散热回路为高温油，二回路为加压水或超临界二氧化碳。

　　运行参数（铅铋回路）：运行温度 200～550℃，运行压强 0.1～2.0 MPa，最大流量 10 m³/h，最大流速 2 m/s。

　　3. 法国

　　1）法国原子能和替代能源委员会 ASTRID 反应堆创新组件测试（CHEOPS）系列设施（图 3-64）

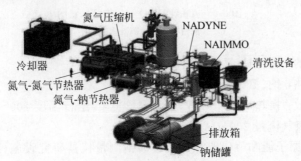

图 3-64　CHEOPS 装置示意图

（请扫Ⅱ页二维码看彩图）

　　CHEOPS 系列设施包含三个设施,分别为堆内元件测试段(NADYNE)、大型组件测试段(NAIMMO)和液钠-氮气换热器测试段(NSET),采用的流体为钠和氮气。其中 NADYNE 设施用于开发和测试 ASTRID 的堆芯重要组件和安全组件,该设施中的钠总量为 10 t,热功率为 300 kW,温度可达 700℃,流量为 200 m^3/h;NAIMMO 设施用于研究氮气中钠蒸汽的热工水力学、开发检测和维修仪器、开发燃料处理机构部件和开发控制棒驱动机构部件,该设施中的钠总量为 70 t,热功率为 300 kW,温度可达 580℃,流量为 200 m^3/h;NEST 设施用于研究 ASTRID 动力系统中钠-氮气换热器的性能,该设施中的钠总量为 7 t,加热功率为 10 MW,钠回路温度可达 535℃,氮气回路温度可达 510℃,钠回路流量为 45 kg/s,氮气回路流量为 50 kg/s。

　　2) 法国原子能和替代能源委员会钠-氮气换热实验(DIADEMO Na)装置(图 3-65)

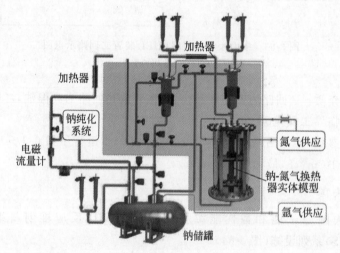

图 3-65　DIADEMO NA 装置示意图
(请扫 Ⅱ 页二维码看彩图)

　　研究目的:进行钠-氮气换热实验。

　　使用流体:钠、氮气、铅锂合金。

　　运行参数:换热功率 40 kW,钠总量 300 L,运行温度 200～550℃,钠流量 2 m^3/h,氮气流量 200 g/s。

　　3) 法国原子能和替代能源委员会涉钠测量仪器研究设施(IRINA)装置(图 3-66)

　　研究目的:进行测量仪器和小部件测试,以及热疲劳测试。

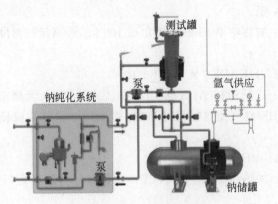

图 3-66　IRINA 装置示意图

（请扫 II 页二维码看彩图）

使用流体：钠。

运行参数：加热功率 25 kW,钠总量 1033 L,运行温度 150～550℃,钠流量 2 m³/h,运行压强 0.5 bar。

4. 德国

1) HZDR(Helmholtz-Zentrum Dresden-Rossendorf)研究所散裂靶铅实验设施(ELEFANT)装置(图 3-67)

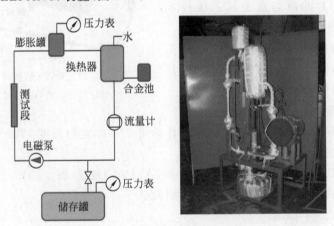

图 3-67　ELEFANT 装置示意图

（请扫 II 页二维码看彩图）

研究目的：进行散裂靶装置的铅流动研究、铅-水换热器换热性能研究、用于铅铋流体的永磁泵性能验证、超声多普勒测速计测试。

使用流体：铅。

运行参数：加热功率 15 kW，铅总量 100 kg，最高运行温度 500℃，最大流量 0.3 L/s。

2）KIT 的 THEADES 装置（图 3-19）

研究目的：进行铅铋 ADS 的 LBE 热工水力研究、无靶窗散裂靶内冷却剂流场研究、LBE-空气换热器性能研究，提供用于验证数值模拟程序的实验数据。

使用流体：LBE。

运行参数：加热功率 500 kW，LBE 总量 4 m³，最高运行温度 450℃，流量 42 m³/h。

3）KIT 的 KASOLA 装置（图 3-20）

研究目的：进行热工水力基准实验、组件和系统验证测试，提供用于验证系统程序和 CFD 程序的实验数据。

使用流体：钠。

运行参数：加热功率 500 kW，钠总量 4 m³，最高运行温度 450℃，流量 42 m³/h。

4）KIT 的液态重金属系统技术（THESYS）装置（图 3-68）

研究目的：进行单棒 LBE 的热工水力实验，以及传感器和测量仪器的开发、测试和标定。

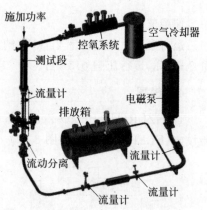

图 3-68　THESYS 装置示意图

（请扫 II 页二维码看彩图）

使用流体：LBE。

运行参数：加热功率 15 kW，LBE 总量 220 L，运行温度 190～400℃，流量 14 m³/h。

5）KIT 的锂、钠自由液面射流实验（ALINA）装置（图 3-69）

研究目的：进行钠射流自由液面研究。

使用流体：LBE。

运行参数：加热功率 120 kW，钠总量 150 L，运行温度 150～300℃，运行设计压强 0.1 MPa，流量 20 m³/h。

6）HZDR 的德累斯顿钠动力与热工水力研究（DRESDYN）装置（图 3-70）

研究目的：进行钠冷快堆在役检查测量技术开发、液态钠气体卷吸实验和可视化技术验证、堆芯内磁性材料的磁体不稳定性研究。

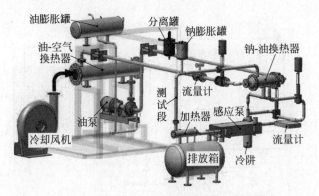

图 3-69　ALINA 装置示意图

（请扫 II 页二维码看彩图）

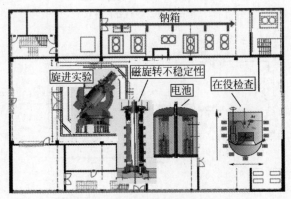

图 3-70　DRESDYN 装置示意图

（请扫 II 页二维码看彩图）

使用流体：钠。

运行参数：加热功率 1 MW，钠总量 12 t。

7）HZDR 的钠测试（NATAN）装置（图 3-71）

研究目的：进行交变磁场对液态金属两相流动和传热的影响研究、磁流体动力学湍流性质实验研究、超声测量技术测试。

使用流体：钠。

运行参数：钠总量 120 kg，运行最高温度 400℃，钠最大流速为 2 m/s。

8）KIT 的材料与腐蚀测试钠回路（SOLTEC）装置（图 3-72）

研究目的：进行钠高温回路运行瞬态和安全研究、换热器性能测试、材料腐蚀研究。

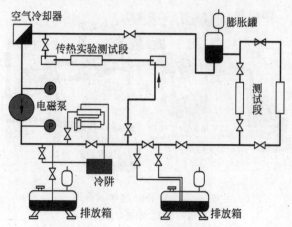

图 3-71　NATAN 装置示意图

（请扫Ⅱ页二维码看彩图）

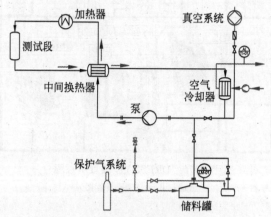

图 3-72　SOLTEC 装置示意图

（请扫Ⅱ页二维码看彩图）

使用流体：钠。

运行参数：加热功率 40 kW，钠总量 14 L，设计压强 0.3 MPa，运行压强小于 0.1 MPa，最高运行温度 1000℃，流量 20 kg/h。

9）KIT 的用于腐蚀、氧输运和过滤的模块化微型反应池（MINIPOT）装置（图 3-73）

研究目的：进行 LBE 流动中的氧输运、气体-LBE 相互作用、水-LBE 相互作用研究。

图 3-73　MINIPOT 装置

使用流体：LBE。

运行参数：LBE 总量 20 L，运行温度 150～480℃，运行压强为常压，最大流速 0.05 m/s。

5. 印度

1）英迪拉·甘地原子研究中心的 500kW 钠回路（图 3-74）

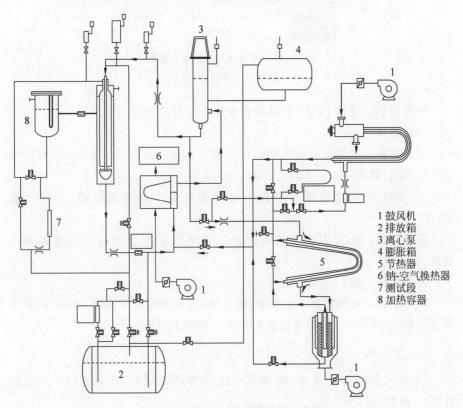

1 鼓风机
2 排放箱
3 离心泵
4 膨胀箱
5 节热器
6 钠-空气换热器
7 测试段
8 加热容器

图 3-74　500 kW 钠回路装置示意图

研究目的：进行钠-钠中间换热器的换热性能测试。

使用流体：钠。

运行参数：加热功率 500 kW,钠总量 3 t,设计压强 0.5 MPa,运行压强 20 kPa,运行温度 200~550℃,最大流量为 60 m³/h。

2) 英迪拉·甘地原子研究中心的衰变热安全分析用钠回路 (SADHANA)装置(图 3-75)

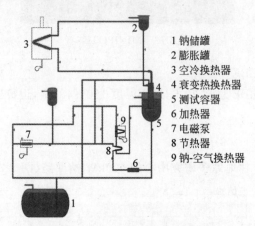

　　　　　　　　　　1 钠储罐
　　　　　　　　　　2 膨胀罐
　　　　　　　　　　3 空冷换热器
　　　　　　　　　　4 衰变热换热器
　　　　　　　　　　5 测试容器
　　　　　　　　　　6 加热器
　　　　　　　　　　7 电磁泵
　　　　　　　　　　8 节热器
　　　　　　　　　　9 钠-空气换热器

图 3-75　SADHANA 装置示意图
(请扫 Ⅱ 页二维码看彩图)

研究目的：进行 PFBR 非能动衰变热排出系统验证。

使用流体：钠。

运行参数：加热功率 440 kW,钠总量 5 t,设计压强 0.4 MPa,运行压强 20 kPa,运行温度 300~550℃,流量 7 m³/h。

3) 英迪拉·甘地原子研究中心的蒸汽发生器测试设施(SGTF)装置(图 3-76)

研究目的：进行印度增殖快堆直流式蒸汽发生器的设计优化和测试验证。

使用流体：钠。

运行参数：加热功率 5.7 MW,钠总量 15 t,最大设计压强 18 MPa,最大运行压强 17.2 MPa,最高运行温度 525℃,钠流量 105 m³/h。

6. 意大利

1) 意大利国家新技术、能源及可持续经济发展局(ENEA)的 CIRCE-HERO 装置(图 3-9)

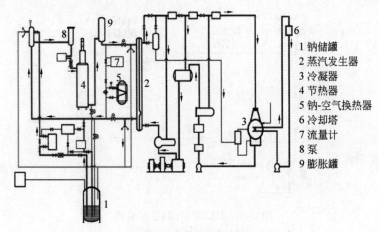

图 3-76 SGTF 装置示意图

（请扫Ⅱ页二维码看彩图）

1 钠储罐
2 蒸汽发生器
3 冷凝器
4 节热器
5 钠-空气换热器
6 冷却塔
7 流量计
8 泵
9 膨胀罐

研究目的：进行气体强化循环的现象研究，液态金属回路系统的运行瞬态研究，燃料棒束热工水力、新型蒸汽发生器的设计测试。

使用流体：LBE。

运行参数：加热功率 1 MW，LBE 总量 90 t，设计压强 450 kPa，运行压强 15 kPa，测试段温度 80~120℃，LBE 流量 25~70 kg/s。

2）意大利国家新技术、能源及可持续经济发展局的铅铋共晶合金回路（CIRCE）-蒸汽发生器管道破裂事故分析（SGTR）装置（图 3-77）

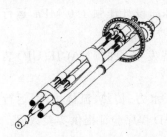

图 3-77 CIRCE-SGTR 装置图

CIRCE-SGTR 是 CIRCIE 整体设施中的一个实验部分，用于研究铅冷反应堆系统在蒸汽发生器管道断裂（SGTR）事故中，熔融 LBE 和水的接触反应，评估 SGTR 事故的传播范围和对反应堆结构的影响。

使用流体：LBE 和水。

运行参数：加热功率 30 kW，LBE 总量 90 t，最大设计压强 1600 kPa，运行压强 50 kPa，测试段 LBE 的温度为 350℃，水的温度为 200℃，LBE 流量 50 kg/s，水流量 0.05 kg/s。

3）意大利国家新技术、能源及可持续经济发展局的先进核能应用的液态重金属实验回路（HELENA）装置（图 3-78）

研究目的：进行液态金属的热工水力和传热特性研究，结构材料腐蚀测

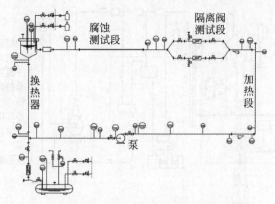

图 3-78　HELENA 装置示意图

（请扫 II 页二维码看彩图）

试,化学控制,系统程序和 CFD 程序的模拟验证,燃料棒束热工水力、新型蒸汽发生器的设计测试。

使用流体:铅。

运行参数:加热功率 250 kW,铅总量 2200 kg,设计压强 1.0 MPa,运行压强 0.8 MPa,测试段温度 400～480℃,流量 0～70 kg/s。

4) 意大利国家新技术、能源及可持续经济发展局的(NACIE-UP)装置(图 3-5)

研究目的:进行液态金属冷却反应堆的热工水力、传热、流体力学、运行瞬态、化学控制、腐蚀防护研究,为系统程序和 CFD 程序验证提供实验数据。

使用流体:LBE。

运行参数:加热功率 235 kW,铅总量 2200 kg,设计压强 1.0 MPa,运行压强 0.8 MPa,最高运行温度 550℃,最大流量 20 kg/s。

5) 意大利国家新技术、能源及可持续经济发展局的凝固实验装置(SOLIDX)装置(图 3-79)

研究目的:进行液态重金属(铅)的凝结和再熔化实验。

使用流体:铅。

运行参数:加热功率 5.3 kW,铅总量 200 kg,设计压强 50 kPa,运行压强 20 kPa,测试段温差达 500℃。

6) 意大利国家新技术、能源及可持续经济发展局液态金属-水相互作用(LIFUS5)装置(图 3-80)

研究目的:进行铅冷快堆在 SGTR 事故下的铅-水反应实验研究,创建实

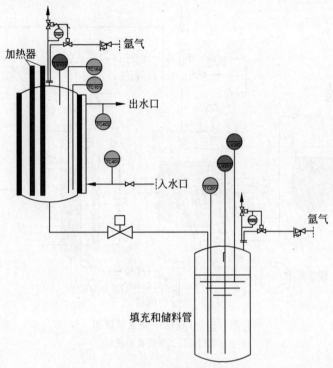

图 3-79 SOLIDX 装置示意图

(请扫 Ⅱ 页二维码看彩图)

验数据库,为用于液态金属冷却反应堆设计和安全分析的数值计算分析程序提供开发和验证支持。

使用流体:铅、LBE、铅锂共晶合金和水。

运行参数:加热功率 90 kW,LBE 总量 1000 kg,设计压强 20 MPa,最大运行压强 18 MPa,测试段的 LBE 温度为 400℃,水温为 180℃。

7. 日本

1) 日本原子能机构的铅铋流动回路-3(JLBL-3)装置(图 3-81)

研究目的:进行 ADS 散裂靶靶窗 LBE 流动传热研究。

使用流体:LBE。

运行参数:加热功率 41 kW,LBE 总量 450 L,设计、运行压强 0.5 MPa,测试段最高温度 450℃,最大流量 500 L/min。

2) 日本原子能机构的铅铋流动回路-4(JLBL-4)装置(图 3-82)

研究目的:进行 LBE 流动测量技术和可视化技术的开发、化学控制。

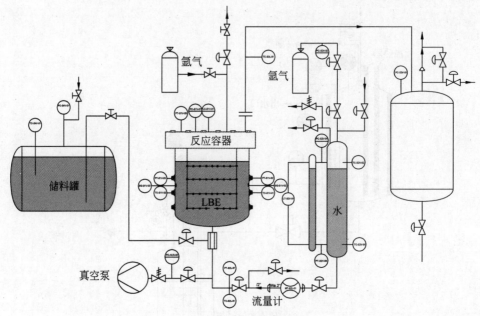

图 3-80　LIFUS5 装置示意图

（请扫Ⅱ页二维码看彩图）

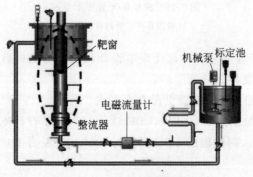

图 3-81　JLBL-3 装置示意图

（请扫Ⅱ页二维码看彩图）

使用流体：LBE。

运行参数：LBE 总量 204 kg，设计压强 0.5 MPa，最大运行压强 0.1 MPa，运行温度 200～500℃，最大流量 40 L/min。

3）日本原子能机构的 TEF 靶的多功能整体性回路（IMMORTAL）装置（图 3-83）

图 3-82　JLBL-4 装置

图 3-83　IMMORTAL 装置

研究目的：进行嬗变实验装置（TEF）靶设施一回路冷却系统的运行实验、LBE 热工水力行为的评估研究、高温 LBE 超声流量计的开发、LBE 含氧测量，提供程序验证所需的实验数据。

使用流体：LBE。

运行参数：LBE 总量 2660 kg，设计压强 0.5 MPa，最大运行压强 0.1 MPa，运行温度 200～500℃，最大流量 120 L/min。

4）日本原子能机构的先进钠技术实验（AtheNa）装置（图 3-84）

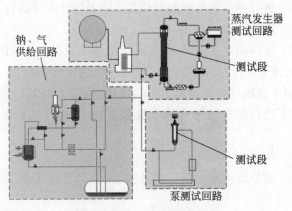

图 3-84　AtheNa 装置示意图

（请扫 Ⅱ 页二维码看彩图）

研究目的：进行钠回路全尺寸系统的组件实验和冷却系统性能测试。

使用流体：钠。

运行参数：加热功率 60 MW，钠总量 240 t，最大蒸汽压强 20 MPa，最高运行温度 570℃,最大流量 20 m³/min。

5) 日本原子能机构的堆芯组件热工水力测试回路(CCTL)装置(图 3-85)

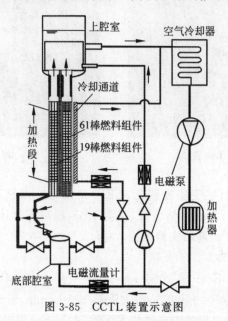

图 3-85　CCTL 装置示意图

研究目的:进行钠冷快堆燃料组件热工水力特性实验研究。

使用流体:钠。

运行参数:加热功率 1 MW,钠总量 25 t,最大压强 0.8 MPa,最高运行温度 625℃,最大流量 600 L/min。

6) 日本原子能机构的快堆堆芯熔融物行为实验(MELT)装置(图 3-86)

研究目的:进行钠冷快堆严重事故熔融物-冷却剂相互作用(FCI)实验研究。

使用流体:钠和水。

运行参数:加热功率 100 kW,钠总量 250 kg,设计压强 500 kPa,运行温度 600℃。

7) 日本原子能机构的电厂动态测试回路(PLANDTL)装置(图 3-87)

研究目的:进行钠冷快堆回路冷却系统、燃料组件和换热器热工水力特性的实验研究。

使用流体:钠。

运行参数:加热功率 1 MW,钠总量 25 t,运行压强 0.03 MPa,最大压强 0.80 MPa,最高运行温度 625℃,最大流量 600 L/min。

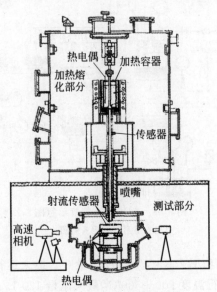

图 3-86　MELT 装置示意图

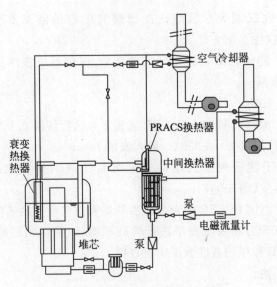

图 3-87　PLANDTL 装置示意图

8）日本原子能机构的 ADS 材料辐照设施（ADSMIF）装置（图 3-88）

研究目的：进行 ADS 散裂靶 LBE 回路流动研究。

使用流体：LBE。

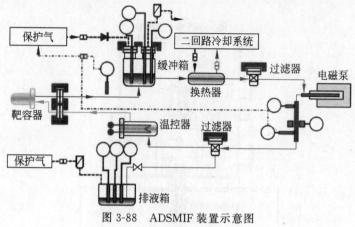

图 3-88　ADSMIF 装置示意图

（请扫 Ⅱ 页二维码看彩图）

运行参数：加热功率 250 kW，LBE 总量 3 t，最大运行压强 0.1 MPa，设计压强 0.5 MPa，运行温度 200～500℃，最大流量 120 L/min。

8. 韩国

1）韩国国立汉城大学核嬗变能源研究中心的液态重金属氧控系统（HELIOS）装置（图 3-89）

研究目的：进行 LBE 回路循环流动实验，提供系统程序和 CFD 程序基准验证的实验数据。

使用流体：LBE。

运行参数：加热功率 60 kW，LBE 总量 2 t，运行压强 0.1 MPa，设计压强 1.0 MPa，测试段温度 200～350℃，最大流量 14 kg/s。

2）韩国原子能研究所的面向安全分析的液钠整体效应测试回路-1（STELLA-1）装置（图 3-90）

研究目的：测试 PGSFR 的衰变热换热器和空气冷却换热器性能，对换热器设计程序和安全分析系统程序进行验证和确认，测试钠回路机械泵，提供系统程序和 CFD 程序的基准验证实验数据。

使用流体：钠。

运行参数：加热功率 2.5 MW，钠总量 18 t，运行压强 10～200 kPa，设计压强 1 MPa，测试段最高温度 350℃，最大流量 130 kg/s。

3）韩国原子能研究所的 STELLA-2 装置（图 3-91）

研究目的：进行 PGSFR 系统的运行瞬态安全分析、衰变热换热器和空气冷却换热器的性能测试，提供系统程序和 CFD 程序的基准验证实验数据。

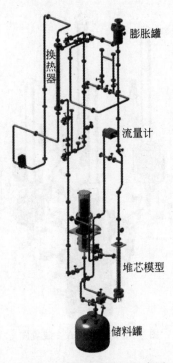

图 3-89　HELIOS 装置示意图

（请扫 Ⅱ 页二维码看彩图）

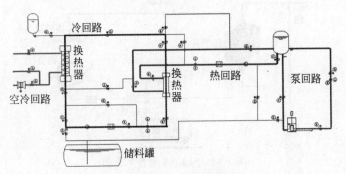

图 3-90　STELLA-1 装置示意图

（请扫 Ⅱ 页二维码看彩图）

使用流体：钠。

运行参数：钠总量少于 10 t，运行压强 0.1～0.2 MPa，设计压强 0.5 MPa，最高运行温度 550℃，最大流量 25 kg/s。

4）韩国原子能研究所的翅片管式钠-空气换热器热工水力钠回路

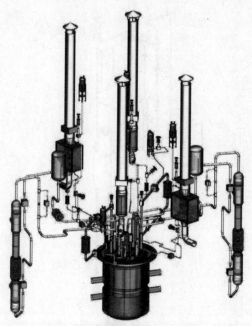

图 3-91　STELLA-2 装置图

(SELFA)装置(图 3-92)

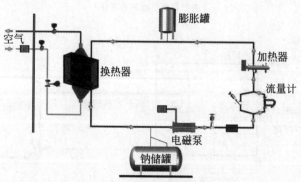

图 3-92　SELFA 装置示意图

(请扫 II 页二维码看彩图)

　　研究目的：进行 PGSFR 翅片管式换热器的换热性能测试,用于验证和确认设计程序和安全分析程序。

　　使用流体：钠和空气。

　　运行参数：加热功率 650 kW,钠总量近 1.5 t,运行压强 10~200 kPa,设计压强 0.5 MPa,最高运行温度 350℃,钠回路最大流量 3 kg/s。

9. 拉脱维亚

1) 拉脱维亚大学的铅铋实验回路（IPUL）装置（图 3-93）

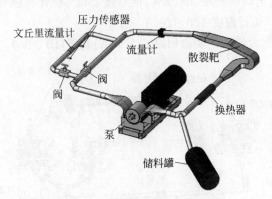

图 3-93　IPUL 装置示意图

（请扫 Ⅱ 页二维码看彩图）

研究目的：进行 LBE 回路测量技术测试、回路热工水力和 CFD 程序模拟、散裂靶靶体内 LBE 速度场测量技术应用、功率局部引入技术测试。

使用流体：LBE。

运行参数：水力功率 20 kW，LBE 总量 100 L，设计压强 1.0 MPa，运行压强 0.3 MPa，运行温度 450℃，最大流量 18 L/s。

2) 拉脱维亚大学的里加磁流体动力学测试设施（RIGADYN）装置（图 3-94）

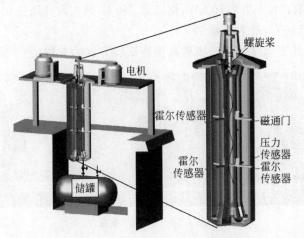

图 3-94　RIGADYN 装置示意图

（请扫 Ⅱ 页二维码看彩图）

研究目的：进行磁流体动力学研究。

使用流体：钠。

运行参数：电动机功率 200 kW，钠总量 2 m³，设计压强 0.50 MPa，运行压强 0.25 MPa，运行温度 120～200℃。

3）拉脱维亚大学的钠实验回路（TESLA）装置（图 3-95）

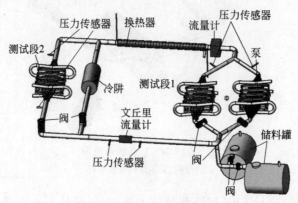

图 3-95　TESLA 装置示意图

（请扫 Ⅱ 页二维码看彩图）

研究目的：进行钠回路热工水力、电磁泵回路运行测试，以及回路运行施加扰动实验研究。

使用流体：钠。

运行参数：水力功率 75 kW，钠总量 350 L，最大设计压强 0.5 MPa，测试段最高温度 500℃，最大流量 120 L/s。

4）拉脱维亚大学的液态金属高温测试（ST-300）装置（图 3-96）

图 3-96　ST-300 装置

研究目的：进行极端高温下的液态金属设备测试和热工水力特性研究，以及聚变材料研究装置（IFMIF）液态锂散裂靶的水力和腐蚀测试。

使用流体：钠、锂。

运行参数：加热功率 300 kW，最高温度 1200 K，钠回路最大流量 25 L/s，锂回路最大流量 5 L/s。

5）拉脱维亚大学的电磁泵测试小型钠回路（SSL-EMT）装置（图 3-97）

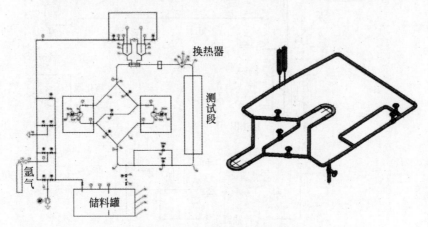

图 3-97　SSL-EMT 装置示意图

研究目的：进行液态金属设备的开发测试和液态钠技术相关材料、组件、仪器的开发测试。

使用流体：钠。

运行参数：水力功率 10 kW，钠总量 50 L，设计运行压强 1.0 MPa，测试段最高温度 350℃，流量 10 L/s。

10. 罗马尼亚

1）罗马尼亚核能研究中心（RATEN-ICN）的面向核能应用的先进热工水力（ATHENA）装置（图 3-98）

研究目的：进行液态铅腐蚀和化学控制研究，铅回路流动研究，熔池热工水力研究，以及铅冷快堆组件、蒸汽发生器和衰变热换热器性能测试，提供用于程序验证和确认的实验数据。

使用流体：铅。

运行参数：加热功率 2.21 MW，铅总量 80000 L，设计运行压强 2 MPa，测试段温度 400～480℃，最大流速 2.5 m/s。

2）罗马尼亚 RATEN-ICN 研究中心的欧洲铅冷快堆实验设施（ELF）装置（图 3-99）

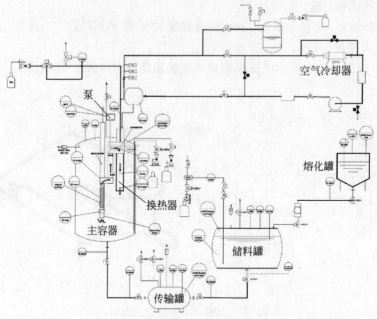

图 3-98　ATHENA 装置示意图

（请扫Ⅱ页二维码看彩图）

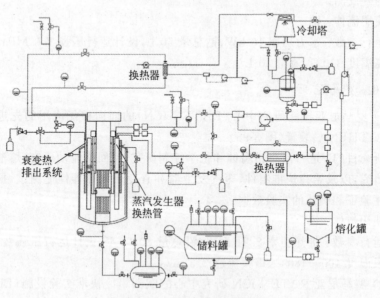

图 3-99　ELF 装置示意图

（请扫Ⅱ页二维码看彩图）

研究目的：进行铅冷快堆堆芯热工水力现象研究、新式蒸汽发生器换热管传热性能测试、熔池混合和分层现象研究、冷却剂化学控制。

使用流体：铅。

运行参数：加热功率 10 MW，铅总量 270 t，设计压强 1.2 MPa，主容器内最高温度 450℃，最大流量 150 m³/h。

3）罗马尼亚 RATEN-ICN 研究中心的面向先进核能应用的液态重金属实验设施（ALFRED）燃料组件测试（HELENA-2）装置（图 3-100）

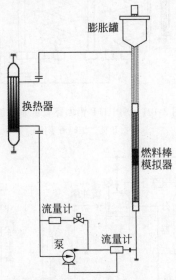

图 3-100　HELENA-2 装置示意图
（请扫 Ⅱ 页二维码看彩图）

研究目的：进行 ALFRED 的燃料组件热工水力测试、棒束子通道传热和热工水力研究、铅回路强迫循环和自然循环现象研究。

使用流体：铅。

运行参数：加热功率至少 1.2 MW，铅总量 400 L，最大设计压强 1.0 MPa，最高运行温度 550℃，最大流量 85.3 kg/s。

11. 俄罗斯

1）俄罗斯国家原子能公司的蒸汽发生器和换热器热工水力研究装置（SPRUT）装置

SPRUT 设施内有铅回路设施（图 3-101）、钠回路设施（图 3-102）、铅铋回路设施（图 3-103）和高压水回路设施。

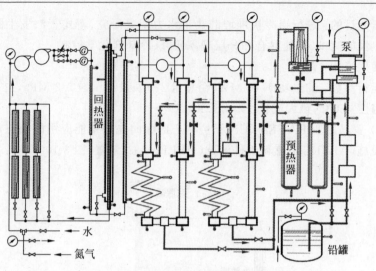

图 3-101　SPRUT 铅回路设施示意图

（请扫Ⅱ页二维码看彩图）

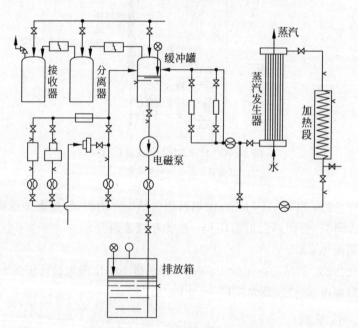

图 3-102　SPRUT 钠回路设施示意图

　　研究目的：进行钠冷快堆和铅冷快堆的蒸汽发生器管束热工水力特性研究。

　　使用流体：铅、钠、LBE 和水。

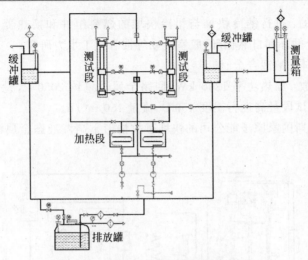

图 3-103　SPRUT 铅铋回路设施示意图

运行参数：加热功率 2 MW，铅总量 80000 L，最高运行温度 550℃，钠回路流量 10 m^3/h，铅回路流量 15 m^3/h，金属回路压强 0.6 MPa，水回路压强 20 MPa，LBE 回路流量 10 m^3/h，水回路流量 8 m^3/h。

2）俄罗斯国家原子能公司的堆芯和换热器热工水力研究（6B）装置（图 3-104）

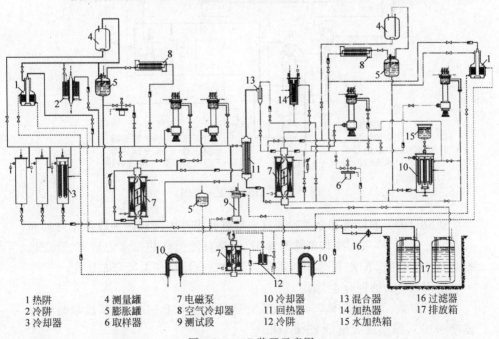

1 热阱	4 测量罐	7 电磁泵	10 冷却器	13 混合器	16 过滤器
2 冷阱	5 膨胀罐	8 空气冷却器	11 回热器	14 加热器	17 排放箱
3 冷却器	6 取样器	9 测试段	12 冷阱	15 水加热箱	

图 3-104　6B 装置示意图

研究目的：进行钠冷快堆与铅冷快堆的燃料组件和换热器热工水力研究，回路混合循环和自然循环、腔室流动等混合热工水力研究。

使用流体：钠钾合金、钠。

运行参数：加热功率 1200 kW，回路金属总量约 2050 L，设计运行压强 0.6 MPa，测试段最高运行温度 450℃，流量 150 m³/h。

3）俄罗斯国家原子能公司的快堆事故情形下高温液态金属测试（AR-1）装置（图 3-105）

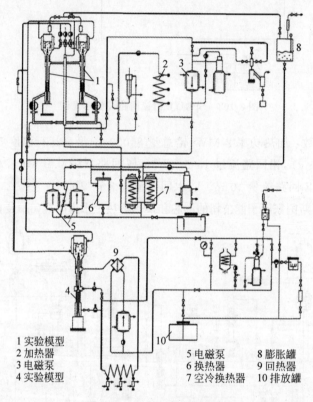

1 实验模型　　　　　　　　　　　　　5 电磁泵　　　8 膨胀罐
2 加热器　　　　　　　　　　　　　　6 换热器　　　9 回热器
3 电磁泵　　　　　　　　　　　　　　7 空冷换热器　10 排放罐
4 实验模型

图 3-105　AR-1 装置示意图

研究目的：进行液态金属冷却反应堆燃料组件内冷却剂沸腾两相流动和传热特性研究、棒束间冷却剂沸腾诊断、回路自然循环热工水力研究、衰变热换热器性能研究、ADS 靶体内液态金属流动动态特性和温度分布研究。

使用流体：钠钾合金、钠。

运行参数：加热功率 750 kW，设计运行压强 0.6 MPa，测试段最高运行温度 950℃，回路最大流量 25 m³/h。

4）俄罗斯国家原子能公司的钠设施-1（PROTVA-1）装置（图 3-106）

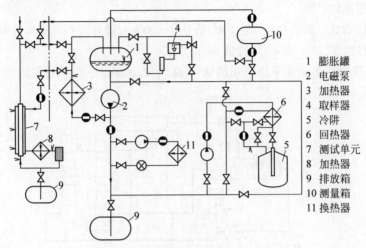

| 1 膨胀罐 |
| 2 电磁泵 |
| 3 加热器 |
| 4 取样器 |
| 5 冷阱 |
| 6 回热器 |
| 7 测试单元 |
| 8 加热器 |
| 9 排放箱 |
| 10 测量箱 |
| 11 换热器 |

图 3-106　PROTVA-1 装置示意图

研究目的：进行高温钠回路物理化学研究，以及材料腐蚀、钠纯化、钠冷快堆系统组件实体模型实验。

使用流体：钠钾合金、钠。

运行参数：加热功率 800 kW，钠总量 900 kg，钠钾合金总量 150 kg，设计运行压强 0.06 MPa，测试段运行温度 450～780℃，最大流量 200 m³/h。

5）俄罗斯国家原子能公司的钠设施-2（PROTVA-2）装置（图 3-107）

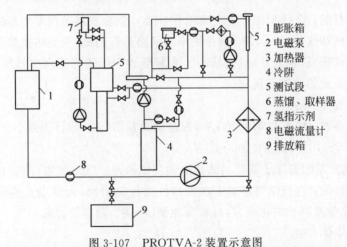

| 1 膨胀箱 |
| 2 电磁泵 |
| 3 加热器 |
| 4 冷阱 |
| 5 测试段 |
| 6 蒸馏、取样器 |
| 7 氢指示剂 |
| 8 电磁流量计 |
| 9 排放箱 |

图 3-107　PROTVA-2 装置示意图

研究目的：进行高温钠回路物理化学研究，以及材料腐蚀、钠纯化、钠冷快堆系统组件实体模型实验。

使用流体：钠。

运行参数：加热功率 350 kW，钠总量 400 kg，设计运行压强 0.6 MPa，测试段运行温度 100～550℃，流量 50 m³/h。

6）俄罗斯国家原子能公司的钠-水蒸汽发生器应急保护系统测试（SAZ）装置（图 3-108）

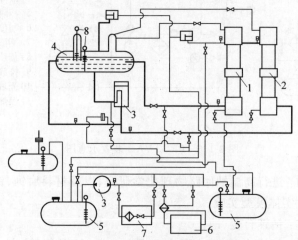

1 蒸发器模型　2 过热器模型　3 电磁泵　4 膨胀箱　5 排放箱
6 氧化物冷阱　7 氧化物指示器　8 液位计

图 3-108　SAZ 装置示意图

研究目的：进行 MBIR 反应堆和 BN-1200 钠冷快堆蒸汽发生器的自动安全系统测试和优化，BN-1200 钠冷快堆二回路运行测试，衰变热换热器的性能和运行模式研究，钠水反应进程研究，泄漏事故中传热管道内的材料腐蚀、钠泄漏监测系统的测试和优化。

使用流体：钠。

运行参数：加热功率 3000 kW，回路钠总量 25 m³，运行压强 0.9 MPa，最高运行温度 510℃，流量 1200 m³/h。

7）俄罗斯国家原子能公司的高温钠测试回路（VTS）装置（图 3-109）

研究目的：进行钠回路热工水力和传质传热研究，无管道式换热器设计研究，钠化学控制和纯化研究，材料腐蚀测试，钠泄漏事故研究。

使用流体：钠。

运行参数：加热功率 1200 kW，运行压强 1 MPa，测试段温度 100～950℃，最大流量 25 m³/h。

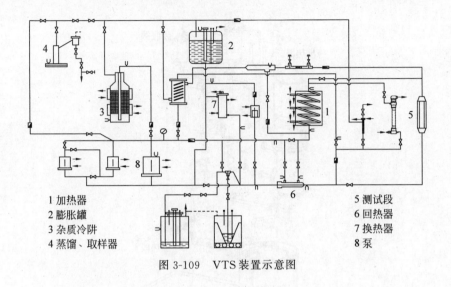

1 加热器　　　　　　　　　　　　　　5 测试段
2 膨胀罐　　　　　　　　　　　　　　6 回热器
3 杂质冷阱　　　　　　　　　　　　　7 换热器
4 蒸馏、取样器　　　　　　　　　　　8 泵

图 3-109　　VTS 装置示意图

12. 瑞典

瑞典皇家理工学院设计和运行了 TALL-3D 实验设施(见 3.1.4 节)。

研究目的:进行液态金属系统运行的瞬态分析、液态金属回路循环的模式研究,为验证液态金属反应堆系统中的系统程序和 CFD 程序的耦合模拟能力提供实验数据。

使用流体:LBE。

运行参数:加热功率 80 kW,LBE 总量 350~400 kg,设计压强 1.0 MPa,运行压强 0.7 MPa,运行温度 160~450℃,流量 0~5 kg/s。

13. 美国

1) 美国洛斯•阿拉莫斯国家实验室的发展铅合金技术应用(DELTA)装置(图 3-110)

研究目的:进行铅冷快堆和铅冷却 ADS 的长期铅腐蚀效应和 LBE 热工水力研究。

使用流体:LBE。

运行参数:加热功率 50 kW,LBE 总量 0.5 m^3,最大压强 0.7 MPa,测试段温差 100℃,流量 5 m^3/h。

2) 美国阿贡国家实验室的机械工程测试回路(METL)装置(图 3-111)

研究目的:进行先进压缩燃料处理系统技术的开发、流量计的开发和标定、液位传感器的开发和标定、钠中显像观察技术的开发、先进控制棒驱动系

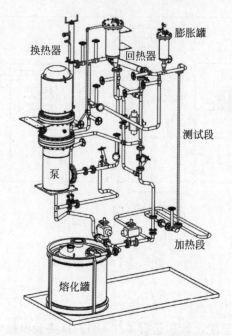

图 3-110　DELTA 装置示意图

图 3-111　METL 装置

统技术的开发,以及材料研究。

使用流体:钠。

运行参数:加热功率 1 MW,钠总量 3028 L,设计运行压强 0.69 MPa,最高温度 649℃,流量 37.85 L/min。

3) 美国阿贡国家实验室的钠-二氧化碳动力学实验(SNAKE)装置(图 3-112)

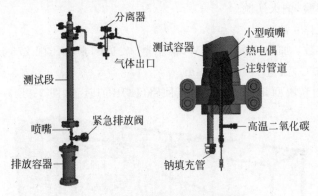

图 3-112　SNAKE 装置示意图

(请扫 Ⅱ 页二维码看彩图)

研究目的：进行液态钠注射二氧化碳的实验研究、钠-二氧化碳反应和产物分析研究。

使用流体：钠。

运行参数：钠总量 8.5 kg，最大压强 3.1 MPa，测试段温度 150～538℃，气体压强 20.0 MPa。

4) 美国威斯康星大学钠回路 1 和回路 2(图 3-113)

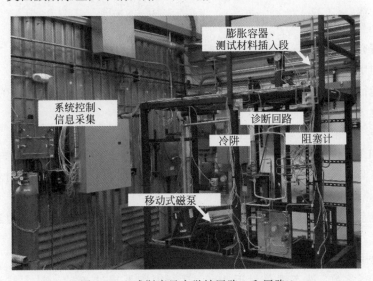

图 3-113　威斯康星大学钠回路 1 和回路 2

研究目的：进行钠冷快堆仪表仪器开发，冷却剂化学、材料研究，钠-二氧化碳换热实验，钠火实验。

使用流体：钠。

运行参数：加热功率 2400 W，钠总量 37.9 L，最大压强 276 kPa，运行温度 100～650℃，流量 132.5 L/min。

5) 美国新墨西哥大学的洛博铅回路(LOBO)装置(图 3-114)

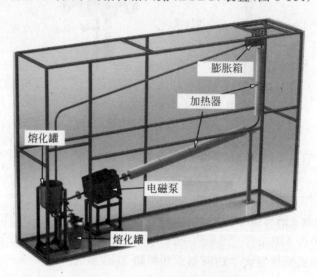

图 3-114　LOBO 装置示意图

研究目的：进行铅流动 CFD 模拟，铅的氧控、材料腐蚀测试。

使用流体：铅。

运行参数：加热功率 48 kW，最大压强 345 kPa，最高运行温度 700℃，最大流速 3 m/s。

6) 美国阿贡国家实验室的液态金属实验设施(ALEX)设施

ALEX 设施包含液态锂靶回路(图 3-115)、液态锂薄膜回路(图 3-116)、钠阻塞实验回路(图 3-117)、钠凝结和熔化回路(图 3-118)及阿贡钠材料测试回路。

液态锂靶回路对无靶窗液态锂散裂靶在束流轰击下的排热能力进行实验研究。

使用流体：LBE。

运行参数：液态锂总量近 10 L，运行温度不超过 250℃，最大射流速度 10 m/s。

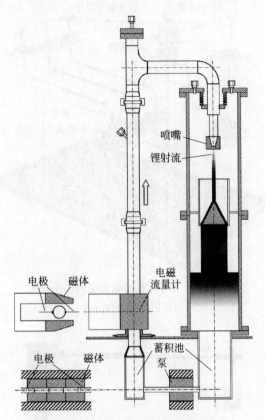

图 3-115　ALEX 液态锂靶回路示意图

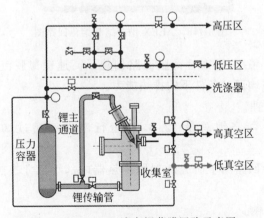

图 3-116　ALEX 液态锂薄膜回路示意图

（请扫 II 页二维码看彩图）

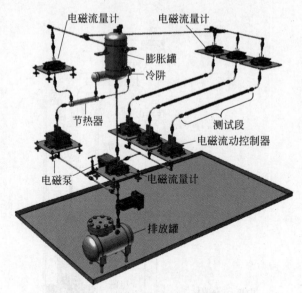

图 3-117　ALEX 钠阻塞实验回路示意图
（请扫Ⅱ页二维码看彩图）

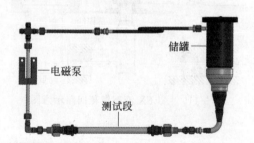

图 3-118　ALEX 钠凝结和熔化回路图

在高真空环境下,液态锂薄膜回路创建了高速锂薄膜流动层,并证明其在重离子电荷玻璃原型条件下的排热能力。

使用流体：锂。

运行参数：液态锂总量 22.3 L,运行温度不超过 300℃,最大压强 13.8 MPa。

钠阻塞实验回路用于研究新型钠换热器内部小尺寸换热通道的流动阻塞现象。

使用流体：钠。

运行参数：钠总量 6.4 kg,运行温度不超过 510℃,流速 2 m/s。

钠凝结和熔化回路用于研究钠-二氧化碳换热器设计中涉及的钠凝结和熔化现象，以及该现象对结构的力学影响。

使用流体：钠。

运行参数：钠总量 1.34 kg，运行温度不超过 363℃。

阿贡钠材料测试回路针对的是合金材料腐蚀和钠化学控制领域的研究。

使用流体：钠。

运行参数：钠总量 26 kg，运行温度不超过 750℃。

参 考 文 献

成松柏,程辉,陈啸麟,等,2020. 铅冷快堆液态铅合金技术基础 [M]. 北京：清华大学出版社：15-50.

程孝远,2018. 基于粒子成像测速技术的刚性与柔性平屋盖流场及风压场研究 [D]. 北京：北京交通大学.

刘倬彤,2015. 流体激光多普勒测速仪的研究 [D]. 长春：长春理工大学.

申功炘,康琦,2020. 流动显示与测量技术及其应用 [M]. 北京：科学出版社.

王浩军,2019. 高超声速流场甲苯平面激光诱导荧光显示方法研究 [D]. 哈尔滨：哈尔滨工业大学.

徐銤,2011. 钠工艺基础 [M]. 北京：原子能出版社.

杨敏官,王军锋,罗惕乾,等,2011. 流体机械内部流动测量技术 [M]. 北京：机械工业出版社.

ADDISON C,1984. The chemistry of liquid alkali metals [M]. Chichester：Wiley.

AGOSTINI P,DEL NEVO A,2011. Report on future needs and for clear infrastructure road map supporting LFR system development [R]. ADRIANA Project Deliverable D3. 2,EURATOM FP7 Grant Agreement No. 249687.

ANDRUSZKIEWICZ A,ECKERT K,ECKERT S,et al. ,2013. Gas bubble detection in liquid metals by means of the ultrasound transit-time-technique [J]. Eur. Phys. J. Special Topics,220：53-62.

BADULESCU C,GRÉDIAC M,MATHIAS J D,et al. ,2009. A procedure for accurate one-dimensional strain measurement using the grid method [J]. Exp. Mech. , 49 (6)：841-854.

BASILE D,FAURÉ J,OHLMER E,1968. Experimental study on the vibrations of various fuel rod models in parallel flow [J]. Nucl. Eng. Des. ,7(6)：517-534.

BENAMATI G, FOLETTI C, FORGIONE N, et al. ,2007. Experimental study on gas-injection enhanced circulation performed with the CIRCE facility [J]. Nucl. Eng. Des. ,237(7)：768-777.

BOUTIER A,PAGAN D,SOULEVANT D,1985. Measurements accuracy with 3D laser velocimetry [R]. NASA STI/Recon Technical Report A 86.

BRITO D,NATAF H C,CARDIN P, et al. , Ultrasonic Doppler velocimetry in liquid gallium [J]. Exp. Fluids,2001,31: 653-663.

BULK F P,ROHDE M, PORTELA L M, 2013. An experimental study on cross-flow mixing in a rod-bundle geometry using a wire-mesh [C]. Pisa,Italy: NURETH-15.

BUSKERMOLEN M,2014. Experimental study of the structure of a passive scalar in turbulent flows using a wire-mesh sensor: pipe flow and rod-bundle axial flow [D]. The Netherlands: Technische Universiteit Delft.

CHEN S S,1985. Flow-induced vibration of circular cylindrical structures [R]. Argonne National Laboratory,ANL-85-51.

CHOI M H,KANG H S,YOON K H,et al. ,2004. Vibration analysis of a dummy fuel rod continuously supported by spacer grids [J]. Nucl. Eng. Des. ,232(2): 185-196.

COCCOLUTO G,GAGGINI P, LABANTI V, et al. , 2011. Heavy liquid metal natural circulation in a one-dimensional loop [J]. Nucl. Eng. Des. ,241(5): 1301-1309.

DAVIDSON P A, 2001. An introduction to magnetohydrodynamics [M]. Cambridge: Cambridge University Press.

DE RIDDER J,DEGROOTTE J,VIERENDEELS J,et al. ,2016. Vortex-induced vibrations by axial flow in a bundle of cylinders [C]. The Netherlands: 11th International Conference on Flow-Induced Vibration: 1-8.

DI PIAZZA I,ANGELUCCI M,MARINARI R,et al. ,2016. Heat transfer on HLM cooled wire-spaced fuel pin bundle simulator in the NACIE-UP Facility[J]. Nucl. Eng. Des. , 300: 256-267.

DOMINGUEZ-ONTIVEROS E E, HASSAN Y A, 2009. Non-intrusive experimental investigation of flow behavior inside a 5×5 rod bundle with spacer grids using PIV and MIR [J]. Nucl. Eng. Des. ,239(5): 888-898.

DOMINGUEZ-ONTIVEROS E E,HASSAN Y A,2014. Experimental study of a simplified 3×3 rod bundle using DPTV [J]. Nucl. Eng. Des. ,279: 50-59.

ECKERT S,GERBETH G,2002. Velocity measurements in liquid sodium by means of ultrasound Doppler velocimetry [J]. Exp. Fluids,32: 542-546.

ECKERT S,GERBETH G, MELNIKOV V I, 2003. Velocity measurements at high temperatures by ultrasound Doppler velocimetry using an acoustic wave guide[J]. Exp. Fluids,35: 381-388.

EIFLER W,NIJSING R,1967. Experimental investigation of velocity distribution and flow resistance in a triangular array of parallel rods [J]. Nucl. Eng. Des. ,5(1): 22-42.

ENGELEN J,ABDERRAHIM H A,BAETEN P, et al. , 2015. MYRRHA: Preliminary front-end engineering design [J]. Int. J. Hydrog. Energy,40(44): 15137-15147.

FABERT M,GALLAIS L,PONTILLON Y, 2014. On-line deformation measurements of nuclear fuel rod cladding using speckle interferometry [J]. Prog. Nucl. Energy, 72: 44-48.

FORBRIGER J,STEFANI F,2015. Transient eddy current flow metering [J]. Meas. Sci.

Technol. ,26(10): 105303.

FORGIONE N,MARTELLI D,BARONE G,et al. ,2019. Post-test simulations for the NACIE-UP benchmark by STH codes [J]. Nucl. Eng. Des. ,353: 110279.

FRANKE S,LIESKE H,FISCHER A,et al. ,2013. Two-dimensional ultrasound Doppler velocimeter for flow mapping of unsteady liquid metal flows [J]. Ultrasonics,53(3): 691-700.

GHOLIVAND K,KHOSRAVI M,HOSSEINI S G,et al. ,2010. A novel surface cleaning method for chemical removal of fouling lead layer from chromium surfaces [J]. Appl. Surf. Sci. ,256(24): 7457-7461.

GRISHCHENKO D,JELTSOV M,KÖÖP K,et al. ,2015. The TALL-3D facility design and commissioning tests for validation of coupled STH and CFD codes [J]. Nucl. Eng. Des. ,290: 144-153.

GROTE K H,FELDHUSEN J,2014. Dubbel: taschenbuch für den maschinenbau [M]. Berlin: Springer Vieweg.

GUÉNADOU D, TKATSHENKO I, AUBERT P, 2015. Plateau facility in support to ASTRID and the SFR program: an overview of the first mock-up of the ASTRID upper plenum,MICAS [C]. Chicago,USA: NURETH-16.

GUNDRUM T,BÜTTNER P,DEKDOUK B,et al. ,2016. Contactless inductive bubble detection in a liquid metal flow [J]. Sensors,16(1): 63.

HASSAN Y A,DOMINGUEZ-ONTIVEROS E E,2008. Flow visualization in a pebble bed reactor experiment using PIV and refractive index matching techniques [J]. Nucl. Eng. Des. ,238 (11): 3080-3085.

HEINZEL A,HERING W, KONYS J, et al. , 2017. Liquid metals as efficient high-temperature heat-transport fluids [J]. Energy Technol. ,5(7): 1026-1036.

HERING W,SCHYNS M,BOERSMA T C,et al. ,2011. Report on infrastructure road map and future needs for innovative systems development focused on instrumentation, diagnostics and experimental devices [R]. ADRIANA Project Deliverable D5. 2, EURATOM FP7 Grant Agreement no. 249687.

HOFFMAN H,MARTEN K,WEINBERG D,et al. ,1995. Summary report of RAMONA investigations into passive decay heat removal [R]. Forschungszentrum Karlsruhe GmbH,FZKA-5592.

HOSOKAWA S,YAMAMOTO T,OKAJIMA J,et al. ,2012. Measurements of turbulent flows in a 2×2 rod bundle [J]. Nucl. Eng. Des. ,249: 2-13.

IAEA,2012. LMFNS Database: Catalogue of Experimental Facilities in Support of Liquid Metal Fast Neutron Systems [EB/OL]. [2021-11-01]. https://nucleus-new. iaea. org/ sites/lmfns/Pages/Home. aspx.

IEDA Y,KAMIDE H,OHSHIMA H,et al. ,1993. Strategy of experimental studies in PNC on natural convection decay heat removal [C]. Oarai,Japan: IAEA-IWGFR specialists' meeting on evaluation of decay heat removal by natural convection.

JÄGER W,2016. BFS experiment: Instrumentation and setup [R]. Karlsruhe Institute of Technology,Karlsruhe,Germany,SESAME Project,Report MS4.

JUŘÍČEK V,VERMEEREN L,KOCHETKOV A,et al. ,2011. Report on future needs and infrastructure road map supporting zero power reactors development [R]. ADRIANA Project Deliverable D7. 2,EURATOM FP7 Grant Agreement No. 249687.

KEPRT J,BARTONĚK L, 1999. Measurement of small deformations by laser speckle interferometry [J]. Acta UP,Fac. Rer. Nat. ,38: 115-125.

KINSLEY JR G R,2001. Properly purge and inert storage vessels [J]. Chem. Eng. Prog. , 97(2): 57-61.

KRAUTER N,STEFANI F, 2017. Immersed transient eddy current flow metering: a calibration-free velocity measurement technique for liquid metals [J]. Meas. Sci. Technol. ,28(10): 105301.

LEE D W,KIM,H,KO, Y J,et al. ,2015. Measurements of flow mixing at subchannels in a wire-wrapped 61-rod bundle for a sodium cooled fast reactor [C]. Jeju, Korea: Transactions of the Korean Nuclear Society Spring Meeting.

LEXMOND A S,MUDDE R F, VAN DER HAGEN T H J J,2005. Visualization of the vortex street and characterization of the cross flow in the gap between two subchannels [C]. Avignon,France: NURETH-11: 2-6.

LYU K,CHEN L,YUE C,et al. ,2016. Preliminary thermal-hydraulic sub-channel analysis of 61 wire-wrapped bundle cooled by lead bismuth eutectic[J]. Ann. Nucl. Energy,92: 243-250.

MA X,PEYTON A J,BINNS R, et al. ,2005. Electromagnetic techniques for imaging the cross-section distribution of molten steel flow in the continuous casting nozzle [J]. IEEE Sensors J. ,5(2): 224-232.

MAHMOOD A,2011. Single-phase crossflow mixing in a vertical tube bundle geometry. an experimental study [D]. The Netherlands: Technische Universiteit Delft.

MAHMOOD A,ROHDE M, VAN DER HAGEN T, 2009. Contribution of large-scale coherent structures towards the cross flow in two interconnected channels [C]. Kanazawa,Japan: NURETH-13.

MARTELLI D, FORGIONE N, DI PIAZZA I, et al. , 2015. HLM fuel pin bundle experiment in CIRCE pool facility [J]. Nucl. Eng. Des. ,292: 76-86.

MCILROY H, ZHANG H, HAMMAN K, 2008. Design of wire-wrapped rod bundle matched index-of-refraction experiments [R]. Idaho National Laboratory, INL/CON-08-13945.

MOLOKOV S, MOREAU R, MOFFAT K, 2007. Magnetohydrodynamics [M]. Netherlands: Springer.

OECD/NEA,2015. Handbook on lead-bismuth eutectic alloy and lead properties,materials compatibility, thermal-hydraulics and technologies [R]. Organization for Economic Cooperation and Development,NEA. No. 7268.

PACIO J,DAUBNER M,FELLMOSER F,et al. ,2016. Experimental study of heavy-liquid metal (LBE) flow and heat transfer along a hexagonal 19-rod bundle with wire spacers [J]. Nucl. Eng. Des. ,301: 111-127.

PADMAKUMAR G, VINOD V, PANDEY G K, et al. , 2013. SADHANA facility for simulation of natural convection in the SGDHR system of PFBR [J]. Prog. Nucl. Energy, 66: 99-107.

PAIDOUSSIS M P,1966. Dynamics of flexible slender cylinders in axial flow part 2. Experiments [J]. J. Fluid Mech. ,26(4): 737-751.

PAIDOUSSIS M P,2014. Fluid-structure interactions [M]. 2ed. London: Academic Press.

PAUW B D,VANLANDUIT S, TICHELEN K V, et al. , 2013. Benchmarking of deformation and vibration measurement techniques for nuclear fuel pins [J]. Measurement,46(9): 3647-3653.

PETTIGREW M J,TAYLOR C E,1994. Two-phase flow-induced vibration: an overview [J]. J. Press. Vessel Technol. Trans. ,116(3): 233-253.

PRASSER H M,BÖTTGER A,ZSCHAU J,1998. A new electrode-mesh tomograph for gas-liquid flows [J]. Flow Meas. Instrum. ,9(2): 111-119.

PRIEDE J,BUCHENAU D,GERBETH G,2011. Contactless electromagnetic phase-shift flowmeter for liquid metals [J]. Meas. Sci. Technol. ,22(5): 055402.

PRUKSATHORN K,DAMRONGLERD S, 2005. Lead recovery from waste frit glass residue of electronic plant by chemical-electrochemical methods [J]. Korean J. Chem. Eng. ,22(6): 873-876.

RATAJCZAK M,WONDRAK T,STEFANI F,2016. A gradiometric version of contactless inductive flow tomography: theory and applications [J]. Philos. Trans. R. Soc. , A, 374,2070.

RATAJCZAK M, HERNANDEZ D, RICHTER T, et al. , 2017. Measurement techniques for liquid metals [J]. IOP Conf. Ser. Mater. Sci. Eng. ,228: 012023.

RICHTER T,ECKERT K,YANG X, et al. , 2015. Measuring the diameter of rising gas bubbles by means of the ultrasound transit time technique [J]. Nucl. Eng. Des. ,291: 64-70.

RICHTER T,KEPLINGER O,STRUMPF E,et al. ,2017. Measurements of the diameter of rising gas bubbles by means of the ultrasound transit time technique [J]. Magnetohydrodynamics,53(2): 383-392.

RIDDER J D,DOARÉ O,DEGROOTE J, et al. , 2015. Simulating the fluid forces and fluid-elastic instabilities of a clamped-clamped cylinder in turbulent axial flow [J]. J. Fluids Struct. ,55: 139-154.

ROELOFS F,2019. Thermal hydraulics aspects of liquid metal cooled nuclear reactors [M]. Cambridge: Woodhead Publishing.

ROELOFS F,SHAMS A, PACIO J, et al. ,2015. European outlook for LMFR thermal hydraulics [C]. Chicago,USA: NURETH-16.

ROWE D S,1973. Measurement of turbulent velocity,intensity and scale in rod bundle flow channels [R]. Battelle Pacific Northwest Laboratory,BNWL-1736,USA.

ROWE D S,JOHNSON B M,KNUDSEN J G, 1974. Implications concerning rod bundle cross flow mixing based on measurements of turbulent flow structure [J]. Int. J. Heat Mass Transf. ,17(3): 407-419.

ROZZIA D,2014. Experimental and computational analyses in support to the design of a SG mock-up prototype for LFR technology applications [D]. Pisa: University of Pisa.

SATO H,KOBAYASHI J,MIYAKOSHI H,et al. ,2009. Study on velocity field in a wire wrapped fuel pin bundle of sodium cooled reactor: detailed velocity distribution in a subchannel [C]. Kanazawa,Japan: NURETH-13.

SAITO S,SASA T,UMENO M,et al. ,2004. Technology for cleaning of Pb-Bi adhering to steel. Basic test [R]. Japan Atomic Energy Research Institute,JAERI-Tech2004-074.

SCHROER C,KONYS J, 2007. Physical chemistry of corrosion and oxygen control in liquid lead and lead-bismuth eutectic [R]. Forschungszentrum Karlsruhe, Report FZKA7364.

SCHROER C, WEDEMEYER O, NOVOTNY J, et al. , 2011. Long-term service of austenitic steel 1. 4571 as a container material for flowing lead-bismuth eutectic [J]. J. Nucl. Mater. ,418(1-3): 8-15.

SEALE W J,1979. Turbulent diffusion of heat between connected flow passages part 1: outline of problem and experimental investigation [J]. Nucl. Eng. Des. ,54 (2): 183-195.

SHAMS A,ROELOFS F,KOMEN E M J,2015. High-fidelity numerical simulation of the flow through an infinite wire-wrapped fuel assembly [C]. Chicago,USA: NURETH-16.

SOBOLEV V,2010. Database of thermo-physical properties of liquid metal coolants for GEN-Ⅳ: sodium,lead,lead-bismuth eutectic (and bismuth) [R]. SCK · CEN,Technical Report SCK · CEN-BLG-1069,Belgium.

SPACCAPANICCIA C, 2016. Experimental of natural internal convective flows [D]. Belgium: Universite' Libre de Bruxelles.

SPACCAPANICCIA C,PLANQUART P, BUCHLIN J M, 2018. Measurements methods for the analysis of nuclear reactors thermal hydraulic in water scaled facilities [J]. EPJ Web Conf. ,ANIMMA 2017,170: 04022.

SPACCAPANICCIA C, PLANQUART P, BUCHLIN J M, et al. , 2015. Experimental results from a water scale model for the thermal-hydraulic analysis of a HLM reactor [C]. Chicago,USA: URETH-16.

STEFANI F,GUNDRUM T,GERBETH G,2004. Contactless inductive flow tomography [J]. Phys. Rev. E,70: 056306.

TAKANO K,HASHIMOTO Y, KUNUGI T, et al. , 2016. Subcooled boiling-induced vibration of a heater rod located between two metallic walls [J]. Nucl. Eng. Des. ,308: 312-321.

TAKEDA Y,1986. Velocity profile measurement by ultrasound Doppler shift method [J].

Int. J. Heat Fluid Flow,7(4):313-318.

TAKEDA Y,1987. Measurement of velocity profile of mercury flow by ultrasound Doppler shift method [J]. Nucl. Technol. ,79(1):120-124.

TAKEDA Y,1991. Development of an ultrasound velocity profile monitor [J]. Nucl. Eng. Des. ,126(2):277-284.

TAPUCU A,MERILO M, 1977. Studies on diversion cross-flow between two parallel channels communicating by a lateral slot. II:axial pressure variations [J]. Nucl. Eng. Des. ,42(2):307-318.

TARANTINO M, AGOSTINI P, BENAMATI G, et al. , 2011. Integral circulation experiment:thermal-hydraulic simulator of a heavy liquid metal reactor [J]. J. Nucl. Mater. ,415(3):433-448.

TAVOULARIS S,2011. Rod bundle vortex networks, gap vortex streets, and gap instability:a nomenclature and some comments on available methodologies [J]. Nucl. Eng. Des. ,241(7):2624-2626.

TENCHINE D,2010. Some thermal hydraulic challenges in sodium cooled fast reactors [J]. Nucl. Eng. Des. ,240(5):1195-1217.

THESS A,VOTYAKOV E V,KOLESNIKOV Y, 2006. Lorentz force velocimetry [J]. Phys. Rev. Lett. ,96:164501.

THORLEY A R D,2004. Fluid Transients in pipelines systems [M]. 2ed. Bury St Edmunds:John Wiley and Sons.

TODREAS N E,1990. Nuclear system II : elements of thermal hydraulic design [M]. New York:Taylor and Francis.

TRUPP A C,1973. The Structure of turbulent flow in triangular array rod bundles [D]. Manitoba:University of Manitoba.

TRUPP A C,AZAD R S,1975. The structure of turbulent flow in triangular array rod bundles [J]. Nucl. Eng. Des. ,32(1):47-84.

USHIJIMA S,TAKEDA H, TANAKA N, 1991. Image processing system for velocity measurements in natural convection flows [J]. Nucl. Eng. Des. ,132(2):265-276.

VÁLA L,LATGÉ C, AGOSTINI P, et al. , 2011. Evaluation of existing research infrastructure for long-term vision of sustainable energy [R]. ADRIANA Project Deliverable D8. 2,EURATOM FP7 Grant Agreement No. 249687.

VAN TICHELEN K,MIRELLI F,GRECO M,et al. ,2015. E-SCAPE:A scale facility for liquid-metal,pool-type reactor thermal hydraulic investigations [J]. Nucl. Eng. Des. , 290:65-77.

VERMEEREN L, RINI M, ROTH C, et al. , 2011. Report on future needs and infrastructure road map supporting irradiation facilities and hot labs development [R]. ADRIANA Project Deliverable D6. 2,EURATOM FP7 Grant Agreement No. 249687.

VONKA V,1988a. Measurement of secondary flow vortices in a rod bundle [J]. Nucl. Eng. Des. ,106(2):191-207.

VONKA V,1988b. Turbulent transports by secondary flow vortices in a rod bundle [J]. Nucl. Eng. Des. ,106(2): 209-220.

WAGNER W,KRETZSCHMAR H J,2013. Properties of water and steam [M]. Germany: Springer: 153-171.

WANG X,WANG R,DU S,et al. ,2016. Flow visualization and mixing quantification in a rod bundle using laser induced fluorescence [J]. Nucl. Eng. Des. ,305: 1-8.

WELANDER P,1967. On the oscillatory behaviour of a differentially heated fluid loop [J]. J. Fluid Mech. ,29(1): 17-30.

WONDRAK T,GALINDO V, GERBETH G, et al. , 2010. Contactless inductive flow tomography for a model of continuous steel casting [J]. Meas. Sci. Technol. , 21 (4): 045402.

WONDRAK T,ECKERT S, GERBETH G, et al. , 2011. Combined electromagnetic tomography for determining two-phase flow characteristics in the submerged entry nozzle and in the mould of a continuous casting model [J]. Metall. Mater. Trans. B, 42: 1201-1210.

WONDRAK T,PAL J, GALINDO V, et al. , 2018. Visualization of the global flow structure in a modified Rayleigh-Bénard setup using contactless inductive flow tomography [J]. Flow Meas. Instrum. ,62: 269-280.

WU L M,KNOESEN A,2001. Absolute absorption measurements of polymer films for optical waveguide applications by photothermal deflection spectroscopy [J]. J. Polym. Sci. ,Part B: Polym. Phys. 39(22): 2717-2726.

YANG M K,FRENCH R H,TOKARSKY E W,2008. Optical properties of Teflon® AF amorphous fluoropolymers [J]. J. Micro/Nanolith. MEMS MOEMS,7(3): 033010.

YLÖNEN A, BISSELS W M, PRASSER H M, 2011. Single-phase cross-mixing measurements in a 4×4 rod bundle [J]. Nucl. Eng. Des. ,241(7): 2484-2493.

第 4 章　液态金属冷却反应堆
热工水力数值模拟

　　一直以来,反应堆热工水力数值模拟在反应堆的开发设计、运行和安全分析方面起着重要作用。目前,借助计算机技术和数值方法,世界上已经开发了多种数值计算工具并成功应用于核能领域,如系统热工水力程序、中子输运程序、子通道分析程序、CFD 程序等。研究者根据数值模拟的不同需求或不同层次而选择使用这些程序:对于反应堆或核电厂整体层面的热工水力模拟来说,一般选择使用系统热工水力程序进行模拟,以从宏观上分析反应堆各个系统的运行状况;子通道热工水力程序则适用于堆芯及燃料组件尺度层面的模拟;CFD 程序则针对精细层面的物理现象进行模拟,这些现象往往无法通过系统程序或子通道程序进行有效模拟,如燃料组件子通道内的精细速度场和温度场、腔室中的温度分层现象等。为了更高效地利用各种数值模拟工具,研究者往往需要耦合多种程序,如系统热工水力程序耦合中子输运程序、系统热工水力程序耦合子通道热工水力程序、系统热工水力程序耦合CFD 程序等,以对反应堆进行不同尺度层面的数值模拟。

　　本章依次介绍应用于液态金属冷却反应堆(LMR)开发、设计和安全分析的系统热工水力程序,子通道热工水力程序,CFD 模拟方法,以及这些数值计算工具的耦合使用。由于分析、确定和量化数值计算工具的不确定性因素在数值计算工具的可信度评估中发挥着重要作用,因此,本章最后将介绍这些数值模拟工具的确认、验证和不确定性量化过程。

4.1　系统热工水力程序

　　在 20 世纪后半叶,世界各地的研究者针对核电厂的设计、运行和安全分析开发了系统热工水力(System Thermal-Hydraulic,STH)程序,并广泛应用于水冷堆(如沸水堆、压水堆)。STH 程序在反应堆尺度层面对反应堆的各个系统进行建模和网格划分,对冷却剂流动的守恒方程作平均简化和离散化处理,并结合堆芯、泵及换热器等模型,对反应堆不同位置的热工水力状态进行求解。如今,一方面,部分研究者已经将液态金属冷却剂的物理属性、传热及压降特性等数据植入这些 STH 程序中,并成功将更新后的程序应用于 LMR 的开发设计、运行和安全分析。另一方面,针对 LMR 的系统热工水力分析,一些研究者还开发了全新的 STH 程序。

4.1.1　模型和方程

在反应堆的建模中,STH 程序使用的模型主要有堆芯模型、泵模型、换热器模型、腔室模型及管道模型。堆芯模型通常使用点堆动力模型,并涵盖反应性反馈模型,计算堆芯的反应性和功率变化。一些 STH 程序的堆芯热工水力计算会一定程度地与堆芯中子动力学耦合。泵的运行则通过程序使用者定义与泵的扬程、转矩、体积流量及转速相关的四象限类比曲线来实现。蒸汽发生器和中间换热器则由换热器模型定义,模型中使用液态金属冷却剂的换热经验公式。腔室模型一般为零维模型,STH 程序通常只计算模型中参数的整体均值,而一些 STH 程序则使用三维的腔室模型来模拟 LMR 中的大体积熔池(Sui et al. ,2013)。在反应堆系统中,连接腔室、换热器、泵和堆芯的管道或通道则由管道模型定义。

反应堆冷却剂流动守恒方程的求解是 STH 程序中非常重要的部分。早期开发的 STH 程序主要采用欧拉两相流六方程模型,即两相质量守恒方程、动量守恒方程和能量守恒方程。

两相质量守恒方程:

$$\frac{\partial \alpha_1 \rho_1}{\partial t} + \nabla \cdot (\alpha_1 \rho_1 \boldsymbol{u}_1) = -\Gamma_i \tag{4-1}$$

$$\frac{\partial \alpha_g \rho_g}{\partial t} + \nabla \cdot (\alpha_g \rho_g \boldsymbol{u}_g) = \Gamma_i \tag{4-2}$$

两相动量守恒方程:

$$\frac{\partial \alpha_1 \rho_1 \boldsymbol{u}_1}{\partial t} + \nabla \cdot (\alpha_1 \rho_1 \boldsymbol{u}_1 \boldsymbol{u}_1) = -\nabla \cdot [\alpha_1 (p_1 \overline{\overline{I}} - \overline{\overline{\tau_1}})] + \alpha_1 \rho_1 \boldsymbol{g}_1 - \boldsymbol{M}_i \tag{4-3}$$

$$\frac{\partial \alpha_g \rho_g \boldsymbol{u}_g}{\partial t} + \nabla \cdot (\alpha_g \rho_g \boldsymbol{u}_g \boldsymbol{u}_g) = -\nabla \cdot [\alpha_g (p_g \overline{\overline{I}} - \overline{\overline{\tau_g}})] + \alpha_g \rho_g \boldsymbol{g}_g + \boldsymbol{M}_i \tag{4-4}$$

两相能量守恒方程:

$$\frac{\partial \alpha_1 \rho_1}{\partial t} \left(e_1 + \frac{u_1^2}{2}\right) + \nabla \cdot \left[\alpha_1 \rho_1 \left(e_1 + \frac{u_1^2}{2}\right) \boldsymbol{u}_1\right]$$

$$= \nabla \cdot [\alpha_1 (-p_1 \overline{\overline{I}} + \overline{\overline{\tau_1}}) \cdot \boldsymbol{u}_1] - \nabla \cdot (\alpha_1 \boldsymbol{q}_1) + \alpha_1 \rho_1 \boldsymbol{g}_1 \cdot \boldsymbol{u}_1 + Q_1 - E_i \tag{4-5}$$

$$\frac{\partial \alpha_g \rho_g}{\partial t}\left(e_g + \frac{u_g^2}{2}\right) + \nabla \cdot \left[\alpha_g \rho_g \left(e_g + \frac{u_g^2}{2}\right)\boldsymbol{u}_g\right]$$

$$= \nabla \cdot \left[\alpha_g(-p_g\overline{\overline{I}} + \overline{\overline{\tau_g}}) \cdot \boldsymbol{u}_g\right] - \nabla \cdot (\alpha_g \boldsymbol{q}_g) + \alpha_g \rho_g \boldsymbol{g}_g \cdot \boldsymbol{u}_g + Q_g + E_i$$

$$(4\text{-}6)$$

上述各式中,下标 g 和 l 分别表示气相和液相,α 为体积占比,ρ 为密度,u 为流体速度,p 为介质压力,I 为单位张量,τ 为切应力张量,g 为重力加速度,e 为内能,q 为热流密度,Q 为体积热源,t 为时间,Γ_i、M_i 和 E_i 则分别表示两相界面的质量、动量和能量交换量。

如果气相中存在不可冷凝气体,则必须添加不可冷凝气体的质量守恒方程:

$$\frac{\partial \alpha_g \rho_n}{\partial t} + \nabla \cdot (\alpha_g \rho_n \boldsymbol{u}_g) = 0 \qquad (4\text{-}7)$$

式中,下标 n 表示不可冷凝气体。不可冷凝气体被假设为与气相以相同的速度和温度运动的气体。对于能量和动量守恒方程来说,不可冷凝气体与气相一起被视作道尔顿混合气体。

STH 程序通常在管道结构模型中对守恒方程进行空间平均和简化,以得到沿流动方向的单维度方程,并通过时间平均处理来滤除湍流的影响。在动量守恒方程中含有张量的一项在 STH 程序中往往表现为具体的摩擦项。为使这些守恒方程组封闭,STH 程序还需要两相界面质量、动量和能量的连续性条件,热力学状态方程,以及用于确定流动摩擦系数、对流换热系数等具体项的本构关系。由于 LMR 中的液态金属冷却剂在通常情况下为单相流动状态,因此,一些针对 LMR 开发的 STH 程序,选择采用相对简单的单相流或均相流守恒方程。

首先,STH 程序根据划分的反应堆系统网格节点模型,将守恒方程组离散为代数方程组,然后,结合初始条件和边界条件进行迭代求解。在进行瞬态模拟之前,STH 程序需要先进行初始稳态的迭代计算,以确保瞬态计算在开始之前达到一个收敛且合理的稳态结果。

4.1.2　应用实例

目前,在世界范围内,已经有多种 STH 程序被应用于 LMR 的热工水力设计和分析。表 4-1 总结了不同时期新开发的,以及版本更新后用于 LMR 热工水力分析的 STH 程序。在这些程序中,一部分已经具有二维或三维层面的计算能力,部分程序如 SIMMER 还具备进行 LMR 堆芯解体事故分析的功能。

表 4-1　应用于 LMR 的 STH 程序

程　序	版本/年份	机构/国家	参考资料
ATHLET	2009	GRS/德国	(GRS,2009)
SIM-	ADS,SFR,LFR/2001	KIT/德国	(Schikorr,2001)
SAS-SFR	1994	KIT/德国	(Imke et al.,1994)
SPECTRA	2000	NRG/荷兰	(Stempniewicz,2001)
CATHARE-	2V2.5-2/2009；3V2.0/2016	CEA,EDF,IRSN,AREVA/法国	(Emonot et al.,2011;Tenchine et al.,2012)
FAST	2005	PSI/瑞士	(Mikityuk et al.,2005)
FRENETIC	2013	Politecnico di Torino/意大利	(Bonifetto et al.,2013)
ASTEC-Na	2013	欧盟	(Girault et al.,2013)
SSC-	L/1978；P/1980；K/2000	BNL/美国、KAERI/韩国	(Madni et al.,1980;Lee et al.,2002)
SAS4A/SASSYS-1	2012	ANL/美国	(Fanning et al.,2012)
RELAP5	1995	INL/美国	(INL,1995)
SAM	2017	ANL/美国	(Hu,2017)
TRACE	2012	NRC/美国	(NRC,2012)
GRIF	1994	俄罗斯	(Chvetsov et al.,1994)
SOCRAT-	BN/2012	俄罗斯	(Bolshov et al.,2006)
HYDRA-IBRAE/LM	2016	俄罗斯	(Alipchenkov et al.,2016)
MARS-	LMR/2008	KAERI/韩国	(Ha et al.,2008)
SIMMER-	Ⅲ,Ⅳ/2000	日本	(Kondo et al.,2000;Yamano et al.,2008)
NETFLOW	1998；NETFLOW++/2010	JAEA/日本	(Mochizuki et al.,1998;Mochizuki,2010)
Super-COPD	2004	JAEA/日本	(Yamada et al.,2004)
CERES	2005	CRIEPI/日本	(Nishi et al.,2006)
DYANA-P	2012	IGCAR/印度	(Natesan et al.,2012)
DYNAM	2010	IGCAR/印度	(Vaidyanathan et al.,2010)
SAC-	CFR/2012；LFR/2015	华北电力大学/中国	(陆道纲等,2012;Guo et al.,2015)
THACS	2015	西安交通大学/中国	(Ma et al.,2015)

程　　序	版本/年份	机构/国家	参考资料
IMPC-transient	2019	中国科学院大学/中国	(Chen et al.，2019)
FR-Sdaso	2020	中国原子能科学研究院/中国	(王晓坤等，2020)
FASYS	2020	中国原子能科学研究院/中国	(王晋等，2020)
LETHAC	2020	西安交通大学/中国	(Wei et al.，2021)

本节以 TALL 铅铋回路装置为例，应用 CATHARE 程序和 RELAP5 程序对系统瞬态实验进行模拟和验证分析(Bandini et al.，2015a)。TALL 铅铋回路装置在 RELAP5 程序和 CATHARE 程序中的网格节点模型如图 4-1 所示。进行评估和验证的瞬态实验有启动运行瞬态、失流瞬态、失热阱瞬态和瞬态超功率等实验。表 4-2 列出了这些瞬态过程及其条件。

表 4-2　TALL 设施瞬态实验描述

瞬　　态	初始条件	瞬态过程
启动运行	LBE 静止，温度为 200℃	第 140.s 同时启动加热装置、一回路泵和二回路泵
失流	一回路 LBE 流速为 1 m/s，换热器一次侧入口温度和出口温度分别为 350℃和 270℃，加热器功率为 12.4 kW	第 550 s 时，切断一回路泵电源
失热阱	一回路中的 LBE 流速为 1 m/s，换热器一次侧入口温度和出口温度分别为 300℃和 250℃，加热器功率为 8.5 kW	第 650 s 时，切断二回路泵电源，触发瞬态，待换热器一次侧入口温度上升至 460℃ 时，重新启动二回路泵
瞬态超功率	一回路 LBE 流速为 1 m/s，换热器一次侧入口温度为 300℃	第 210 s 时，加热器功率由 8.55 kW 增至 17 kW

图 4-2、图 4-3 和图 4-4 将 RELAP5 程序对 TALL 设施的启动瞬态、失热阱瞬态和失流瞬态的模拟结果与实验数据进行了比较；而图 4-5～图 4-8 则给出了 CATHARE 程序对失热阱瞬态和瞬态超功率的模拟结果。

在启动运行瞬态实验中，TALL 设施的加热段入口和出口温度先出现较大温差，随后两者均不断上升，且温差维持在相对稳定的水平。在失热阱瞬

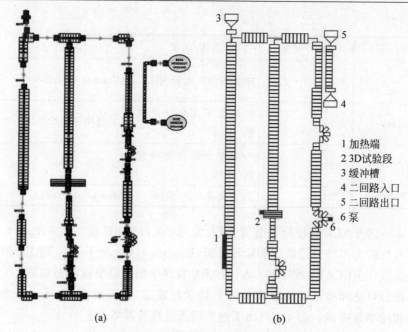

图 4-1 CATHARE 程序(a)和 RELAP5 程序(b)中的 TALL 设施模型

(请扫 Ⅱ 页二维码看彩图)

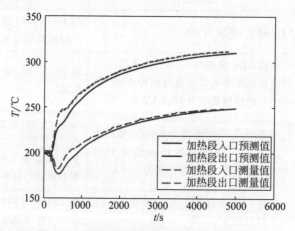

图 4-2 RELAP5 程序的启动瞬态计算结果

(请扫 Ⅱ 页二维码看彩图)

态中,随着二回路换热功能的失效,加热器的热量耗散至一回路中,并使得一回路温度上升,在二回路泵恢复运转之后,一回路温度达到峰值并迅速降低至瞬态初始水平。在失流瞬态中,回路中 LBE 的流速降为 0,加热段入口温

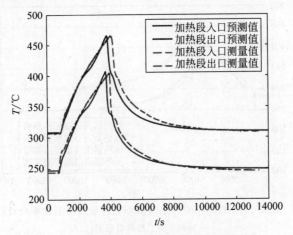

图 4-3　RELAP5 程序的失热阱瞬态计算结果

（请扫 Ⅱ 页二维码看彩图）

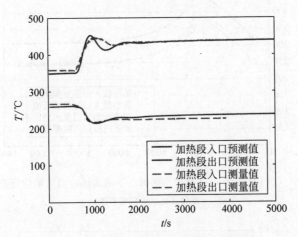

图 4-4　RELAP5 程序的失流瞬态计算结果

（请扫 Ⅱ 页二维码看彩图）

度降低,出口温度上升,随后 LBE 流速上升,稳定在约 0.5 m/s,加热段的入口和出口温度保持稳定,此时可认为一回路自然循环已经建立。在超功率瞬态中,由于加热器功率的突增,而一回路和二回路 LBE 的流动条件维持不变,因此回路温度不断上升,直至设施整体达到新的热力平衡。由于 RELAP5 程序和 CATHARE 程序预测的稳态回路温度和瞬态响应与实验测量数据吻合,因此,这两个 STH 程序的模拟能力在 TALL 设施瞬态实验中得到了很好的验证。

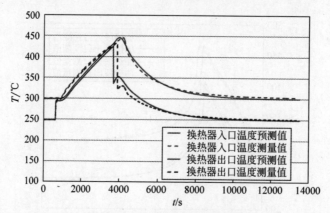

图 4-5　CATHARE 程序对失热阱瞬态下的换热器温度响应计算结果

（请扫 II 页二维码看彩图）

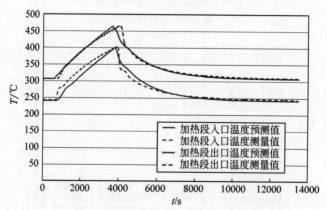

图 4-6　CATHARE 程序对失热阱瞬态下的加热段温度响应计算结果

（请扫 II 页二维码看彩图）

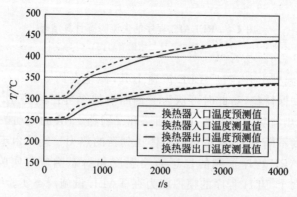

图 4-7　CATHARE 程序对瞬态超功率下的换热器温度响应计算结果

（请扫 II 页二维码看彩图）

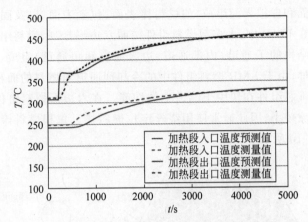

图 4-8　CATHARE 程序对瞬态超功率下的加热段温度响应计算结果
（请扫 II 页二维码看彩图）

4.2　子通道热工水力程序

　　反应堆堆芯热工水力分析的主要任务有：分析冷却剂的流动和传热行为，燃料棒的传热，以及在正常运行和事故条件下，冷却剂与燃料棒的相互作用；分析和优化在正常运行条件下，燃料组件和堆芯的设计，并确定运行参数和安全裕度；评估反应堆堆芯对设定事故的瞬态响应，评估安全特性、优化安全系统。堆芯热工水力分析在任何情况下都需要定量确认燃料最高温度和包壳最高温度这两个重要参数，以此来评估堆芯的热量排出状况。

　　子通道热工水力（Sub-Channel Thermal-Hydraulic，SCTH）方法主要面向反应堆堆芯和燃料组件，已被广泛应用于堆芯和燃料组件的热工水力设计。目前，世界各地的研究者们已经开发了多种 SCTH 程序（如 COBRA、VIPRE 等），并成功应用于反应堆燃料组件的热工水力设计和分析。在这些程序中，研究者结合液态金属的物性数据及 LMR 的设计特点，对原本应用于水堆燃料组件的 SCTH 程序进行了升级换代，使之适用于 LMR 的 SCTH 分析。

4.2.1　模型和方程

1. 子通道和控制体

　　SCTH 分析的主要方法是将每个燃料组件划分为多个子通道，然后计算每个子通道热工水力参数的平均值。常规的子通道按照其边界进行划分，通常由固体表面和虚拟界面组成,如燃料棒表面、包盒表面,以及固体间隙处的虚拟界面。在 LMR 中,大多数燃料组件按照六边形排列,燃料组件通道由三种不同几何结构的子通道(内部通道、边缘通道和角通道)组成,如图 4-9 所示。相比水堆,由于 LMR 燃料组件中的冷却剂通道与燃料的面积比更小,因此更能优化堆芯组件在快中子能谱中的性能。在六边形燃料组件中,由于燃料棒束的间隙较小,因此通常使用绕丝定位燃料棒。每根燃料棒都附着螺旋绕丝,如图 4-10 所示。

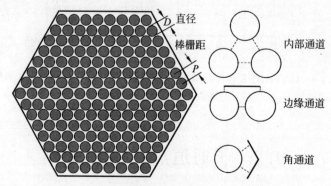

图 4-9　六边形燃料组件及其子通道划分

(请扫Ⅱ页二维码看彩图)

图 4-10　使用绕丝定位燃料棒束的燃料组件

2. 守恒方程

在 SCTH 方法中,子通道沿着冷却剂流动方向被划分为多个控制体,如图 4-11 所示。每个控制体内的流动都遵循质量守恒、动量守恒和能量方程。SCTH 程序只求解流动方向上的守恒方程,而子通道间的质量、动量传递则被处理为守恒方程在 z 方向上的附加源项。

以中国原子能科学研究院开发的钠冷快堆 SCTH 程序为例(张松梅和张

东辉,2018),控制体中的质量守恒方程为

$$A\frac{\partial \rho}{\partial t}+\frac{\partial \dot{m}}{\partial z}+\sum_{k}w_{k}=0 \qquad (4\text{-}8)$$

式中,A 是控制体的轴向流通面积,ρ 是冷却剂的密度,t 为时间,$\dot{m}$ 为轴向质量流量,w 表示相邻控制体间单位长度的横向质量流量,下标 k 表示控制体编号。由于在 LMR 中冷却剂的沸点较高,因此大多数情况下只考虑单相流动。

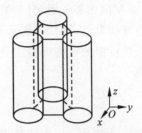

图 4-11　子通道控制体(虚线)
(请扫 II 页二维码看彩图)

控制体的能量守恒方程为

$$A\frac{\partial(\rho h)}{\partial t}+\frac{\partial(\dot{m}h)}{\partial z}+\sum_{k}(wh)_{k}=\sum_{n}qP_{w}\phi_{n}+\sum_{n}q_{1}r_{Q}\phi_{n}-$$
$$\sum_{k}(w'\Delta h)_{k}-\sum_{k}C_{k}s_{k}\Delta T \qquad (4\text{-}9)$$

式中,h 为流动比焓,q 为热流密度,P_{w} 为湿周,下标 n 表示燃料棒编号,ϕ_{n} 为燃料棒与通道的接触份额,q_{1} 为线功率,r_{Q} 为冷却剂直接产热份额,w' 为单位长度的湍流交混流量,Δh 为相邻通道间的湍流交混比焓差,C_{k} 为横向换热系数,s_{k} 为间隙宽度,ΔT 为相邻通道的温度差。方程等号右边前两项为燃料棒的贡献项,第三项为湍流交混产生的能量交换,最后一项为子通道间的能量交换。

控制体的轴向动量守恒方程为

$$\frac{\partial \dot{m}}{\partial t}+\frac{\partial(\dot{m}U)}{\partial z}+\sum_{k}(wU)_{k}=-\frac{\mathrm{d}p}{\mathrm{d}z}A-\rho Ag\cos\theta-$$
$$\left(\frac{f}{D}+\frac{K}{\Delta z}\right)\frac{\rho AU^{2}}{2}-f_{T}\sum_{k}(w'\Delta U)_{k}$$
$$(4\text{-}10)$$

式中,U 为流速,p 为压力,g 为重力加速度,θ 为冷却剂通道与垂直方向的夹角(一般为 0 度),f 为摩擦系数,D 为圆管直径,K 为形阻系数,Δz 为控制体高度,f_{T} 为表征湍流动量交换能力的系数,ΔU 为横向相邻子通道的速度差。方程等号右边的三项依次为压强力、体积力和水力阻力,最后一项表示由湍流交混引起的动量传递。

控制体的横向动量守恒方程为

$$\frac{\partial w}{\partial t}+\frac{\partial(wU)}{\partial z}=-\frac{1}{2}K_{G}\frac{w|w|v}{s_{k}l_{k}}+\frac{s_{k}}{l_{k}}\Delta p \qquad (4\text{-}11)$$

式中,K_{G} 为通过间隙时的横向形阻系数,v 是比体积,l_{k} 是间隙的等效长度,

Δp 是横向相邻子通道间的压力差。方程等号右边的第一项表示相邻子通道间的流动阻力,第二项表示子通道间的压力。

燃料棒的导热模型主要为燃料-气隙-包壳的导热方程,一般只考虑径向导热

$$\rho c_p \frac{\partial T}{\partial t} = \frac{1}{r} \frac{\partial}{\partial r}\left(kr \frac{\partial T}{\partial r}\right) + q_v \tag{4-12}$$

式中,ρ 为密度,c_p 为比热容,r 为半径,k 为材料导热系数,T 为温度,q_v 为单位体积热功率。

SCTH 程序依据子通道控制体的划分对这些守恒方程进行离散化处理。为使守恒方程组封闭,除燃料棒、包壳和冷却剂的物性数据外,还需要关于流动摩擦压降、棒束对流传热及横向传递湍流混合的本构模型。

3. 压降模型

对于带绕丝的燃料棒束流动摩擦压降来说,研究者们通过实验研究和理论解析提出了一些经验模型和半经验模型,并用来计算摩擦系数 f。

1) 诺文斯腾模型

诺文斯腾(Novendstern,1972)提出的半经验模型适用于带绕丝棒束的六边形燃料组件,该模型使用布拉修斯公式计算裸棒束的摩擦系数 $f_{裸棒}$,并引入一个倍率系数 M 来考虑绕丝的阻力影响

$$f_{裸棒} = \frac{0.3164}{Re^{0.25}} \tag{4-13}$$

$$M = \left[\frac{1.034}{(P/D)^{0.124}} + \frac{29.7(P/D)^{6.94} Re^{0.086}}{(H/D)^{2.239}}\right]^{0.885} \tag{4-14}$$

$$\Delta p = M f_{裸棒} \frac{L}{D_h} \frac{\rho v^2}{2} \tag{4-15}$$

式中,P/D 为棒栅距与燃料棒直径之比,H/D 为绕丝捻距与燃料棒直径之比,Re 为雷诺数,Δp 为总摩擦压降,L 为流动通道长度,D_h 为子通道的水力直径,ρ 为冷却剂密度,v 为子通道截面平均流速。该模型的适用条件为:$2600 \leqslant Re \leqslant 200000$,$1.06 \leqslant P/D \leqslant 1.42$,$8.0 \leqslant H/D \leqslant 96.0$。

2) 雷姆模型

雷姆(Rehme,1973)基于实验数据,认为子通道的实际流速受绕丝的转向效应影响,提出了一个无量纲数 F 表征实际流速 v_{eff} 与平均流速 v 的关系:

$$F = \left(\frac{v_{eff}}{v}\right)^2 = \left(\frac{P}{D}\right)^{0.5} + \left[7.6 \frac{D + D_w}{H}\left(\frac{P}{D}\right)^2\right]^{2.16} \tag{4-16}$$

式中，D_w 为绕丝直径。利用修正的雷诺数 Re'，修正的摩擦系数 f' 的表达式为

$$f' = \frac{f}{F}\frac{P_{\mathrm{wt}}}{P_{\mathrm{wb}}} = \frac{64}{Re'} + \frac{0.0816}{Re'^{\,0.133}} \qquad (4\text{-}17)$$

$$Re' = Re\sqrt{F} \qquad (4\text{-}18)$$

式中，P_{wt} 为燃料组件的整体湿周，P_{wb} 为棒束的湿周。由此得到 Rehm 模型的摩擦系数：

$$f = \left(\frac{64}{Re}\sqrt{F} + \frac{0.0816}{Re^{0.133}}F^{0.9335}\right)\frac{P_{\mathrm{wb}}}{P_{\mathrm{wt}}} \qquad (4\text{-}19)$$

3）程-托德里亚斯模型

基于大量的实验数据，并考虑子通道的几何形状及不同流型等因素，程等（Cheng et al.，1986）提出了关于压降摩擦系数的经验公式。程-托德里亚斯（Cheng-Todreas）模型首先将流型划分为层流区（$Re_{\mathrm{b}} \leqslant Re_{\mathrm{bL}}$）、过渡区（$Re_{\mathrm{bL}} < Re_{\mathrm{b}} < Re_{\mathrm{bT}}$）和湍流区（$Re_{\mathrm{b}} \geqslant Re_{\mathrm{bT}}$），其中

$$\lg\left(\frac{Re_{\mathrm{bL}}}{300}\right) = 1.7\left(\frac{P}{D} - 1.0\right) \qquad (4\text{-}20)$$

$$\lg\left(\frac{Re_{\mathrm{bT}}}{10000}\right) = 0.7\left(\frac{P}{D} - 1.0\right) \qquad (4\text{-}21)$$

湍流和层流的摩擦系数 f 由以下公式计算。

对于内通道来说：

$$f_1 = \frac{C_{f1}}{Re_1^m} = \frac{1}{Re_1^m}\left[C'_{f1}\left(\frac{P'_{\mathrm{w1}}}{P_{\mathrm{w1}}}\right) + W_{\mathrm{d}}\left(\frac{3A_{\mathrm{r1}}}{A'_1}\right)\left(\frac{D_{\mathrm{h}}}{H}\right)\left(\frac{D_{\mathrm{h}}}{D_{\mathrm{w}}}\right)^m\right] \qquad (4\text{-}22)$$

对于边缘通道来说：

$$f_2 = \frac{C_{f2}}{Re_2^m} = \frac{C'_{f2}}{Re_2^m}\left[1 + W_{\mathrm{s}}\left(\frac{A_{\mathrm{r2}}}{A'_2}\right)\tan^2\theta\right]^{\frac{3-m}{2}} \qquad (4\text{-}23)$$

对于角通道来说：

$$f_3 = \frac{C_{f3}}{Re_3^m} = \frac{C'_{f3}}{Re_3^m}\left[1 + W_{\mathrm{s}}\left(\frac{A_{\mathrm{r3}}}{A'_3}\right)\tan^2\theta\right]^{\frac{3-m}{2}} \qquad (4\text{-}24)$$

式中，m 为常数，在层流条件下为 1.0，在湍流条件下为 0.18。P'_{w1} 和 P_{w1} 分别为裸棒束湿周和带绕丝棒束湿周，A_{r} 和 A' 分别表示绕丝在子通道的投影面积和裸棒束的子通道面积。C_f 为修正后的摩擦因子，C'_f 为裸棒摩擦因子，W_{d} 为绕丝拖拽常数，W_{s} 为绕丝扫动常数，θ 为绕丝与轴向的夹角。

对于过渡区的摩擦系数 f_{tr} 来说，该模型对层流区摩擦系数 f_{L} 和湍流区

摩擦系数 f_T 进行插值处理：

$$f_{itr} = (1-\psi_i)^{1/3} f_{iL} + \psi_i^{1/3} f_{iT} \tag{4-25}$$

$$\psi_i = \frac{\lg Re_i - \lg Re_{iL}}{\lg Re_{iT} - \lg Re_{iL}} \tag{4-26}$$

$$Re_{iL} = Re_{bL} X_{iL} \frac{D_{hi}}{D_{hb}} \tag{4-27}$$

$$Re_{iT} = Re_{bT} X_{iT} \frac{D_{hi}}{D_{hb}} \tag{4-28}$$

式中，ψ 为 Re 数函数，下标 L、tr 和 T 分别表示层流、过渡区和湍流区，而下标 $i=1$，$i=2$，$i=3$ 和 b 分别表示内通道、边缘通道、角通道和平均通道，流动分离参数 X_i 为通道 i 的流速 v_i 与平均通道的流速 v_b 之比：

$$X_i = \frac{v_i}{v_b} \tag{4-29}$$

在程-托德里亚斯模型的基础上，陈等(Chen et al.，2013)优化了过渡区摩擦系数的公式：

$$f_{btr} = (1-\psi_b)^{1/3}(1-\psi_b^{13}) f_{bL} + \psi_b^{1/3} f_{bT} \tag{4-30}$$

4) 丘-罗森诺-托德里亚斯(Chiu-Rohsenow-Todreas，CRT)模型

基于诺文斯腾模型，邱等(Chiu et al.，1978)将总体流动阻力分为由绕丝引起的形状阻力 Δp_r 及由轴向和横向流动引起的表面摩擦阻力 Δp_s：

$$\Delta p = \Delta p_s + \Delta p_r \tag{4-31}$$

$$\Delta p_r = K_D f_s \frac{\rho v_p^2}{2} \frac{L}{H} \tag{4-32}$$

在形阻压降公式中，K_D 为形阻系数，f_s 为裸棒条件下的表面摩擦系数，v_p 为垂直于绕丝的流速分量。表面摩擦引起的压降分为中心通道压降 Δp_1 和边缘通道压降 Δp_2 两部分(角通道的影响视为与边缘通道的影响相同)：

$$\Delta p_1 = f_{s1} \frac{L}{D_{h1}} \frac{\rho v_1^2}{2} \left[1 + C_1 \frac{A_{r1}}{A_1'} \frac{D_{h1}}{H} \frac{P^2}{(\pi P)^2 + H^2} \right] \tag{4-33}$$

$$\Delta p_2 = f_{s2} \frac{L}{D_{h2}} \frac{\rho v_2^2}{2} \left[1 + \left(C_2 n \frac{v_T}{v_2} \right)^2 \right]^{1.375} \tag{4-34}$$

式中，v_1 和 v_2 分别为中心通道和边缘通道的轴向流速，v_T 为横向流速，C_1 和 C_2 是通过实验确定的经验常数($C_1 = 1900$，$C_2 = 1.9$)。系数 n 和 v_T/v_2 的表达式分别为

$$n = \frac{s}{s + \dfrac{D}{2} - \dfrac{\pi D^2}{8P}} \tag{4-35}$$

$$\frac{v_\mathrm{T}}{v_2} = 10.5 \left(\frac{s}{P}\right)^{0.35} \frac{P}{\sqrt{(\pi P)^2 + H^2}} \sqrt{\frac{A_{\mathrm{r}2}}{A_2'}} \tag{4-36}$$

式中, s 为子通道间隙。

5) 恩格尔模型

恩格尔等(Engel et al.,1979)对含 61 棒的燃料组件模型进行了实验,并提出了适用于 $50 \leqslant Re \leqslant 40000$、$1.079 \leqslant P/D \leqslant 1.082$、$7.700 \leqslant H/D \leqslant 7.782$ 条件下的摩擦系数模型。

层流壁面摩擦系数表达式为

$$f = \frac{320}{Re\sqrt{H}}\left(\frac{P}{D}\right)^{1.5} \tag{4-37}$$

湍流壁面摩擦系数表达式为

$$f = \frac{0.55}{Re^{0.25}} \tag{4-38}$$

对于过渡区 $400 \leqslant Re \leqslant 5000$ 来说,摩擦系数借助间断因子 ψ 求得

$$\psi = \frac{Re - 400}{4600} \tag{4-39}$$

$$f = \frac{100}{Re}\sqrt{1 - \psi} + \frac{0.55}{Re^{0.25}}\sqrt{\psi} \tag{4-40}$$

4. 棒束对流传热模型

低普朗特数液态金属的棒束对流传热是 LMR 堆芯 SCTH 分析中非常重要的一部分,现有文献中记录了大量的经验公式,多数的 SCTH 程序可以选取以下经验模型进行计算(其中 $y = P/D$)。

鲍里尚斯基经验公式(Borishanskii et al.,1969):

$$Nu_1 = 24.15\lg(-8.12 + 12.76y - 3.65y^2)$$

$$60 \leqslant Pe \leqslant 200, \quad 1.1 \leqslant y \leqslant 1.5 \tag{4-41}$$

$$Nu_2 = Nu_1 + 0.0174(1 - \mathrm{e}^{-6(y-1)})(Pe - 200)^{0.9}$$

$$200 \leqslant Pe \leqslant 2200, \quad 1.1 \leqslant y \leqslant 1.5 \tag{4-42}$$

格雷伯-里格经验公式(Gräber and Rieger,1972):

$$Nu = 0.25 + 6.2y + (0.032y - 0.007)Pe^{0.8-0.024y}$$

$$110 \leqslant Pe \leqslant 4300, \quad 1.25 \leqslant y \leqslant 1.95 \tag{4-43}$$

朱可夫经验公式(Zhukov et al.,2002)：

$$Nu = 7.55y - 14y^{-5} + 0.007Pe^{0.64+0.246y}$$

$$10 \leqslant Pe \leqslant 2500, \quad 1.2 \leqslant y \leqslant 1.5 \tag{4-44}$$

乌沙科夫经验公式(Ushakov et al.,1978)：

$$Nu = 7.55y - 20y^{-13} + 0.041y^{-2}Pe^{0.56+0.19y}$$

$$1 \leqslant Pe \leqslant 4000, \quad 1.2 \leqslant y \leqslant 2.0 \tag{4-45}$$

米基也克经验公式(Mikityuk,2009)：

$$Nu = 0.047[1 - e^{-3.8(y-1)}](Pe^{0.77} + 250)$$

$$30 \leqslant Pe \leqslant 5000, \quad 1.10 \leqslant y \leqslant 1.95 \tag{4-46}$$

马雷斯卡和德怀尔经验公式(Mareska et al.,1964)：

$$Nu = 6.66 + 3.126y + 1.184y^2 + 0.0155Pe^{0.86}$$

$$70 \leqslant Pe \leqslant 10000, \quad 1.3 \leqslant y \leqslant 3.0 \tag{4-47}$$

德怀尔经验公式(Dwyer et al.,1960)：

$$Nu = 0.93 + 10.81y - 2.01y^2 + 0.0252y^{0.273}Pe^{0.8}$$

$$70 \leqslant Pe \leqslant 10000, \quad 1.375 \leqslant y \leqslant 2.200 \tag{4-48}$$

弗里德兰经验公式(Friedland et al.,1961)：

$$Nu = 7.0 + 3.8y^{1.52} + 0.027y^{0.27}Pe^{0.8}$$

$$0 \leqslant Pe \leqslant 100000, \quad 1.3 \leqslant y \leqslant 10 \tag{4-49}$$

卡兹米和卡雷利经验公式(Kazimi et al.,1976)：

$$Nu = 4.0 + 0.33y^{3.8}\left(\frac{Pe}{100}\right)^{0.86} + 0.16y^{5.0}$$

$$10 \leqslant Pe \leqslant 5000, \quad 1.1 \leqslant y \leqslant 1.4 \tag{4-50}$$

以上经验公式中，Nu 为努塞尔数，Pe 为佩克莱数，y 为棒栅距与棒直径的比值。

5. 湍流混合模型

冷却剂在子通道内单相流动时，与相邻子通道存在质量、动量和能量交换，这些交换一部分由子通道间的压强梯度导致，另一部分则由湍流效应导致。

子通道间的湍流混合流量 w'_{ij} 可由下式表示：

$$w'_{ij} = \beta s_{ij}\bar{G}_{ij} \tag{4-51}$$

式中，β 是湍流混合系数，s_{ij} 是子通道间隙，$\bar{G}_{ij}$ 表示相邻子通道的平均轴向质量通量。$\bar{G}_{ij}$ 的计算公式为

$$\bar{G}_{ij} = \frac{G_i A_i + G_j A_j}{A_i + A_j} \tag{4-52}$$

式中,G 和 A 分别为子通道质量通量和面积,下标 i 和 j 为子通道编号。

经过实验和模拟验证,湍流混合系数与间隙-棒束直径的比值(s/D)、雷诺数有关:

$$\beta = a Re^{\gamma} \tag{4-53}$$

表 4-3 总结了该公式中常数项 a 和 γ 的一些经验取值(Rowe et al.,1967;Cheng et al.,2006;Galbraith et al.,1971;Castellana,1974;Rogers et al.,1972;Rogers-Tahir,1975;Kelly et al.,1977)。

表 4-3　湍流混合系数经验公式

模　型	s/D	a	γ
Rowe-Angle	0.149	0.021	−0.1
Rowe-Angle	0.036	0.063	−0.1
Cheng-Tak	—	$0.2c^*$	−0.125
Galbraith-Knudsen	0.028	0.001571	0.23
Galbraith-Knudsen	0.063	0.002871	0.12
Galbraith-Knudsen	0.127	0.002277	0.12
Galbraith-Knudsen	0.228	0.005999	0.01
Castellana	0.334	0.027	−0.1
Rogers-Rosehart	—	$0.005(D_h/s)$	−0.1
Rogers-Tahir	—	$0.005(D_h/s)(s/D)^{0.106}$	−0.1
Kelly-Todreas	0.1	0.0070	−0.065

* 系数 c 主要与子通道的几何形状有关。

6. 程序求解

在完成子通道的划分之后,SCTH 程序对守恒方程组进行离散化处理并求解。一般输出子通道内控制体的焓值、质量流量、温度场和压强等参数。一般的求解流程如图 4-12 所示。

程序先读取输入卡信息,再初始化所有变量并定义初始条件和边界条件。求解从轴向的控制体开始,依次求解燃料棒传热方程、冷却剂能量方程、动量方程和质量方程。沿轴向求解完所有的控制体方程组后判断求解收敛程度,并进行不同程度的迭代。计算达到收敛条件后将推进到下一个时间步进行新的循环计算,并在最终到达计算时间后输出结果。

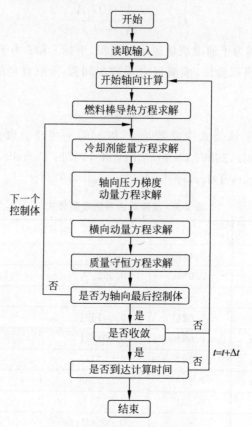

图 4-12 SCTH 程序求解流程图

4.2.2 应用实例

目前,在世界范围内,已经有多种 SCTH 程序被应用于 LMR 的堆芯热工水力设计和分析,其中一些程序还被用于 LMR 严重事故情形下的子通道多物理场分析。表 4-4 总结了在不同时期开发的用于 LMR 堆芯热工水力分析的 SCTH 程序。

表 4-4 应用于 LMR 的 SCTH 分析程序

程　序	版本/年份	机构/国家	参考资料
COBRA	Ⅳ-Ⅰ/1976; LM/2015	BNWL/美国	(Wheeler et al.,1976); (Liu et al.,2015)
ENERGY	Ⅰ,Ⅱ,Ⅳ/1975	MIT/美国	(Khan et al.,1975)

续表

程　序	版本/年份	机构/国家	参考资料
SUPERENERGY	Ⅰ,Ⅱ/1980	MIT/美国	(Chen et al. ,1975); (Basehore et al. ,1980)
THERMIT	Ⅱ/1981	MIT/美国	(Kelly et al. ,1981)
MATRA-LMR	2002	KAERI/韩国	(Kim et al. ,2002)
MONA	2003	韩国	(Nordsveen et al. ,2003)
ANTEO+	2016	ENEA/意大利	(Lodi et al. ,2016)
FLICA	Ⅲ,Ⅳ/2000	CEA/法国	(Toumi et al. ,2000)
SABRE	1/1984; 4/1992	法国	(Macdougall et al. ,1984)
SABENA	1985	日本	(Ninokata,1986)
ASFRE	1985	JAEA/日本	(Ninokata,1985)
KAMUI	2000	日本	(Kasahara et al. ,2000)
KMC-Sub	2017;2019	中国科学技术大学/ 中国	(Li et al. ,2017); (Cao et al. ,2019)
SUBAC	2018	西安交通大学/中国	(Sun et al. ,2018)
SACOS-PB	2013	西安交通大学/中国	(Wang et al. ,2013)
THAS-PC2	1993	中国原子能科学研究院/中国	(郝老迷,1993)
ATHAS-LMR	2012	西安交通大学/中国	(陈选相等,2012)
SSCFR	2018	中国原子能科学研究院/中国	(张松梅等,2018)

　　本节以西安交通大学开发的 SCTH 程序 SACOS-PB 为例,展示其对铅冷快堆燃料组件的 SCTH 分析(Wu et al. ,2021)。吴(Wu)等选取美国橡树岭国家实验室快堆的 19 棒带绕丝燃料组件(Fontana et al. ,1974)和中国科学技术大学 KYLIN 铅铋回路装置的 61 棒带绕丝燃料组件(Lyu et al. ,2016)进行分析,并与实验数据及 CFD 模拟结果进行了比较。程序中的燃料组件子通道和燃料棒编号如图 4-13 所示。

　　对于 19 棒的燃料组件来说,吴(Wu)等选取了在组件高度 601.3 mm 和 820.5 mm 处的平面进行 SCTH 分析。考虑到绕丝对轴向不同高度处的子通道控制体的几何影响,子通道的计算分别采用了轴向平均法和轴向变化法。吴等将 SACOS-PB 程序得出的包壳温度和子通道的温度分布,与实验结果及

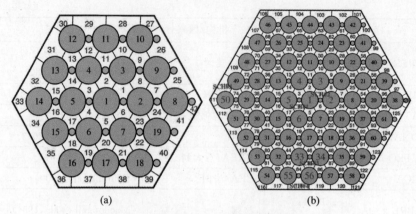

图 4-13　燃料组件子通道和燃料棒编号

(a) 19 棒组件；(b) 61 棒组件

（请扫Ⅱ页二维码看彩图）

刘等(Liu,2020)的 CFD 模拟结果进行了对比。图 4-14 和图 4-15 分别给出了在组件高度 601.3 mm 处的燃料棒包壳温度分布和部分子通道的冷却剂温度分布。图 4-16 和图 4-17 分别给出了在组件高度 820.5 mm 处的燃料棒包壳温度分布和部分子通道的冷却剂温度分布。结果显示,SACOS-PB 程序预测的结果和实验数据间的差别在合理范围内。图 4-18 则给出了三种子通道沿轴向高度的流量分布情况。相比轴向平均法,轴向变化法能捕捉因绕丝引起的子通道流量沿轴向的细微变化。

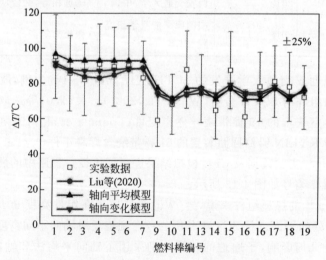

图 4-14　轴向高度 601.3 mm 处的燃料棒包壳温度分布

（请扫Ⅱ页二维码看彩图）

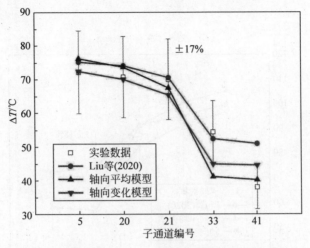

图 4-15　轴向高度 601.3 mm 处的子通道冷却剂温度分布

（请扫Ⅱ页二维码看彩图）

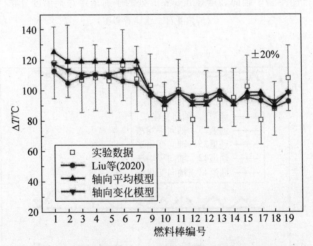

图 4-16　轴向高度 820.5 mm 处的燃料棒包壳温度分布

（请扫Ⅱ页二维码看彩图）

　　对于 KYLIN 铅铋回路中的 61 棒燃料组件来说,吴等应用 SACOS-PB 程序对两种流量下、两处轴向高度的子通道进行了分析,分析结果与实验数据以及刘等(Lyu,2016)的模拟结果进行了比较,如图 4-19~图 4-22 所示。从数据的比较结果可以看出,尽管和实验数据存在不同程度的定量差别,但 SACOS-PB 程序在总体上仍成功预测了子通道的温度分布。

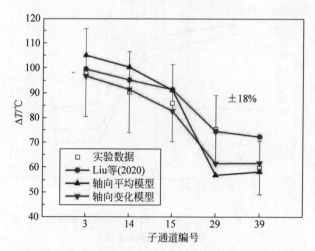

图 4-17　轴向高度 820.5 mm 处的子通道冷却剂温度分布

（请扫Ⅱ页二维码看彩图）

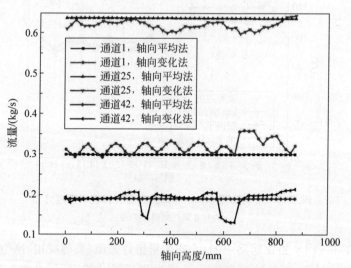

图 4-18　三种子通道沿轴向高度的流量分布

（请扫Ⅱ页二维码看彩图）

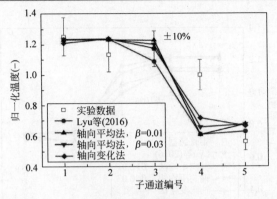

图 4-19　轴向高度 400 mm 处的温度分布(流量 85 kg/s,入口温度 291℃)

(请扫Ⅱ页二维码看彩图)

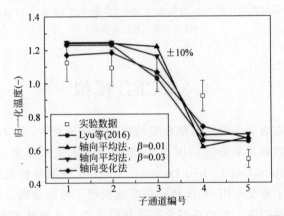

图 4-20　轴向高度 775 mm 处的温度分布(流量 85 kg/s,入口温度 291℃)

(请扫Ⅱ页二维码看彩图)

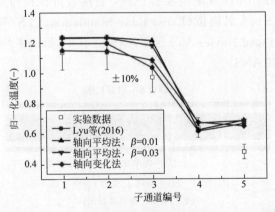

图 4-21　轴向高度 400 mm 处的温度分布(流量 5.6 kg/s,入口温度 273℃)

(请扫Ⅱ页二维码看彩图)

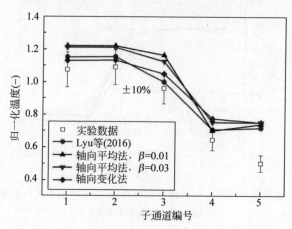

图 4-22　轴向高度 775 mm 处的温度分布(流量 5.6 kg/s,入口温度 273℃)

(请扫Ⅱ页二维码看彩图)

4.3　CFD 模拟

在新型液态金属冷却反应堆系统的热工流体研究中,反应堆内部冷却剂流场和温度场的测量非常复杂困难,实验研究成本极其昂贵。因此,计算流体动力学(Computational Fluid Dynamic,CFD)在预测各种复杂流动和传热现象方面发挥了重要作用,并被越来越多地应用于液态金属冷却反应堆系统的设计和评估过程中。新型液态金属冷却反应堆系统的热工水力学模拟,依据所使用的湍流模型不同而应用各类 CFD 方法,这些方法如图 4-23 所示。目前,流动现象的 CFD 方法主要有三种:直接数值模拟(Direct Numerical Simulation,DNS)、大涡模拟(Large-Eddy Simulation,LES)和雷诺平均 N-S (Reynolds-Averaged Navier-Stokes,RANS)。其中,雷诺平均 N-S 包括非稳态 RANS(即 URANS)。

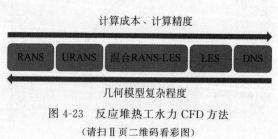

图 4-23　反应堆热工水力 CFD 方法

(请扫Ⅱ页二维码看彩图)

4.3.1　DNS 方法

　　DNS 方法不使用任何湍流模型,直接对完整的三维非定常纳维尔-斯托克(Navier-Stokes)方程进行数值求解,计算包括脉动在内的湍流所有瞬时运动量在三维空间中的时间演变。湍流是多尺度的无规则运动现象,其大尺度脉动通常由流动的几何形状和边界条件决定,最小尺度脉动则由流动本身决定,因此 DNS 方法具有极高的时空分辨率,并需要足够多的样本流动以保证湍流的统计特性,从而实现流体流动的高保真模拟。为此,使用 DNS 方法需要极大的计算量、计算时长和计算机内存。

　　首先,DNS 方法需要确认模拟的尺度。为了能模拟湍流中最小尺度的运动,计算网格的大小需能分辨最小尺度的涡,这一尺度 η 被称为柯尔莫戈罗夫(Kolmogorov)耗散尺度:

$$\eta = \left(\frac{\nu^3}{\varepsilon}\right)^{1/4} \tag{4-54}$$

式中,ν 代表动力黏度,ε 代表单位质量的湍动能耗散率。其次,模型模拟的长度 L 须大于含能尺度 l,ε 与 l 的关系为

$$\varepsilon \approx \frac{u'^3}{l} \tag{4-55}$$

式中,u' 为脉动速度的均方根值。由于网格尺寸 Δ 需小于耗散尺度 η,因此,单维网格数量需满足下面的关系:

$$N = \frac{L}{\Delta} > Re_1^{3/4} \tag{4-56}$$

式中,湍流雷诺数 Re_1 为

$$Re_1 = \frac{u'l}{\nu} \tag{4-57}$$

　　由式(4-56)可知,解析三维湍流所需的网格数目和 $Re_1^{9/4}$ 具有相同的数量级,这也导致了 DNS 存在两个主要缺点:计算成本极高和最大雷诺数受限。

　　为保证数值计算过程的稳定性,计算的时间步长必须满足柯朗-弗里德里希斯-列维(Courant-Friedrichs-Lewy,CFL)收敛条件,即

$$\Delta t_{CFL} < \frac{\Delta}{u'} \tag{4-58}$$

　　最后,根据 Kolmogorov 理论得到最小时间尺度 τ 为

$$\tau = \frac{\eta^2}{\nu} = \sqrt{\frac{\nu}{\varepsilon}} \tag{4-59}$$

显然,为准确捕捉流动动态,DNS 中的时间步长必须小于 Kolmogorov 时间尺度,因此,DNS 方法的最小时间步长为

$$\Delta t_{DNS} = \min(\Delta t_{CFL}, \tau) \tag{4-60}$$

DNS 方法中使用的数值方法主要有谱方法、伪谱方法、谱元方法、有限体积法、有限差分方法和格子玻尔兹曼方法。

谱方法是求解偏微分方程的一种数值方法,这种方式把解近似地展开为光滑函数(基函数)的有限级数展开式,然后利用快速傅里叶变换技术等方法迅速完成求解过程,以较少的计算量达到较高的求解精度。然而,谱方法仅适用于简单的几何模型和边界条件,对于复杂边界的湍流问题来说,则需要采用有限差分方法或有限体积法。伪谱方法针对控制方程中的非线性项(对流项),采用不完全谱展开的方式,结合傅里叶变换和傅里叶逆变换,可有效提高谱方法的计算效率。

谱元方法结合了有限元方法和谱方法的特点,首先将求解域进行单元划分,然后在有限单元中使用谱方法,利用谱近似技术代替有限元中的插值函数。一方面,有限元方法离散微分方程得到的总体刚度矩阵为稀疏矩阵,不仅求解容易,而且三角形元或四面体元能满足任意形状的求解边界;另一方面,由于通过谱方法可增加基函数的多项式阶数来提高求解精度,因此,相比其他的数值方法,谱元法的数值求解速度更快,精度更高。

有限体积法的基本方法是将计算区域划分为不重复的控制体积,且每个网格节点周围有一个控制体积。通过假定网格节点上的数值变化规律,来使每个控制体积对偏微分方程积分,从而得出一组离散方程。有限体积法具有直观的物理意义和很好的守恒性,适用于非结构化网格及复杂的几何边界,但其弱点是高阶格式无法保证精度。

有限差分方法是发展较早且比较成熟的计算机数值方法。该方法将求解域划分为差分网格,用有限个网格节点代替连续的求解域。有限差分法利用泰勒级数展开等方法,通过离散点上函数值的线性组合得出差商来逼近原方程的微商,从而建立代数方程组并求解。按照离散格式的精度划分,有限差分格式有一阶格式、二阶格式和高阶格式。考虑时间项的影响,差分格式还可分为显格式、隐格式、半隐格式等。有限差分方法不仅能适应相对不复杂的几何边界,同时还能保证求解的精度。

格子玻尔兹曼方法是一种基于介观模拟尺度的计算流体力学方法,这种方法不采用传统的连续流体介质假设,而是在分子运动论和统计学的层面用玻尔兹曼方程描述流体粒子的动力学行为,避开了对非线性偏微分方程组的求解。相比于其他传统的 CFD 方法,由于格子玻尔兹曼方法物理模型简单,

能够处理复杂边界,编程容易且并行性高,在图形处理器(Graphics Processing Unit,GPU)并行计算机上的计算效率极高,因此被广泛应用于多组分、多相流、界面动力学等领域,在解决流-固耦合问题方面具有较大的优势。

4.3.2　RANS 方法

RANS 方法首先将 Navier-Stokes 方程中的瞬时变量 $u_i(x,t)$ 分解为平均量 $\bar{u}_i(x)$ 和瞬时脉动量 $u'_i(x,t)$:

$$u_i(x,t) = \bar{u}_i(x) + u'_i(x,t) \tag{4-61}$$

由于在稳态情况中,平均量与时间无关;在非稳态条件下,平均量则与时间有关,因此称为非稳态雷诺平均方法(Unsteady Reynolds-Averaged Navier-Stokes,URANS)。在对 Navier-Stokes 方程作平均处理之后,得到时均的连续性方程、动量方程以及雷诺应力张量 τ_{ij}:

$$\frac{\partial \bar{u}_i}{\partial x_i} = 0 \tag{4-62}$$

$$\frac{\partial \rho \bar{u}_i}{\partial t} + \rho \bar{u}_j \frac{\partial \bar{u}_i}{\partial x_j} = -\frac{\partial \bar{p}}{\partial x_i} + \mu \frac{\partial^2 \bar{u}_i}{\partial x_j^2} + \frac{\partial \tau_{ij}}{\partial x_j} \tag{4-63}$$

$$\tau_{ij} = -\rho \overline{u'_i u'_j} \tag{4-64}$$

由于方程组中的变量数目因多出雷诺应力项而大于方程数量,因此,为使方程组封闭,研究者们提出了各类经典模型,如图 4-24 所示。

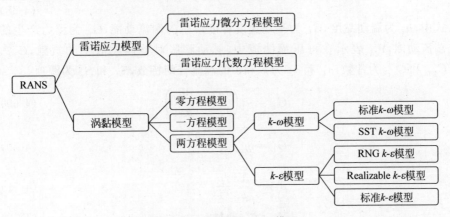

图 4-24　典型的 RANS 模型

基于布辛尼斯克假设,涡黏模型的一般形式为

$$-\rho\overline{u'_i u'_j} = \mu_t\left(\frac{\partial\overline{u}_i}{\partial x_j}+\frac{\partial\overline{u}_j}{\partial x_i}\right)-\frac{2}{3}\rho k\delta_{ij} \tag{4-65}$$

μ_t 为湍动黏度，湍动能 k 的表达式为

$$k=\frac{1}{2}\overline{u'_i u'_j} \tag{4-66}$$

涡黏模型根据确定 μ_t 的方程数量分为零方程、一方程、两方程、四方程和七方程模型。零方程模型也叫作代数模型，主要有混合长度理论、塞贝西-史密斯(Cebeci-Smith)模型(Smith et al. ,1967)、鲍德温-洛马克斯(Baldwin-Lomax)模型(Baldwin et al. ,1978)和约翰逊-金(Johnson-King)模型(Johnson et al. ,1985)。一方程模型主要有鲍德温-巴斯(Baldwin-Barth)模型(Baldwin et al. ,1990)、斯巴拉特-阿尔巴拉斯(Spalart-Allmaras)模型(Spalart et al. ,1992)和普朗特一方程模型。两方程模型主要有 $k\text{-}\varepsilon$ 模型和 $k\text{-}\omega$ 模型，其中又细分为标准 $k\text{-}\varepsilon$ 模型、Realizable $k\text{-}\varepsilon$ 模型、RNG $k\text{-}\varepsilon$ 模型、标准 $k\text{-}\omega$ 模型和 SST $k\text{-}\omega$ 模型等(Bardina et al. ,1997；Jones et al. ,1972；Launder et al. ,1974；Wilcox,1988；Menter,1994)。

1) 标准 $k\text{-}\varepsilon$ 模型

标准 $k\text{-}\varepsilon$ 模型的湍动能 k 和耗散率 ε 由以下两个输运方程计算得出

$$\frac{\partial(\rho k)}{\partial t}+\frac{\partial(\rho k\overline{u}_i)}{\partial x_i}=\frac{\partial}{\partial x_j}\left[\left(\mu+\frac{\mu_t}{\sigma_k}\right)\frac{\partial k}{\partial x_j}\right]+G_k+G_b-\rho\varepsilon-Y_M+S_k \tag{4-67}$$

$$\frac{\partial(\rho\varepsilon)}{\partial t}+\frac{\partial(\rho\varepsilon\overline{u}_i)}{\partial x_i}=\frac{\partial}{\partial x_j}\left[\left(\mu+\frac{\mu_t}{\sigma_\varepsilon}\right)\frac{\partial\varepsilon}{\partial x_j}\right]+C_{1\varepsilon}\frac{\varepsilon}{k}(G_k+C_{3\varepsilon}G_b)-C_{2\varepsilon}\rho\frac{\varepsilon^2}{k}+S_\varepsilon \tag{4-68}$$

式中，μ_t 为湍动黏度，G_k 为平均速度梯度产生的湍流动能，G_b 为浮力产生的湍流动能，Y_M 表示在可压缩湍流中，脉动膨胀对整体耗散率的贡献，$C_{1\varepsilon}$、$C_{2\varepsilon}$ 和 $C_{3\varepsilon}$ 为常数，σ_k 和 σ_ε 为 k 和 ε 的湍流普朗特数，S_k 和 S_ε 为源项。

$$G_k=\mu_t\left(\frac{\partial\overline{u}_i}{\partial x_j}+\frac{\partial\overline{u}_j}{\partial x_i}\right) \tag{4-69}$$

$$G_b=\beta g_i\frac{\mu_t}{Pr_t}\frac{\partial T}{\partial x_i} \tag{4-70}$$

$$\beta=-\frac{1}{\rho}\frac{\partial\rho}{\partial T} \tag{4-71}$$

$$Y_M=2\rho\varepsilon M_t^2 \tag{4-72}$$

如果考虑不可压缩流动，且不考虑源项，则 G_b、S_k 和 S_ε 均为 0。湍动黏度的计算可通过结合 k 和 ε 得到以下公式(式中 C_μ 为常数)。

$$\mu_t = \rho C_\mu \frac{k^2}{\varepsilon} \tag{4-73}$$

根据相关文献,在标准 $k\text{-}\varepsilon$ 模型中,常数默认值分别为:$C_{1\varepsilon}=1.44$,$C_{2\varepsilon}=1.92$,$C_\mu=0.09$,$\sigma_k=1.0$,$\sigma_\varepsilon=1.3$。

2) Realizable $k\text{-}\varepsilon$ 模型

和标准 $k\text{-}\varepsilon$ 模型相比,Realizable $k\text{-}\varepsilon$ 模型采用了不同的湍动黏度计算公式,与旋转和曲率相关,并从精确的均方涡量脉动输运方程中导出了耗散率 ε 的修正方程,由于方程中不再含有湍动能项 G_k,因此更好地表示了谱的能量转换。此外,ε 的修正方程(式 4-75)的倒数第二项不再具有奇异性。

$$\frac{\partial(\rho k)}{\partial t}+\frac{\partial(\rho k \bar{u}_j)}{\partial x_j}=\frac{\partial}{\partial x_j}\left[\left(\mu+\frac{\mu_t}{\sigma_k}\right)\frac{\partial k}{\partial x_j}\right]+G_k+G_b-\rho\varepsilon-Y_M+S_k \tag{4-74}$$

$$\frac{\partial(\rho\varepsilon)}{\partial t}+\frac{\partial(\rho\varepsilon\bar{u}_j)}{\partial x_j}=\frac{\partial}{\partial x_j}\left[\left(\mu+\frac{\mu_t}{\sigma_\varepsilon}\right)\frac{\partial\varepsilon}{\partial x_j}\right]+\rho C_1 S\varepsilon+C_{1\varepsilon}\frac{\varepsilon}{k}C_{3\varepsilon}G_b-\frac{\rho C_2\varepsilon^2}{k+\sqrt{\nu\varepsilon}}+S_\varepsilon \tag{4-75}$$

$$C_1=\max\left(0.43,\frac{\eta}{\eta+5}\right) \tag{4-76}$$

$$\eta=S\frac{k}{\varepsilon} \tag{4-77}$$

$$S=\sqrt{2S_{ij}S_{ij}} \tag{4-78}$$

$$S_{ij}=\frac{1}{2}\left(\frac{\partial\bar{u}_i}{\partial x_j}+\frac{\partial\bar{u}_j}{\partial x_i}\right) \tag{4-79}$$

模型中的常数值分别为 $C_{1\varepsilon}=1.44$,$C_2=1.9$,$\sigma_k=1.0$,$\sigma_\varepsilon=1.2$。湍动黏度定义式中,C_μ 不再是常数,而是平均应变率 S_{ij}、旋度 $\overline{\Omega}_{ij}$、角速度 ω_k、k 和 ε 的函数。

$$C_\mu=\frac{1}{A_0+A_s\dfrac{kU^*}{\varepsilon}} \tag{4-80}$$

$$U^*\equiv\sqrt{S_{ij}S_{ij}+\tilde{\Omega}_{ij}\tilde{\Omega}_{ij}} \tag{4-81}$$

$$\tilde{\Omega}_{ij}=\Omega_{ij}-2\varepsilon_{ijk}\omega_k \tag{4-82}$$

$$\Omega_{ij}=\overline{\Omega}_{ij}-\varepsilon_{ijk}\omega_k \tag{4-83}$$

$$A_s=\sqrt{6}\cos\varphi \tag{4-84}$$

$$\varphi = \frac{1}{2}\arccos\left(\sqrt{6}\,\frac{S_{ij}S_{jk}S_{ki}}{\sqrt{S_{ij}S_{ij}}}\right) \tag{4-85}$$

式中,常数 A_0 为 4.04, $\overline{\Omega}_{ij}$ 为角速度 ω_k 在运动参考系中的平均旋度张量。

Realizable k-ε 模型被广泛应用于旋转均质剪切流、射流和混合层的自由流动,通道和边界层流动及分离流动等多种流动中,模型的各性能均优于标准 k-ε 模型。

3) RNG k-ε 模型

RNG k-ε 模型修正了标准 k-ε 模型中的湍动黏度,考虑了平均流动中的旋转现象,并对 ε 方程中的系数进行了修正,以反映时均应变率 S_{ij}。

$$\frac{\partial(\rho k)}{\partial t} + \frac{\partial(\rho k \overline{u}_i)}{\partial x_i} = \frac{\partial}{\partial x_j}\left[\alpha_k \mu_{\mathrm{eff}}\frac{\partial k}{\partial x_j}\right] + G_k + G_b - \rho\varepsilon - Y_M + S_k \tag{4-86}$$

$$\frac{\partial(\rho\varepsilon)}{\partial t} + \frac{\partial(\rho\varepsilon\overline{u}_i)}{\partial x_i} = \frac{\partial}{\partial x_j}\left[\alpha_\varepsilon \mu_{\mathrm{eff}}\frac{\partial\varepsilon}{\partial x_j}\right] + C_{1\varepsilon}\frac{\varepsilon}{k}(G_k + C_{3\varepsilon}G_b) - C_{2\varepsilon}^*\rho\frac{\varepsilon^2}{k} + S_\varepsilon \tag{4-87}$$

$$\mu_{\mathrm{eff}} = \mu + \mu_t = \mu + \rho C_\mu \frac{k^2}{\varepsilon} \tag{4-88}$$

$$C_{2\varepsilon}^* = C_{2\varepsilon} + \frac{C_\mu\eta^3(1-\eta/\eta_0)}{1+\beta\eta^3} \tag{4-89}$$

式中, μ_{eff} 为修正后的黏度,模型常用系数为 $C_\mu = 0.0845$, α_k 和 α_ε 分别为 k 方程和 ε 方程中的湍流普朗特数,取值均为 1.39, $C_{1\varepsilon} = 1.42$, $C_{2\varepsilon} = 1.68$, $\beta = 0.012$, $\eta_0 = 4.38$。RNG k-ε 模型可以更好地处理高应变率流动的计算。

在 k-ε 模型的应用中,壁面的存在会对湍流产生重要影响。在非常靠近壁面的地方,黏滞阻尼会降低切向速度的波动,而运动学上的阻碍则会降低法向速度的波动。在近壁区中,由于求解变量具有较大的梯度,且动量和其他标量的运输比其他区域更频繁,因此,近壁区的建模显著影响数值解的精确度。对于 k-ε 模型来说,可采用壁面函数法进行近壁区的建模,构建无量纲速度和无量纲壁面距离的经验关系,也可采用近壁模型,在近壁边界层区域划分细密的网格。ANSYS FLUENT 中提供的近壁处理方法有标准壁面函数、可放缩壁面函数、非平衡壁面函数、用户自定义壁面函数、增强壁面处理等。

4) k-ω 模型

标准 k-ω 模型由威尔科克斯(Wilcox)于 1988 年提出,模型是基于湍动能和湍流时间尺度倒数 ω 的输运方程:

$$\frac{\partial(\rho k)}{\partial t}+\frac{\partial(\rho k\bar{u}_j)}{\partial x_j}=\tau_{ij}\frac{\partial\bar{u}_i}{\partial x_j}-\rho\beta^*\omega k+\frac{\partial}{\partial x_j}\left[(\mu+\sigma^*\mu_t)\frac{\partial k}{\partial x_j}\right] \quad (4\text{-}90)$$

$$\frac{\partial(\rho\omega)}{\partial t}+\frac{\partial(\rho\omega\bar{u}_j)}{\partial x_j}=\alpha\frac{\omega}{k}\tau_{ij}\frac{\partial\bar{u}_i}{\partial x_j}-\rho\beta\omega^2+\frac{\partial}{\partial x_j}\left[(\mu+\sigma\mu_t)\frac{\partial\omega}{\partial x_j}\right] \quad (4\text{-}91)$$

$$\varepsilon=\beta^*\omega k \quad (4\text{-}92)$$

式中，τ_{ij} 为雷诺应力，系数 $\alpha=5/9,\beta=3/40,\beta^*=9/100,\sigma=\sigma^*=0.5$。湍动黏度通过 k 和 ω 求出：

$$\mu_t=\rho\frac{k}{\omega} \quad (4\text{-}93)$$

为描述主湍流剪切应力输运的效应，门特（Menter，1993）引入了剪应力输运模型（SST 模型）。$k\text{-}\omega$ 模型对自由剪切湍流、附着边界层湍流和适度分离湍流的计算精度较高，且不需要考虑近壁面处的修正。

在涡黏模型之外，虽然雷诺应力模型直接求解雷诺应力输运方程，避开了各向同性的涡黏假设，适用于强旋流动问题，但是其计算量大于涡黏模型。模型具体描述可参考周（Chou，1945）、罗塔（Rotta，1951）和朗德等（Launder，1975）。目前而言，$k\text{-}\varepsilon$ 模型在工业流动计算中的使用最为广泛，而雷诺应力模型则适用于较复杂的三维流动模拟。

4.3.3　大涡模拟

湍流是一种多尺度无规则的流动现象，由不同尺度的脉动组成。由于大尺度脉动对平均流动具有主导影响，因此，质量、动量和能量交换在大尺度脉动中进行，而小尺度脉动则表现出耗散的作用，并通过非线性作用影响大尺度运动。因此，大涡模拟（LES）的基本思想是将湍流运动分为大尺度与小尺度两部分。大尺度脉动由数值求解偏微分方程得出，小尺度脉动则通过模型和大尺度脉动关联。

LES 使用过滤函数将湍流流动变量按度量分离，得到可解尺度量 $\bar{u}_i$ 和亚网格量 u_i'：

$$\bar{u}_i(x)=\int_V G(x-x')u_i(x')\mathrm{d}x' \quad (4\text{-}94)$$

$$u_i=\bar{u}_i+u_i' \quad (4\text{-}95)$$

式中，G 为过滤函数，通常为高斯滤波器或盒式滤波器，决定过滤的尺度。对不可压缩流动 N-S 方程进行过滤之后得到可解尺度的控制方程：

$$\frac{\partial\rho}{\partial t}+\frac{\partial}{\partial x_i}\rho\bar{u}_i=0 \quad (4\text{-}96)$$

$$\frac{\partial}{\partial t}\rho\bar{u}_i + \frac{\partial}{\partial x_j}(\rho\bar{u}_i\bar{u}_j) = -\frac{\partial\bar{p}}{\partial x_i} + \frac{\partial}{\partial x_j}\left(\mu\frac{\partial\bar{u}_i}{\partial x_j}\right) + \frac{\partial\tau_{ij}}{\partial x_j} \tag{4-97}$$

式中,ρ 为密度,τ_{ij} 为亚网格应力:

$$\tau_{ij} = \rho(\overline{u_i u_j} - \bar{u}_i\bar{u}_j) \tag{4-98}$$

亚网格湍流模型通常采用布辛尼斯克假设计算亚网格应力:

$$\tau_{ij} - \frac{1}{3}\tau_{kk}\delta_{ij} = -2\mu_t\bar{S}_{ij} \tag{4-99}$$

式中,μ_t 为亚网格湍流涡黏系数;$\bar{S}_{ij}$ 为可解尺度的变形率张量:

$$\bar{S}_{ij} = \frac{1}{2}\left(\frac{\partial\bar{u}_i}{\partial x_j} + \frac{\partial\bar{u}_j}{\partial x_i}\right) \tag{4-100}$$

针对 μ_t 的求解计算,目前使用的亚网格应力模型有 Smagorinsky-Lilly 模型(Smagorinsky,1963)、动态模型(Germano,et al.,1991)、尺度相似模型(Bardina et al.,1980)、壁面适应局部涡黏模型(Nicoud and Ducros,1999)和动态动能亚网格模型(Menon et al.,1995)。CFD 软件 FLUENT 中提供了 Smagorinsky-Lilly 模型、动态模型、壁面适应局部涡黏模型和动态动能亚网格模型。下面针对不可压缩流动介绍这些模型。

1) Smagorinsky-Lilly 模型

在该模型中,涡黏系数 μ_t 的定义为

$$\mu_t = \rho(C_s\Delta)^2 |\bar{S}| \tag{4-101}$$

$$|\bar{S}| = \sqrt{2\bar{S}_{ij}\bar{S}_{ij}} \tag{4-102}$$

式中,Δ 为过滤尺度,C_s 为无量纲 Smagorinsky 系数,值为 $0.1\sim0.2$。一方面,在高雷诺数流动中,C_s 可通过 Kolmogorov 常数 C_K 计算得到(Lilly,1967):

$$C_s = \frac{1}{\pi^2}\left(\frac{2}{3C_K}\right)^{1.5} \tag{4-103}$$

另一方面,该模型在接近壁面时,亚网格涡黏系数不会趋于零。这个问题可以通过近壁阻尼函数修正 C_s 来解决(Piomelli et al,1993;Bricteux,2008)。

2) 动态模型

动态模型采用二次滤波的方法建立亚网格应力模型,第二次测试滤波的过滤尺度 $\hat{\Delta}$ 通常大于第一次的网格过滤尺度 Δ。第二次滤波之后的亚网格应力 T_{ij} 可表示为

$$T_{ij} = -2\rho(C_s\hat{\Delta})^2 |\bar{S}^t| \left(\bar{S}^t_{ij} - \frac{1}{3}\bar{S}^t_{kk}\delta_{ij}\right) \tag{4-104}$$

$$|\bar{S}^t| = \sqrt{2\bar{S}^t_{ij}\bar{S}^t_{ij}} \tag{4-105}$$

$$\overline{S}_{ij}^{t} = \frac{1}{2}\left(\frac{\partial \overline{u}_i^{t}}{\partial x_j} + \frac{\partial \overline{u}_j^{t}}{\partial x_i}\right) \tag{4-106}$$

式中,上标 t 表示第二次过滤,$\overline{S}_{ij}^{t}$ 定义式中的 $\overline{u}_i^{t}$ 为第二次过滤得到的速度脉动量。

第一次过滤得到的亚网格应力 τ_{ij} 在经第二次过滤后,得到的应力 τ_{ij}^{t} 与 T_{ij} 通过 Germano 等式构成联系:

$$L_{ij} = T_{ij} - \tau_{ij}^{t} = CM_{ij} \tag{4-107}$$

式中,系数 $C = C_s^2$ 可通过下面的表达式求得

$$C = \frac{1}{2}\frac{L_{ij}\overline{S}_{ij}}{M_{ij}\overline{S}_{ij}} \tag{4-108}$$

式中,张量 M_{ij} 的定义为

$$M_{ij} = \rho(\hat{\Delta}^2 \mid \overline{S}^{t} \mid \overline{S}_{ij}^{t} - \Delta^2 (\mid \overline{S} \mid \overline{S}_{ij})^{t}) \tag{4-109}$$

3) 壁面适应局部涡黏模型

在壁面适应局部涡黏模型中,涡黏系数的表达式为

$$\mu_t = \rho(C_w\Delta)^2 \frac{(S_{ij}^d S_{ij}^d)^{1.5}}{(\overline{S}_{ij}\overline{S}_{ij})^{2.5} + (S_{ij}^d S_{ij}^d)^{1.25}} \tag{4-110}$$

式中,常数 C_w 为 0.325,S_{ij}^d 的定义为

$$S_{ij}^d = \frac{1}{2}(\overline{g}_{ij}^2 + \overline{g}_{ji}^2) - \frac{1}{3}\delta_{ij}\overline{g}_{kk}^2 \tag{4-111}$$

$$\overline{g}_{ij} = \frac{\partial \overline{u}_i}{\partial x_j} \tag{4-112}$$

4) 动态动能亚网格模型

该模型通过速度脉动的平方 $\overline{u}_k^2$ 和速度平方的脉动量 $\overline{u_k^2}$ 定义亚网格动能 k_{sgs}:

$$k_{\text{sgs}} = \frac{1}{2}(\overline{u_k^2} - \overline{u}_k^2) \tag{4-113}$$

涡黏系数 μ_t 由下面的表达式计算:

$$\mu_t = C_k \sqrt{k_{\text{sgs}}}\Delta \tag{4-114}$$

亚网格应力可写为

$$\tau_{ij} - \frac{2}{3}k_{\text{sgs}}\delta_{ij} = -2C_k \sqrt{k_{\text{sgs}}}\Delta\overline{S}_{ij} \tag{4-115}$$

k_{sgs} 通过求解其输运方程得到

$$\frac{\partial \overline{k}_{sgs}}{\partial t} + \frac{\partial \overline{u}_j \overline{k}_{sgs}}{\partial x_j} = -\tau_{ij} \frac{\partial \overline{u}_j}{\partial x_j} - C_\varepsilon \frac{k_{sgs}^{1.5}}{\Delta} + \frac{\partial}{\partial x_j}\left(\frac{\mu_t}{\sigma_k} \frac{\partial k_{sgs}}{\partial x_j}\right) \quad (4\text{-}116)$$

方程中，C_k 和 C_ε 为动态值，Δ 为过滤尺度，σ_k 的值定为 1.0。

4.3.4 CFD 应用实例

LMR 精细尺度层面的热工水力模拟是当前 LMR 开发设计和分析的重要环节。借助 CFD 模拟工具能够对一些复杂的热工水力现象和流动现象进行研究分析。目前，常用的 CFD 工具有 ANSYS CFX、ANSYS FLUENT、OpenFOAM、STAR-CCM＋、Nek5000、CFDEXPERT、TrioCFD 等。本节主要展示 CFD 模拟方法在 LMR 燃料组件子通道流动、液态金属湍流和传热及流致振动等现象上的一些具体应用。

1. 燃料组件热工水力

作为 LMR 堆芯热工水力分析的重要内容，燃料组件子通道热工水力的 CFD 分析一直是世界范围内 LMR 开发设计和研究分析的重点。研究者们已经使用各类 CFD 程序和不同的 CFD 方法对 7、19、37、61、127 和 217 棒带绕丝燃料组件的子通道流动进行了模拟（流动介质涉及水、空气、钠和铅铋合金等）(Shams et al.，2018)。

多维齐奥等(Dovizio et al.，2019)基于 MYRRHA 堆芯燃料组件的设计，采用线性 k-ω SST 模型、Realizable k-ε 模型、k-ω SST 立方模型和 Elliptic-Blending 雷诺应力模型，对带绕丝棒束的子通道进行了模拟，得出冷却剂的速度和温度分布，并与沙姆斯等(Shams et al.，2018)使用准 DNS 方法的模拟结果进行了比较。图 4-25 显示了子通道的网格划分模型，其中棒直径为 6.55 mm、绕丝直径为 1.75 mm、棒栅距与棒直径之比为 1.279、子通道模拟长度为 262 mm。经过网格敏感性分析，模型采用节点数约为 1.46×10^7 个的网格划分方案。

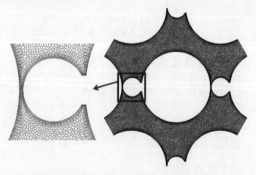

图 4-25 子通道网格划分截面图

　　子通道沿流动方向的无量纲速度分布由图 4-26 给出,无量纲温度分布由图 4-27 给出。

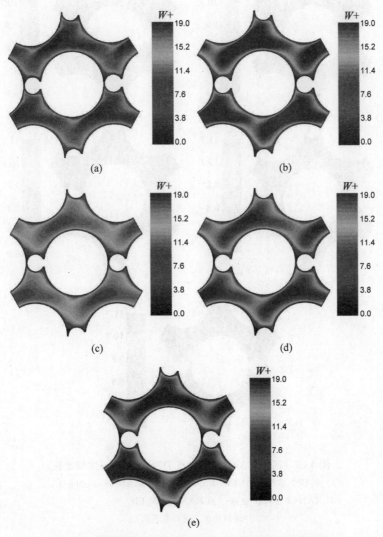

图 4-26　四种 RANS 模型和准 DNS 方法的速度场比较

(a) 准-DNS 方法；(b) RANS k-ω SST；(c) RANS Realizable k-ω；

(d) RANS k-ω SST 立方；(e) RANS RSM-EB

(请扫 II 页二维码看彩图)

　　由子通道的速度分布比较可以看出,相比于准 DNS 方法,线性 k-ω SST 模型预测的速度较大,Realizable k-ε 模型预测的速度略低,而 k-ω SST 立方

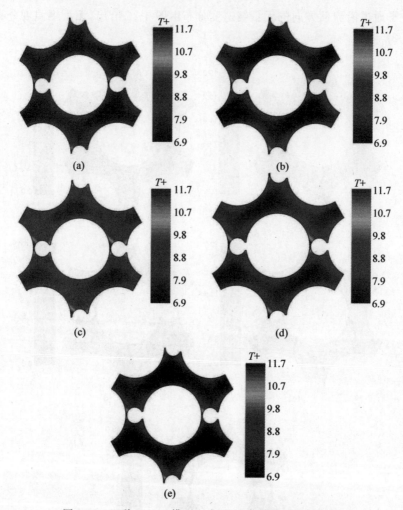

图 4-27　四种 RANS 模型和准 DNS 方法的温度场比较

(a) 准-DNS 方法；(b) RANS k-ω SST；(c) RANS Realizable k-ω；

(d) RANS k-ω SST 立方；(e) RANS RSM-EB

(请扫 Ⅱ 页二维码看彩图)

模型和 Elliptic-Blending 雷诺应力模型预测的结果较好,四种模型的预测结果与准 DNS 方法的结果相比,差均在 10% 以内。在子通道温度分布的预测结果中,线性 k-ω SST 模型和 Elliptic-Blending 雷诺应力模型预测的温度较低,Realizable k-ε 模型预测的温度略高,而 k-ω SST 立方模型的预测结果较好,和准 DNS 方法的结果相比,差低于 4%。此外,Dovizio 等还对子通道中的湍动能和雷诺应力分布进行了比较分析,结果显示,Elliptic-Blending 雷诺应力模型较好地预测了近壁面的流动。

DNS 方法由于对计算资源要求极高,计算成本较大,因此,只能用于模拟几何复杂度低的模型。有关 LMR 燃料组件子通道 DNS 模拟的文献较少。安杰利等(Angeli,2020)对 NACIE-UP 铅铋回路设施中的裸棒束子通道,使用二阶有限体积法进行了 DNS 模拟,并与 RANS 显式代数雷诺应力模型 (Explicit Algebraic Reynolds Stress Model,EARSM)和 $k\text{-}\omega$ SST 模型进行了比较。在 $Re_\tau = 550$ 和 $Ri = 0$ 的条件下,图 4-28 给出了子通道内的速度分布,图 4-29 给出了温度分布,图 4-30 给出了湍动能和雷诺应力的分布。

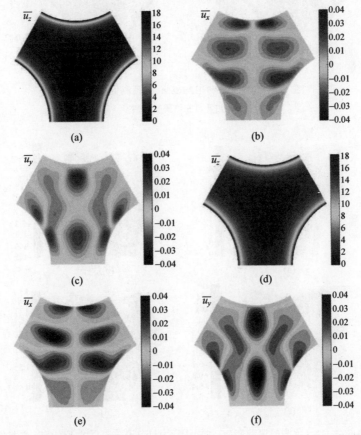

图 4-28　DNS 预测的流向速度(a)和交叉流速度(b)(c)以及 EARSM 预测的速度
　　　　分布(d)～(f)

（请扫 II 页二维码看彩图）

　　为定量比较数据,Angeli 等(2020)将子通道划分为六个单元并选取了一段曲线 γ(图 4-31)。图 4-32 比较了在这条曲线上,各模型预测的速度和温度。此外,经过对比,发现 EARSM 和 RANS k-ω SST 模型预测的子通道雷诺数与实验雷诺数虽然存在差距,但是两者都相对较好地预测了子通道的实验努塞尔数,如表 4-5 所示。

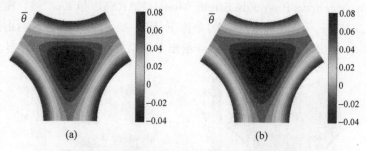

图 4-29　DNS(a)和 EARSM(b)预测的温度分布

(请扫 Ⅱ 页二维码看彩图)

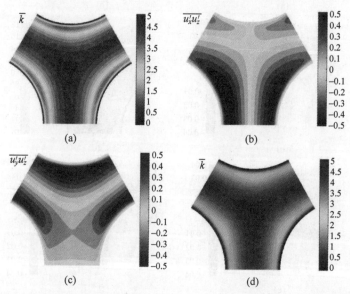

图 4-30　DNS 预测的湍动能(a)和雷诺应力(b)(c)分布以及 EARSM 预测的
　　　　相应分布(d)~(f)

(请扫 Ⅱ 页二维码看彩图)

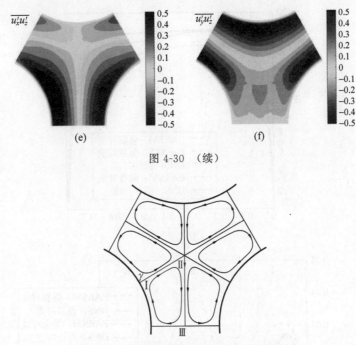

图 4-30　（续）

图 4-31　子通道的划分区域及其边界曲线 γ

（请扫 II 页二维码看彩图）

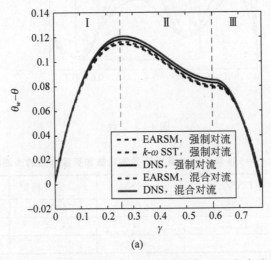

(a)

图 4-32　沿曲线 γ 的温度分布(a)、流向速度分布(b)和切向速度分布(c)

（请扫 II 页二维码看彩图）

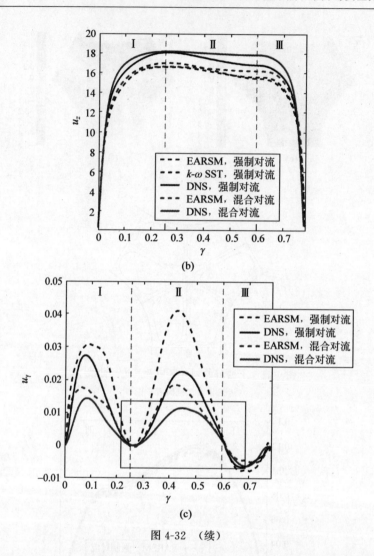

图 4-32 （续）

表 4-5　$Re_\tau = 550$ 和 $Ri = 0$ 条件下的雷诺数和努塞尔数的预测和实验值

	DNS 方法	EARSM	k-ω SST 模型	实验
Re_b	8290	7761	7690	8640
Nu	12.84	13.34	13.34	—
子通道 Nu	8.45	8.94	9.07	8.71±1.01

2. 液态金属湍流和传热

由于液态金属的低普朗特数特性,因此,常规的雷诺类比法不能应用于液态金属的湍流传热研究。一直以来,研究者针对液态金属的湍流和传热现象提出了多种湍流传热模型。然而,由于实验和数值计算层面的数据仍存在空白,因此,这些模型尚未得到有效的和充分的评估。为此,沙姆斯等(Shams,2019)在欧洲 SESAME 和 MYRTE 的项目框架下,通过 CFD 模拟生成液态金属湍流传热数值模拟的参考数据,所选取的几何模型有槽道流、后台阶流、平板射流、剪切流、三射流、裸棒束流动和燃料组件子通道流动等。

以平板射流为例,杜邦切尔(Duponcheel)和巴托谢维奇(Bartosiewicz)(Duponcheel et al.,2021)采用了图 4-33 所示的几何模型,对普朗特数分别为 1、0.1 和 0.01 的三种流体进行了 DNS。选取流体入口雷诺数为 5700 的湍流情形,几何模型参数设置为 $L/B=80$、$W/B=\pi$、$H/B=2$,划分网格数量为 $N_x \times N_y \times N_z = 2560 \times 192 \times 128$,模拟所得流场和温度场的 x-y 平面截面如图 4-34 所示。

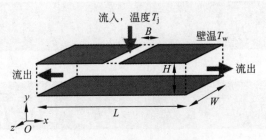

图 4-33　平板射流几何模型

(请扫 Ⅱ 页二维码看彩图)

由图中可观察到,垂直射流的高剪切区域出现了一些涡旋结构,射流沿底板分流后同样出现了大量的涡旋。随着普朗特数的降低,流体粒子的高导热特性使得流体温度迅速降低,$Pr=0.01$ 和 $Pr=1$ 的温度分布差别明显。在得出底板壁面的努塞尔数后,杜邦切尔和巴托谢维奇(Duponcheel et al.,2021)对二维平板射流驻点区努塞尔数的经验公式进行了修正,以使其涵括低普朗特数流体的情形。

3. 流致振动

流致振动(Flow-Induced Vibration,FIV)是固体结构受流体流动影响而出现往复运动,进而又改变流体流动状态的一种相互作用现象。目前,对于管道来说,流致振动主要有三种公认的作用机理,分别是湍流激振、流弹失稳和涡旋脱落。湍流激振是指湍流在管的表面产生了随机的压力脉动并造成管道振动。长期的小幅振动会使管和支承之间不断发生碰撞和磨损,进而造

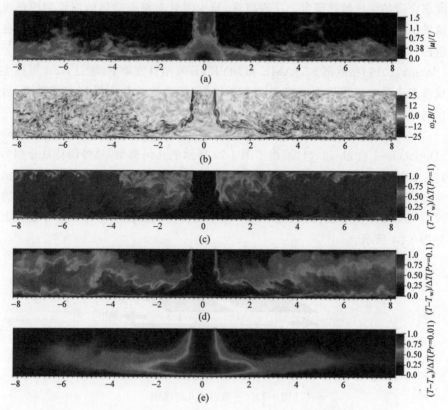

图 4-34　平板湍流射流速度分布(a)、涡量分布(b)和温度分布(c)～(e)

(请扫 Ⅱ 页二维码看彩图)

成损坏。流弹失稳是流体力和管道运动相互作用的结果。在流体流速很高的情况下,当流体给予管道的能量大于管道自身阻尼所消耗的能量时,管道将在短时间内产生大幅振动,并由此造成失效甚至破裂。旋涡脱落是横向流导致管道振动的诱因。当流体以一定的速度横向流过单个圆柱形物体或管束时,管束后方会出现卡门涡街。涡旋从圆柱体的两侧表面周期性地产生和脱离,形成交替的两行涡旋尾流。当涡旋产生、脱离和逸散的频率与管道的固有频率接近时,将造成大振幅的振动。

　　LMR 中的燃料棒和换热器管道有可能因 FIV 而变形、损毁和破裂。针对 LMR 燃料组件中的 FIV 现象,德桑蒂斯等(De Santis et al.,2018)通过使用水为模拟流体对双棒、七棒束进行了 CFD 模拟;德桑蒂斯和沙姆斯(De Santis et al.,2019a,2019b)使用 STAR-CCM＋工具对带绕丝的单棒和裸单棒进行了水和 LBE 致振的流固耦合模拟;布罗克迈耶等(Brockmeyer,2020)

结合有限元求解器,使用 Nek5000 程序对带绕丝的七棒束进行了 LBE 致振的单相流固耦合模拟。

　　以德桑蒂斯等(De Santis et al.,2019b)的研究为例,图 4-35 展示了带绕丝单棒的三维网格模型,其中棒直径为 6.55 mm,包壳厚度为 0.51 mm,绕丝直径为 1.8 mm,绕丝捻距为 265 mm。图 4-36 给出了单棒中心的振动位移变化;图 4-37 和图 4-38 分别给出了单棒在前三阶模态下的振动频率和阻尼比。

图 4-35　带绕丝单棒的结构网格划分模型

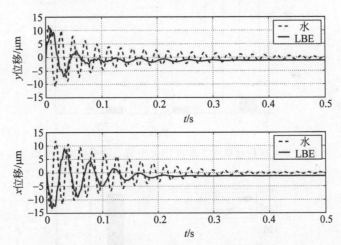

图 4-36　带绕丝单棒中心在水和 LBE 中的振动位移

(请扫Ⅱ页二维码看彩图)

　　德桑蒂斯等(De Santis et al.,2019b)的模拟结果显示,相比于水,单棒在 LBE 流动中的振动位移和前三阶模态的振动频率更小,阻尼比更大。进一步比较带绕丝单棒和裸单棒的 LBE 流动模拟结果可以发现,前三阶振动模态的振动频率很接近(图 4-39),但带绕丝单棒的前两阶振动模态明显具有更大的阻尼比(图 4-40),带绕丝单棒振动产生的位移轨迹则更加不规则(图 4-41)。

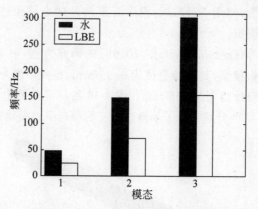

图 4-37　带绕丝单棒在水和 LBE 中前三阶模态的振动频率

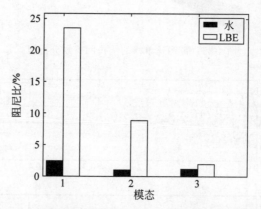

图 4-38　带绕丝单棒在水和 LBE 中前三阶模态的阻尼比

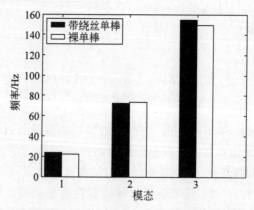

图 4-39　带绕丝单棒和裸单棒在 LBE 中前三阶模态的振动频率

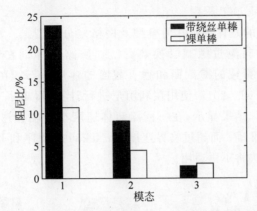

图 4-40 带绕丝单棒和裸单棒在 LBE 中前三阶模态的阻尼比

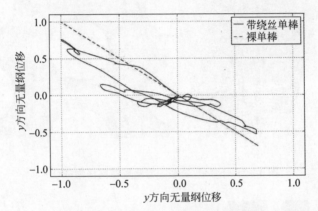

图 4-41 带绕丝单棒和裸单棒在 LBE 中振动产生的中心位移轨迹

（请扫 II 页二维码看彩图）

除燃料棒外,LMR 换热器中的管道同样可能受 FIV 的影响(如小型铅堆换热器中的直流螺旋管)。就目前而言,螺旋管换热器 FIV 的研究主要考虑的流体为水和高温气体,而以液态金属为流体的研究数据几乎没有。然而,这些现有的研究和文献仍可为以液态金属为流体的,螺旋管换热器 FIV 现象的模拟和分析提供借鉴和经验参考。

袁等(Yuan et al.,2017)使用核反应堆分析高级建模和模拟工具包 SHARP,对美国阿贡国家实验室(ANL)进行的螺旋盘管换热器流动诱导振动实验进行了模拟评估,其中,Nek5000 程序用于流体的大涡模拟,所得的瞬时采样压力数据传输给有限元结构力学程序 DIABLO,从而模拟螺旋管束在流体载荷作用下的结构响应。受计算资源限制,DIABLO 程序计算出的管道响应不反馈至 Nek5000 程序。

图 4-42 显示的是计算域几何模型及网格划分模型。一回路冷却剂在换热管上方往下横向流过螺旋管换热管。二回路冷却剂在螺旋管内流动。图 4-43 给出了计算域的横截面和垂直截面的速度分布。在 DIABLO 程序中，袁等(Yuan et al.,2017)使用瑞利阻尼进行计算，得出了不同位置管道的振动和位移情况。结果显示，在一回路流体速度小于临界速度时，管道结构响应的模拟较为准确；而超过临界速度时，Nek5000 程序和 DIABLO 程序单向耦合的计算方法将不再适用。

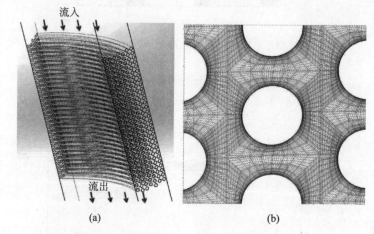

图 4-42　计算域(a)和一回路流域网格划分(b)

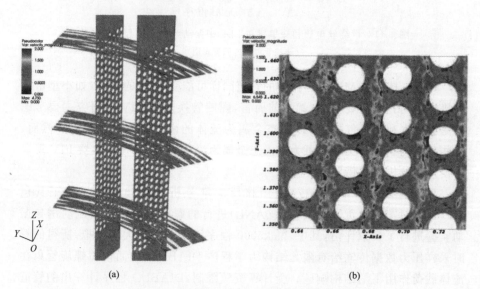

图 4-43　计算域垂直截面和横截面的速度场

袁等（Yuan et al.，2017）采用的单向流固耦合方法虽然能对螺旋管的振动位移进行模拟，但无法分析管道振动对流场的影响。因此，螺旋管换热管 FIV 现象的精确模拟还需采用双向流固耦合方法。首先，可仅对流体进行模拟计算，通过分析流场及涡旋来评估最容易出现振动现象的管道；或使用单向流固耦合方法，评估受振动现象最明显的管道。然后，基于初步分析结果使用简化模型进行双向流固耦合计算和模态分析。

4.3.5　液态金属 CFD 模拟最佳实践指引

目前，研究者们已经总结出了 CFD 模拟的最佳通用实践指引。其中，最著名的是欧洲研究共同体颁布的流动、湍流和燃烧（ERCOFTAC）文件（Casey et al.，2000），该文件主要针对 RANS 模拟。门特等（Menter et al.，2002）、贝斯雄等（Bestion et al.，2004）、约翰逊等（Johnson et al.，2006）、OECD（OECD，2007）和罗洛夫斯（Roelofs，2010）等参考文献则涉及了 CFD 在核能领域的应用，而萨尔维蒂等（Salvetti et al.，2011）和门特（Menter，2012,2015）则侧重于高保真模拟。本节的最佳实践指引不仅考虑了现有的指引，并在需要时予以更新，而且，最重要的是，将重点放在了核能系统中液态金属的特定模拟上。此外，本指南虽然将重点放在有限体积法上，但 DNS 方法除外（因 DNS 大多使用不同的数值方法进行）。

指引的构建涉及 CFD 的各个阶段。通用的 CFD 过程可分为三个主要步骤，即前处理、模拟和后处理。CFD 工程师的大部分工作集中于前处理和后处理，模拟过程则由计算机完成。

1. 前处理

前处理通常包括三个组成模块：几何、物理和网格。在几何方面，CFD 工程师必须选择计算域来截断实际几何，并决定需保留的主要几何参数。开展 CFD 模拟的首要任务是选择计算域，计算域往往以已知边界条件的表面为边界。考虑到计算成本，计算域需要尽可能小，但同时要能够解析相关的流体结构。对于高保真模拟（LES-DNS）来说，计算域的选择要特别谨慎。杜邦切尔等（Duponcheel，2014）的研究显示，低普朗特数流体（如液态金属）中的湍流相干结构明显大于普朗特数为 1 的流体中的湍流相干结构。蒂塞利（Tiselj，2013）的研究表明，这些大的相干结构需要配备更大的计算域，并要仔细评估计算域尺寸的影响。RANS 模拟由于通常不会计算湍流相干结构，而只计算它们对湍流模型中平均流的影响，所以，对于 RANS 模拟来说，不会因使用液态金属而产生特定的限制。

在物理方面,工程师必须选择流动特性、边界条件、初始条件和许多其他选项,包括多相流和燃烧模型。网格划分同样是重要的一步,CFD 工程师不仅要决定所使用的网格类型、结果精度所依赖的分辨率,还必须创建、测试和验证网格的一致性。划分网格时,工程师往往需要根据流场或温度场变化的程度决定不同位置的网格精细程度,并按照需求局部加密网格。

对于 RANS 方法来说,通用的指引如下。

(1) 对于小间隙流动来说,小间隙中应至少生成五个单元。

(2) 避免在边界附近建立非正交单元。

(3) 避免使用长宽比较大的单元。原则上,单元的长宽比应该低于 20~100。长宽比较大的单元只适用于强轴向流动的情况。在不关注的区域和靠近墙壁的边界层中,可以使用长宽比较大的单元。

(4) 增长因子或拉伸比(SR)宜小于 1.4 或最好小于 1.2 (Casey et al. ,2000)。

(5) 进行网格相关性分析。分别对壁面处理和总体网格尺寸的影响进行仔细检查。

由于 LES 方法的使用指引通常来源于通道流动模拟。因此,将 LES 方法外推至其他更复杂的几何形状时要审慎进行。LES 方法的应用建议通常针对二阶中心离散格式。对于高阶格式来说,准则可能会放宽。对于网格尺寸来说,工程师应通过检查不同网格来说明与网格分辨率有关的不确定性(RANS 方法中的网格相关性分析在 LES 中是不可行的,因为涡流滤波器会随网格变动而相应改变)。一般而言,网格尺寸应小于泰勒(Taylor)微尺度,该尺度可由前期的 RANS 模拟确定。Taylor 尺度的解析应至少使用三个网格点,即网格尺寸 Δ 为 Taylor 尺寸的三分之一(y^+ 为壁面法线方向上的第一个单元,Δx^+ 为流向方向上的单元尺寸,Δz^+ 为展向方向上的单元尺寸)。

LES 方法的实例应用建议如下。

(1) 对于壁面解析的 LES 来说,门特(Menter,2015)建议,在近壁处,$y^+ < 1$;在流动方向上,$\Delta x^+ \sim 40$;在展向方向上,$\Delta z^+ \sim 20$。

(2) 对于壁面模拟的 LES 来说,SESAME 的研究者建议,在近壁处,$y^+ = 30 \sim 150$;在流动方向上,$\Delta x^+ \sim 40 (\Delta x^+ \geqslant y^+)$,在展向方向上,$\Delta z^+ \sim 20 (\Delta z^+ \geqslant y^+)$。

(3) 拉伸比建议从 1.07 左右开始,并根据实际问题决定是否采用更精细或更粗糙的网格。

在 DNS 方法中,为解析所有的湍流漩涡,网格尺寸在理论上应小于柯尔莫戈罗夫(Kolmogorov)尺度。然而,格罗茨巴赫(Grotzbach,2011)表明,在实际应用中,网格尺寸可以放宽至不大于 6.26 倍的柯尔莫戈罗夫尺度。DNS

方法的实例应用建议如下。

（1）科尔曼（Coleman）和桑德伯格（Sandberg）（Coleman et al.，2009）以及乔治亚迪斯等（Georgiadis et al.，2009）认为，在近壁处，$y^+ < 1$；在流动方向上，$\Delta x^+ \sim 15$；在展向方向上，$\Delta z^+ \sim 8$。

（2）对于壁面边界约束的通道流动来说，科门等（Komen et al.，2014）提出，在近壁处，$y^+ < 1$；在流动方向上，$\Delta x^+ \sim 9$；在展向方向上，$\Delta z^+ \sim 4.5$。

（3）拉伸比不超过 1.05（Komen et al，2014）。

液态金属的模拟需要钠、铅、铅合金等金属的统一物性数据。钠的物性数据已由帕塞里尼等（Passerini et al.，2017）给出，而芬克（Fink）和莱博维茨（Leibowitz）（Fink et al.，1995）创建的数据库也已被许多相关研究者使用。对于铅和铅合金来说，OECD 也更新了相应的物性数据（OECD，2015）。

2. 模拟

模拟包括运行模拟和监测模拟。在模拟之前，需考虑以下三项内容：数值格式的选择、特定流动特性的建模以及确定收敛条件。数值格式的选择包括空间离散化、时间离散化和线性求解器的选择。需要确定的流动特性模型包括湍流模型、能量和质量传递模型以及可能的相变模型。最后，确定收敛条件意味着设置准则，以及决定监测点和可能的其他检查收敛性的方法，如考虑监测积分值。

虽然模拟计算是由计算机来完成的，但如何执行这些操作需事先规定。这涉及离散化算子的选择和线性求解器的设置。在非稳态模拟情况下，还涉及时间步长的设置。离散化算子包括时间格式、对流格式和扩散算子的选择。一些求解器还允许指定梯度和拉普拉斯算子（尽管它们对一般问题计算精度的影响通常是有限的）。

在以对流为主的流动中，对流项的离散化方法影响最大。一般而言，建议以无条件稳定的一阶迎风格式开始模拟。如果该模拟出现发散，则应再次检查设置（网格、边界条件和材料物性）。一阶模拟在得到物理结果之后就可以切换到高阶离散格式以提高精度。对于 RANS 方法模拟来说，在大多数情况下，可以切换到二阶迎风格式（高分辨率网格可切换到二阶中心格式）。需要注意的是，在理论上，中心格式的应用受单元佩克莱数小于 2 的限制。在实践中，获得稳定解的佩克莱数最高可达 10。在高保真模拟中，由于网格较精细，因而佩克莱数通常不会超过这个限制。因此，中心格式由于不会引入额外耗散而成为首选。通用的有限体积法由于只存储直接相邻的单元，因而格式阶数通常被限制为二阶，这种限制直接影响着在数值域中传播的扰动波。

因此,对于需解析高频率的 DNS 模拟来说,宜使用其他方法,如更容易实现的高阶格式。

在稳态模拟中,可以通过使用亚松弛因子来增强模拟的收敛性。亚松弛因子将更新的变量设定为上一步数值和新得到数值的加权和。对于强制对流和自然对流来说,对应的参数总结在表 4-6 中。温度的亚松弛因子范围与是否使用布辛尼斯克近似相关。如果使用布辛尼斯克近似,则可以使用较高的值;否则,则选择较低的值。

表 4-6　强制对流和自然对流的亚松弛因子

参　数	强制对流	自然对流
压力	0.3	0.7
速度	0.7	0.3
温度	0.5~0.9	0.7~0.9
湍流变量	0.5	0.5

若考虑时间依赖性问题,也需要对时间导数的离散化方法进行选择。同样,可以首先从低阶格式开始,这样由于初始化而造成的任何不稳定可以离开计算域而不被放大。一旦解达到了稳定,低阶格式就可以切换到高阶格式。然而,时间步长的大小与选择的时间离散化格式直接相关。显然,就像前面提到的参数一样,建议在非稳态模拟的情况下进行时间步长依赖性研究。不过,作为起始点,可以通过考虑库朗数或 CFL 收敛条件来估计时间步长。应该注意的是,由于库朗数的条件通常因程序而异,因此,应检查程序的使用手册,以确定库朗数是基于平均值还是最大值。如果使用手册没有给出说明,则建议使用 CFL<0.5 作为显式时间格式的起始点。对于隐式时间格式来说,通常可以将 CFL 提高 2 倍。对于液态金属来说,时间步长准则可以用傅里叶数(而不是 CFL)来限制(特别是在自然循环条件下)。该限制称为冯·诺依曼稳定性条件。

在 DNS 模拟中,通常建议选择与柯尔莫戈罗夫时间尺度相关的时间步长,同时,库朗数需小于 1。对于液态金属传热来说,蒂塞里利(Tiselj)和奇泽利(Cizelj)(Tiselj et al.,2012)认为,如果使用二阶以下的谱系程序,CFL 的范围应为 0.1~0.2。对于高阶谱系程序(三阶或四阶)来说,CFL 可放宽至约 0.5。另外,当采用显式格式时,稳定性的限制通常比柯尔莫戈罗夫尺度的物理要求更严格。

最后,模拟所使用的线性求解器的设置应遵循所使用模拟环境的一般性建议。建议参考所选求解器的用户指南。

3. 后处理

后处理通常由三部分组成：检查假设、检查独立性和数据提取。首先，模拟前的假设应与结果进行核对（如在壁面附近选择的网格大小是否与所选择的壁面处理方法一致）。然后，CFD 工程师应检查模拟结果是否独立于时间步长和网格大小。最后，可以通过提取数值、绘制图表等方式实现模拟结果可视化。后处理是通用的步骤，没有特别针对液态金属应用方面的指引。

在后处理中，CFD 工程师应初步检查压力、速度等模拟值是否合理，留意模拟输出中的警告或错误。在进行非稳态模拟时，不仅需要大量的模拟时间，还需要存储和分析大量的数据。因此，建议只保存必要的信息。这就要求在模拟前识别感兴趣的数据，并执行运行时处理程序，从而以预定义的采样频率提取这些量。在特殊情况下，当模拟可与测量值或其他数值结果进行比较时，了解参考数据的不确定性是很重要的。此外，必须特别小心地后处理原始数据，就像处理参考数据一样。

4. 湍流

液态金属与工程中常用流体（如空气和水）的区别之一是湍流行为，尤其在传热方面。目前为止，尚未有一个普遍有效的通用湍流模型可以使用。CFD 工程师应确保在任何情况下，湍流模拟中实现的数值误差和收敛误差都尽可能低，因为只有在消除了其他误差来源（如数值和收敛误差）的情况下，湍流建模才有意义。CFD 工程师通常可以使用许多不同的湍流模型，因此，应对所应用模型的弱点有基本认知。由于一些高级模型在收敛方面往往存在困难，因此，开始模拟时建议首先使用稳健的模型（如标准的 k-ε 或 SST k-ε 模型），之后再切换至高级模型。

相关研究表明（Grötzbach，2013；Roelofs et al.，2015），液态金属的动量边界层和温度边界层差异明显。因此，通常通过普朗特数将动量边界层与热边界层进行雷诺类比的方法不适用于液态金属。

即使在特定的流动状态下（如在自然对流或强制对流中）存在解决方案，理想情况下的湍流传热模型也应该能够处理所有的流动状态。格伦茨巴赫（Grötzbach et al.，2013）和罗尔夫斯等（Roelofs et al.，2015）明确建议使用这种高级湍流传热模型，如杜邦切尔等（Duponcheel et al.，2014）所述的使用壁面函数的混合壁面法。该模型虽然为强制对流提供了合理的解决方案，但人们也意识到，进一步发展到自然对流形态可能存在困难。局部湍流普朗特数方法也是如此（无论是通过查询表还是使用方程）（Böttcher，2013；Goldberg et al.，2010）。另一类模型是以代数热流模型（Algebraic Heat Flux Model）为代表，在该类模型中，发展最充分的是沙姆斯等（Shams，2014）所描述的模型。基于一些基准测试案例,他们证明了他们的模型确实可以成功地应用于自然对流和强制对流流型,但是,目前该模型仍然需要进一步的评估和开发。更复杂的一类模型是四方程模型,如曼瑟维西和蒙吉尼(Manservisi et al.,2014)所描述的 ε_θ 和 k_θ 模型。最后,还有一类更先进的热流模型。虽然这类模型如鲍曼等(Baumann et al.,2012)以及卡特恰诺和格伦巴赫(Carteciano et al.,2003)所描述的,在基准测试案例中表现出了良好的性能,但在实际应用中往往难于实现和达到收敛。在没有高级模型的情况下,建议改变常数湍流普朗特数的值,取值范围通常为 2~4(Thiele et al.,2013;Duponcheel et al.,2014;Buckingham et al.,2015;Errico et al.,2015)。

需要注意的是,到目前为止,这些模型中还没有一个被完全验证过可以用于实际工程应用程序和所有的流动形态(包括自然、混合和强制对流)。此外,还应认识到动量湍流模型和传热湍流模型是相互影响的,在使用时应综合考虑。

对于像 LES 这样的高保真方法来说,重要的是要认识到,液态金属相对较厚的热边界层意味着一个充分解析的速度场会自动产生一个充分解析的温度场。因此,对于壁面解析的 LES 方法来说,可能不需要温度亚网格模型。在没有额外湍流模型的情况下,温度场可以采取类似 DNS 的方式进行解析(Grötzbach,2013;Duponcheel et al.,2014)。

5. 小结

与液态金属 CFD 模拟相关的指引主要有以下几点。

(1)考虑到长湍流结构,扩展了 DNS 方法的计算域大小。

(2)推荐了液态金属(钠和铅合金)的物性数据集。

(3)罗列了 RANS、LES 和 DNS 的最新网格要求。

(4)列出了 RANS 和 LES 的时间步长要求,以及 DNS 中与液态金属相关的特定时间步长要求。

(5)补充说明了 RANS 和 LES 中的湍流热传输和壁面处理方法。

4.4 多尺度模拟

4.4.1 引言和动机

1. 反应堆热工水力模拟尺度

像核反应堆这样复杂的大型系统的热工水力行为是广泛的各类流体力学现象的产物。原则上,这些现象可以通过直接求解 Navier-Stokes 方程来直接建模(至少对于单相流动而言)。然而,这种反应堆规模的 DNS 方法在今天仍然是不可行的,因为这样的模型需要跨越一系列的尺度,包括分子扩散的微观尺度($L \sim 10^{-6}$ m,$t \sim 10^{-6}$ s)和与反应堆本身行为相关的大尺度($L \sim 10$ m,对于长瞬态来说,$t \sim 10^6$ s)。虽然这种大范围的时间和空间尺度直接构成了 DNS 的障碍,但也为建立反应堆热工水力学模型提供了思路和方法。这是因为,发生在某个小尺度上的现象虽然复杂,但这些现象只是通过其统计学上的平均特性来影响大尺度现象。

当这种"尺度分离"发生时,大尺度模型中某一微观现象的总体效应,可通过描述其平均行为的简单模型以适当的精度来呈现。这样的模型可通过以下方法构建。

(1) 通过理论手段,假设小尺度方程的自平均特性(这种假设是大多数湍流模型的基础)。

(2) 通过对关注的局部现象进行小尺度的数值模拟(模拟的条件范围须适用于目标应用)。

(3) 基于相似定律开展分析或中尺度实验,以直接建立感兴趣现象的关联式。由于这类关联式已被广泛应用于常见的大尺度效应的求解(如压降和传热),因而不必深入研究产生这些效应的小尺度湍流现象。

在实际应用上,这种尺度分离也推动了目前用于模拟反应堆热工水力行为的程序的多样性。在最小的尺度上,具有 DNS 功能的 CFD 程序虽然能够直接模拟微观现象,但在实际应用中,大多局限于较小的区域(如小于反应堆的单个组件),同时可实现的最大雷诺数也是受限的。在更大的尺度上,只要计算机资源足以支持几何结构的网格划分和条件,LES 和 RANS CFD 程序就可以通过使用湍流模型来描述湍流现象的整体效果,从而灵活地对更大的区域进行模拟。在下一个尺度层面,已经开发出 SCTH 程序和"粗糙 CFD"程序,这一层面往往由于局部几何特性复杂而无法直接进行描述,譬如堆芯整体模拟中的定位绕丝。在这些程序中,常使用关联式来描述未解析的几何特性的影响。最后,在反应堆尺度层面上,STH 程序可用于模拟整个反应堆在长瞬态下的整体响应,通常通过零维、一维和三维单元的组合来实现。在这个尺度下,许多物理现象必须使用关联式来描述。

目前,这些程序大部分经过了多年甚至几十年的开发、验证和确认,已经能够用于研究反应堆中的大多数热工水力现象(只要这些现象是以简单的方式相互作用)。然而,当各类物理现象之间的复杂相互作用成为决定因素时,使用这些程序开展研究往往会出现困难。

2. 不同尺度间的相互作用

由于其固有特性,液态金属反应堆异常容易受到复杂的相互作用的影响,且这些复杂的相互作用目前难以用现有的热工水力工具来模拟。由于LMR中的大部分中小尺度现象(如湍流摩擦和传热)都显示出明显的尺度分离特性,因此,可以在反应堆的整体描述中,采用简单的模型来描述。然而,一些特殊情况会导致更复杂的相互作用(Tenchine,2010)。

(1) 大多数 LMR 的设计采用池式结构,即一回路包含在一个大型容器中,大多数部件(堆芯、换热器和泵)由大的液态金属腔室连通。这些液态金属在腔室内的流动遵循复杂的流动模式:通常情况下,从堆芯出来的出口射流被吸进热池中的换热器入口,从换热器出口流出的射流会流向主泵入口。由于这两个腔室之间不能完全绝热,因此,在热池底部和冷池顶部会形成热分层。在假想的事故情形下(如失流或部分失热阱),这些射流在与池中热分层相互作用的过程中,会从惯性流过渡到浮力驱动流,并呈现出复杂的流态。这些现象会影响换热器和泵的入口温度以及自然对流的整体压头,继而强烈影响一回路的整体行为。

(2) 大多数 LMR 的堆芯设计采用封闭式燃料组件设计,即整个燃料组件被封装在一个封闭的六边形包盒(燃料组件盒)内。在这种设计中,燃料组件内的流动(包盒内流动)和燃料组件包盒之间的流动存在着明显的区别。前者是由强制对流驱动,后者则不存在驱动力。在自然对流中,这种设计会导致三种相互竞争的流动路径(图 4-44):第一种是常规的一回路流动路径,即经过中间换热器和一回路泵;第二种是燃料组件之间的对流循环,冷却剂经过外围部分的较冷燃料组件向下流动,并经过中心区域的较热燃料组件向上流动;第三种流动路径是燃料组件包盒之间区域的对流循环,冷却剂在堆芯的外围向下流动,冷却燃料组件的侧面,随后在中心区域向上流动(这种冷却模式也会促进每个燃料组件内部的较冷部分、每根燃料棒束的外围以及其较热中心处的小对流循环)。在反应堆熔池中的衰变热排出换热器运作的情况下,相比第一种常规流动路径,第二种和第

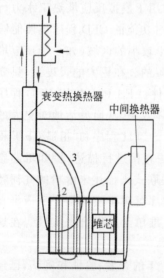

图 4-44　反应堆内自然对流流动
路径
(请扫Ⅱ页二维码看彩图)

衰变热换热器

中间换热器

堆芯

3

2　1

三种流动循环模式提供了由热源到热阱的更直接的路径。在实际运行中,它们可以排出 30%～50% 的总衰变热。

在上述两种流动模式下,反应堆的整体行为都受复杂的三维流动现象的影响。这些现象通常需要 CFD 或 SCTH 程序来模拟,然而,目前却只有 STH 程序能描述整个反应堆的行为(包含堆芯中子动力学或泵模型)。因此,目前现有的程序不足以既描述整个反应堆的行为,又考虑复杂的三维现象。能满足这种要求的程序尚在开发中。

为描述不同尺度之间的相互作用,有必要对程序做进一步开发。在其他情况下(如没有这种相互作用的情况下),可能需要模拟多个尺度,例如,某一瞬态工况下的安全评估往往需要知道包壳的局部最高温度,这类信息通常只能从三维模拟计算中获得。然而,在多数情况下,由于这种局部尺度并不影响系统尺度,因此,进行系统层面的计算足以模拟反应堆的整体行为。然后,以 STH 程序计算得到的全局演化参数为边界条件,可以独立进行局部计算,这种"单向耦合"的计算通常可以以现有的程序进行。

3. 模拟多尺度现象

现有的热工水力模拟工具可以从两个主要方向模拟多尺度现象。

(1) 选择在能够描述所有现象所需的最小尺度上对整个区域进行建模(通常是粗糙 CFD 尺度)。

(2) 选择多尺度模拟方法。按照反应堆的不同部分、不同现象来选择对应的尺度进行模拟。例如,对大腔室使用粗糙 CFD 尺度,对堆芯使用子通道尺度,对反应堆的其余部分使用系统尺度。

单一尺度模拟方法的优点在于,可以使用现有的 CFD 程序的数值框架及其相关的验证、确认矩阵。其缺点在于反应堆整体均需在 CFD 尺度上进行模拟(包括不存在局部现象的区域),会导致额外的计算成本。另外,现有的模型必须移植到新的程序中,包括点堆中子动力学、泵和粗糙尺度的换热器模型(STH 程序)及子通道压降/混合模型(SCTH 程序)。这些模型一旦开发出来之后必须经过验证和确认,以达到与其原有程序一致的水平。

多尺度模拟方法的优点在于可以使用现有的程序模拟每一种尺度,无需使用新模型。其缺点在于需要对这些程序进行修改,以满足不同尺度间的模拟协同,而这往往需要开发一个耦合接口来引导每个程序并与外部主导程序交换数据。此外,有必要为整个耦合计算开发新的数值方案,并在其中描述如何处理不同尺度、不同维度之间的界面和数据传输(如 STH 程序和 CFD 计算域之间的边界);耦合计算还需收敛到一个一致的多尺度求解结果,以确保每个程序在其各自计算域中,获得的求解结果之间没有残差的不一致。耦合方案在开发之后就应在与原始程序相同的水平上进行验证和确认。

目前为止,上述模拟方法已应用于下面的一些案例。

(1) CFD 程序(模拟回路中的特殊部分,如热池/冷池)与 STH 程序(模拟回路中的其余部分)耦合,构建多尺度的完整回路/反应堆模型(Bandini et al. ,2015b)。

(2) 燃料组件内部的子通道模型与组件盒盒间区域的 CFD 模型耦合,构建 LMR 堆芯的多尺度模型(Conti et al. ,2015)。在某些情况下,这种类型的模型已经与 STH 程序/CFD 耦合程序相结合,继而得到一个完整反应堆的三尺度模型(Gerschenfeld et al. ,2017)。

(3) 使用 CFD 程序对完整的反应堆一回路建立单一尺度模型,对复杂几何形状的部件(如堆芯、换热器和泵)使用集成的"粗糙"(多孔或一维)模型。

一般而言,研究者们倾向于在多尺度方法中再次使用现有程序功能,实施程序间耦合的小型管理程序可以使人们在相对较短的时间内获得结果。然而,有以下几点需注意。

(1) 耦合数值方案的开发和验证往往复杂而困难,可能需要对程序进行重要的或意想不到的修改。

(2) 数据的平均化和重建是一项具有挑战性的任务。虽然从 CFD 尺度计算得到的二维速度和温度分布可以被平均化并传递给 STH 程序,但是,逆向过程包括从系统程序的零维尺度值重建二维分布。

(3) 虽然耦合模型可以针对给定的实验或反应堆工况来开发,但确认和验证策略的实施通常需要通用的耦合模型,即它可以不加修改地同时用于模拟反应堆工况以及用于验证它们的实验。这种通用耦合模型可以确保验证研究能够外推到反应堆应用。

(4) 从单一尺度或多尺度方法所预测的新效应将需要基于合适的验证矩阵进行验证。与耦合方案本身的开发相比,构成这一验证矩阵的实验的实现以及相关的开发利用往往更耗时。

最后,需要注意的是,现有的大多数 STH 程序都包含了三维模块(如 CATHARE、ATHLET 或 RELAP)。与 CFD 程序相比,这些模块往往存在一些局限性,如仅限于结构化网格或缺乏大规模并行计算的能力。这些局限性虽然会使其难以重现一些复杂的三维效应(如熔池中的射流行为),但依然可以准确地评估一些三维现象的影响,如那些可以用粗网格准确模拟的熔池总体热分层等现象。因此,带有三维模块的 STH 程序可以作为零维/一维 STH 程序与耦合或全 CFD 方法之间的中间步骤,并发挥着关键作用。

4.4.2　多尺度耦合算法

基于现有程序开发多尺度耦合方案涉及的主要内容包括：域的分解和重叠、水力边界的耦合、热力边界的耦合，以及时间离散格式和内部迭代。

1. 域的分解和重叠

开发多尺度程序耦合的第一步是为研究区域的每一部分确定合适的建模尺度。在大多数情况下，类似于现象识别和排序表(PIRT)的过程会使人们选择一个最粗糙的尺度，该粗糙尺度要能够表征可能影响系统全局行为的所有局部现象。在这个过程中，人们会辨认出一个或多个"精细区域"以及一个"粗糙区域"："精细区域"涵盖局部效应可能发生的区域，通常会选择 SCTH 或 CFD 程序进行模拟；"粗糙区域"涵盖反应堆或回路的其余部分，宜使用 STH 程序进行模拟。

在选择完对应的程序之后，需对每个程序的实际计算域进行选择。通常地，可将每个程序的计算域匹配到精细区域和粗糙区域，每个区域都被分配给一个单一的程序。在这种计算域的分解方法中，程序之间的相互作用只在粗糙区域和精细区域之间的边界上进行，从而使得耦合算法的设计更简单。然而，这种方法也会使程序之间的耦合更紧密，譬如，在不可压缩系统中的总体压力场需要进行强耦合，而这反过来又会使最终的耦合算法变得更加难以收敛。

在另一种被称为计算域重叠的耦合方法中，研究者可在粗糙计算域内保留完整的特殊区域，将从 CFD 或子通道尺度计算得到的结果覆盖由 STH 程序在精细计算域上得到的粗略结果，从而实现整体耦合求解。与上面的域分解方法相比，计算域重叠方法有利有弊：由于 STH 程序仍然对重叠区域进行计算，因而只在精细区域的边界处进行耦合数据交换可能是不充分的。研究者需要保证在重叠区域内的系统尺度计算不会影响到重叠区域外的系统模型部分。相反，程序耦合应保证系统尺度计算的外部部分与重叠区域内 CFD 或 SCTH 程序得到的结果一致。为了保持这一特性，耦合算法可能会需要影响重叠区域内的 STH 程序(而不仅仅是在其边界处)。使用域分解方法则不存在这样的问题，因为两个区域是完全分离的，仅通过耦合界面进行数据交流。

由于复杂度增加，重叠耦合在本质上比分解耦合更难以应用和验证。这是因为在分解耦合中，耦合算法中的错误通常易于察觉，而重叠耦合中的错误则通常会导致重叠区域内系统尺度的计算结果被错误地使用,并导致耦合方案出现不太明显的恶化,而这种恶化往往不易被察觉或追踪。另外,重叠耦合也会避免出现一些与分解耦合相关的紧密耦合问题。在重叠耦合中,STH 程序和 CFD 程序执行的压力场计算的耦合是不紧密的,因此可以使用源项来实现。因此,从数值角度来看,重叠耦合算法可能更容易实现。此外,在重叠耦合方法中,由于用于耦合计算的同一系统尺度模型是自给自足的,因而可以独立计算。该特性可为耦合计算提供初始状态,而无需使用不同的STH 模型(因为耦合计算通常是使用 STH 程序的稳态结果进行初始化的)。此外,这一特性还为人们比较耦合计算与其原始 STH 计算之间的差异提供了便利。当然,分解耦合方法也可以通过在耦合计算过程中自动"移除"STH程序输入卡的重叠部分来实现同样的功能。例如,在 ATHLET/ANSYS CFX域分解耦合方案中,一个完整的 ATHLET 输入卡可同时用于独立计算和耦合计算,但在重叠的 ATHLET 区域内,输入卡在耦合时间步中被停用。

由于在重叠法和分解法的选择上存在权衡取舍问题,目前倾向于将这两种耦合模型以相当的比例使用。两种方法甚至可以同时使用,例如,法国原子能和替代能源委员会(CEA)开发的 STH/SCTH/CFD 耦合算法在 STH 和SCTH/CFD 之间使用域重叠方法,但在 SCTH 和 CFD 之间使用域分解方法。

2. 水力边界耦合

两个流体域之间的边界是多尺度计算中最常见的耦合边界。在这类边界上构建耦合方法有必要注意以下方面:①边界应保证质量和能量守恒,即从一个区域(STH 或 CFD)流出的流体质量等于流入另一个区域(CFD 或STH)的流体质量,从一个区域流出的焓等于进入另一个区域的焓;②边界两侧应具有一致的压力值。需注意的是,虽然这种守恒方法对确保一致的多尺度计算是充分的,但不是必要的。在实践中,人们可能更喜欢这样一种算法,其优点是,即便放宽一些守恒条件,耦合算法在时间和空间上也能收敛到一致的解。在需要多次迭代才能精确验证这些守恒条件的情况下,这种非守恒方法会很有吸引力。

对于域分解耦合来说,可以通过在 STH 和 CFD 侧施加匹配的入口和出口边界条件,来保证边界质量守恒和压力场一致,比如,在一侧施加压力边界条件,而在另一侧施加流量或速度边界条件。如果采用程序对程序的数据交流方式,保证一个程序在一侧边界处计算得到的流量(速度)或压力被用作另一侧的边界条件,那么,也同样可以满足边界质量守恒和压力场一致的条件,如图 4-45(a)所示。

对于域重叠耦合来说,STH 程序计算出的流量可以作为 CFD 侧的边界条件,以保证边界质量守恒。直接在 STH 侧施加压力边界条件可确保压力一致性,并产生类似于域分解的耦合算法;又或者可以在 STH 计算域内部添加源项(图 4-45(b)),以修改 STH 侧耦合边界之间的压力差,直到它们收敛到与 CFD 程序计算的压力差一致。

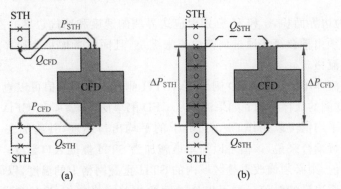

图 4-45　STH 程序和 CFD 程序的域分解方法(a)和域重叠方法(b)
(请扫 Ⅱ 页二维码看彩图)

粗糙区域和精细区域之间的尺度差异也是需要考虑的因素。在 STH 程序中,边界处的流动通常用单一的平均速度来描述,而 CFD 程序则会计算或需要计算边界处的三维速度分布。这可能会导致以下困难(图 4-46)。

(1) 如果 CFD 侧的边界施加了速度分布条件,那么,最简单的方法是,施加一个与 STH 程序计算得到的相等的恒定速度。然而,这样的速度分布对应的显然不是充分发展的流动,而且流体沿着边界的法线方向进入 CFD 的计算域。一个改进的方法是,在 CFD 侧施加一个满足质量守恒条件的充分发展的速度分布,并避免将耦合边界设置在可能存在横向流动的区域。在实践中,多数研究者倾向于在进/出口处将

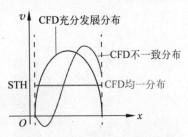

图 4-46　STH/CFD 边界可能的
速度分布
(请扫 Ⅱ 页二维码看彩图)

CFD 的计算域延伸几个水力直径,以尽量减少流动发展效应的影响。

(2) 如果 CFD 侧的边界条件是外加压力类型,那么,CFD 程序可以计算出带有局部逆流的速度分布。虽然这样的速度分布可以满足质量、能量和压力守恒原则,但这并不是可取的,因为它们不能在 STH 程序中被正确地描

述。为避免这种情况,人们往往会尽可能地使用流量边界条件,尤其是在可能出现双向流动的区域。

最后,需补充的是,能量守恒条件要求通过边界的能量在 STH 侧和 CFD 侧保持相等,该条件的数学表达式如下:

$$Sv_{STH}H_{STH} = \int_{x \in S} v_{CFD}(x)H_{CFD}(x)dx \qquad (4\text{-}117)$$

式中,S 为边界面积,v 和 H 分别对应边界侧的速度和通过边界的液体焓值。该方程必须由耦合算法通过调整焓值来满足,且同时考虑每个程序所使用的离散和对流格式。

如果流体单向流入 CFD 侧,那么,STH 侧边界上的焓值可以直接设定为进入 CFD 侧的流体焓值;如果流体从 CFD 侧单向流出,那么,CFD 边界上的流动加权平均值可以用作 CFD 边界上的平均出口温度,并施加在 STH 侧。对于域分解耦合来说,该值可以简单地施加为 STH 侧的入口温度;对于域重叠耦合来说,则必须修改重叠区域内的 STH 重叠网格上的温度,以调整 STH 程序中流通边界的焓值。这可以通过替换相关网格中的 STH 能量方程(如果可能的话)或在该方程中增加能量源/汇项来实现。

实际上,需要注意的是,这些水力耦合界面对边界处的动量和能量方程作了一定程度的近似,特别地,图 4-45 和图 4-47 中所描述的方案忽略了边界周围网格中热扩散的影响。这些影响通常是可以忽略不计的(液态金属与壁面的耦合除外)。

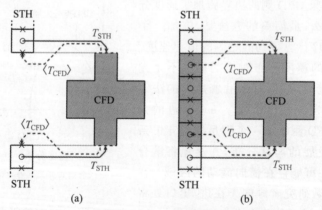

图 4-47　STH 程序和 CFD 程序水力边界的热力耦合

(请扫 II 页二维码看彩图)

另外,还需强调的是,在图 4-47 采用域分解(a)和域重叠(b)方法进行水力边界热力耦合时,如果 STH 程序采用迎风格式计算热对流,那么,可以简单地将计算域外最后一个 STH 网格的温度施加到 CFD 边界条件上,从而保证流向 CFD 计算域的热流密度与 STH 的值一致。相反,如果将 CFD 侧的平均流出温度作为边界条件(使用域分解方法)或作为边界内最后一个 STH 网格的温度(使用域重叠方法),那么,也可确保流体在从 CFD 计算域向外流出时,程序间的热流密度保持一致。

3. 热力边界耦合

如本节所述,水力边界的耦合界面通常忽略边界处的热传导效应。但是,在一些较罕见的情况下,则可能需要对不同程序所描述的区域之间的热交换建立模型。例如,为了将一回路的 CFD 模型集成到包含中间热交换器(IHXs)和二回路的反应堆模型中,在中间热交换器发生的换热需要通过耦合中间换热器一回路侧的 CFD 模型和中间换热器二回路侧的系统模型来建模。又如,在完整的堆芯模拟中,燃料组件内的子通道模拟需要与盒间区域的 CFD 模拟耦合,盒间流的热量排出必须通过将组件盒(由 SCTH 程序模拟)耦合到盒间 CFD 模型中来实现。在这两种几何结构中,较高的换热面表面积体积比会使程序之间的耦合更强烈。

图 4-48 给出了域重叠和域分解方法中热力边界耦合的实例。在这两种方法中,换热壁面的温度是由 STH 或 SCTH 程序计算得出的,将该壁面温度插值到 CFD 网格上,并在 CFD 能量方程中加入一个热流密度,即可实现 CFD 计算域网格与该壁面的"接触",热流密度的公式如下:

$$\phi_{CFD} = h(T_{CFD} - T_{w,STH}) \tag{4-118}$$

式中,$T_{w,STH}$ 是壁面插值温度,换热系数 h 可以由 STH 程序计算并插值得到,也可以由 CFD 程序本身进行局部计算得到。CFD 程序利用这个源项计算通过壁面的热流密度。在 STH 程序的下一次迭代中,这个热流密度被插值到 STH 网格上,并覆盖上一次的 STH 计算值。

需要注意的是,在热力耦合过程中存在一些陷阱。例如,如果将 STH 程序中计算得出的热流密度施加到 CFD 计算域,单一 STH 网格对应的所有 CFD 网格中的热流密度就会均匀一致,而这可能导致计算出不符合实际的温度。通常情况下,在 CFD 一侧流动较慢的 CFD 网格会恒定地传递热量,其最终温度将低于二回路侧的温度。又如,在重叠耦合的情况下,仅在下一次 STH 迭代时将 CFD 计算域的流体温度映射到重叠区域是不够的。虽然这种方案能收敛到一致解,但由于 STH 和 CFD 程序中计算得到的热流密度会不一致,因而违反了能量守恒定律。

最后,值得注意的是,在源项 ϕ_{CFD} 中,使用 STH 壁面温度和局部壁面-流

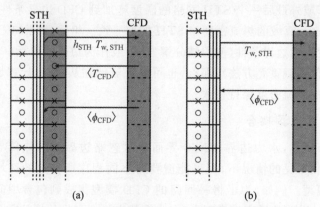

图 4-48　STH 程序和 CFD 程序的热力边界耦合

(a) 域重叠法；(b) 域分解法

（请扫Ⅱ页二维码看彩图）

体换热系数，通常会导致液态金属系统出现非常强的耦合，以及产生相关的时间步长稳定性条件。相反，一些 STH 程序能够对相邻网格的流体温度提供壁面热流密度的"敏感性"，其表达式为

$$\phi_{\text{STH}} = \phi_0 + \chi(T_{\text{STH}} - T_0) \tag{4-119}$$

式中，敏感性系数 χ 通常比换热系数 h 低一到两个数量级。在 CFD 侧，这个系数可以代替热源项中的 h，并与等效壁温一起使用：

$$\phi_{\text{CFD}} = \phi_0 + \chi(T_{\text{CFD}} - T_0) = \chi(T_{\text{CFD}} - \overline{T}) \tag{4-120}$$

$$\overline{T} = T_0 - \phi_0 / \chi \tag{4-121}$$

与式(4-118)相比，该公式在稳定性方面得到了较大的改进。

4. 时间离散格式和内部迭代

当使用多尺度方法对给定的瞬态进行模拟时，本节讨论的耦合策略可以用于实现两个或多个程序之间的耦合算法。在多尺度耦合算法中，可以使用显式格式和隐式格式两种时间步进格式。在显式格式中，耦合算法用于确保不同的计算域在每个时间步长之前是一致的；而在隐式格式中，耦合算法则确保计算域在每个时间步长内是一致的。

通常，在显式格式中，耦合算法在每个时间步开始时进行数据交换就足够了，然后，每个程序独立运行一个（共同的）时间步长。如果所有程序都成功运行，那么整体模拟就可以推进到下一个时间步。当然，也允许不同程序运行不同的时间步数，然后仅在指定的"同步点"进行数据交换，这个做法通常用于 CFD 程序与 STH 程序之间的数据交换。

　　通常,在隐式格式中,耦合算法会在给定的时间步长中为每个程序运行迭代,并在迭代过程中组织数据交换,直到耦合参数(如定义在边界的参数)收敛到共同值。对于水力边界耦合来说,可能需要不断迭代直到压力场收敛(域分解耦合法)或耦合边界之间的压力差收敛(域重叠耦合法);对于热力边界来说,可能需要不断迭代直到 STH 侧的壁温收敛及 STH 与 CFD 两侧的热流密度一致。

　　程序之间的迭代是大多数耦合算法的共同特征。由于大多数程序只呈现一阶信息,所以一阶迭代格式(如高斯-赛德尔迭代法)是最常用的迭代格式。在这种格式中,耦合信息只是在程序之间来回传递,直到它们收敛到共同值。由于 STH 迭代通常比 CFD 迭代的成本低得多,所以,STH 程序中的变量要比 CFD 程序中迭代得更频繁,因而可以在其间权衡调和。当然,在这个过程中,也可以使用各种加速迭代方法。需要指出的是,高斯-赛德尔迭代法的收敛速度在某些情况下可能是不够的(如用域分解方法求解常见的压力系统),而二阶格式(如牛顿拉普森迭代法)在大多数情况下又不能直接应用(因为这种方法所需的矩阵元素无法由程序的耦合接口提供)。然而,研究者可以使用离散导数来构建耦合边界变量的牛顿拉普森迭代矩阵(Degroote,2016);也可以采用类似 Jacobian-Free Newton-Krylov 方法的技术并使用程序提供的一阶数据来求解牛顿拉普森迭代系统。

4.4.3　多尺度方法的开发和验证

　　本节将对多尺度耦合模型在一些液态金属实验上的应用进行适当描述。这些应用的最终目的是加深对液态金属反应堆瞬态的理解,减少反应堆安全评估中的保守裕量。目前,多尺度计算已经应用于一些 LMR 的安全分析中,如法国 ASTRID 和比利时 MYRRHA 的安全瞬态分析。这两个案例都对完整的反应堆一回路进行了 CFD 建模。然而,如果要将这些模型用于各自反应堆的最终安全分析,那么,它们的验证、确认和不确定性量化水平就要达到与 STH 程序相媲美的程度。对于 STH 程序来说,耦合算法的验证包括解析验证、组合效应验证、大尺度验证和整体验证。

　　1) 耦合算法的解析验证

　　耦合程序与 CFD 程序系统中解析验证的概念具有不同的含义。根据定义,由耦合模型预测的单个效应是由模型中包含的某个程序的计算结果,而由耦合程序所预测的"新"现象,比如,由不同尺度的相互作用所产生的现象,则通常被视为"组合效应"。

　　在解析层面上,保证所使用的耦合算法在程序之间的耦合边界上得到验证就足够了,而这可以通过构建大量的分析测试用例来验证。这些分析测试用例需覆盖算法可用的所有潜在耦合边界类型,并可以验证边界上的质量守恒、能量通量与压力场一致性。基于这些测试案例的验证应该足以在解析层面证明耦合算法的有效性。

2) 小尺度和中等尺度的验证

在一些项目(如欧洲的 THINS 和 SESAME)中,TALL-3D 和 NACIE-UP 装置已被用来研究小尺度的耦合效应。设施中的局部现象只能使用 SCTH 或 CFD 程序进行模拟,并通过对比详细的测量数据来对这些局部效应进行验证。在设施的整个回路尺度上,STH 程序之所以能提供较好的模拟结果,是因为这些局部效应预计只会通过其平均属性(如组件中的压降)来影响整体行为。在这种情况下,使用耦合模型,人们可以将 CFD 程序的预测值与系统程序中使用的经验公式进行比较,同时,CFD 程序还可以提供一些从系统程序中无法获取的局部有用信息(如包壳峰值温度)。

以 TALL-3D 装置为例,图 4-49 给出了 CATHARE 程序和 TrioCFD 程序建立的模型。通过多尺度热工水力模拟和隐式时间格式,CATHARE 程序

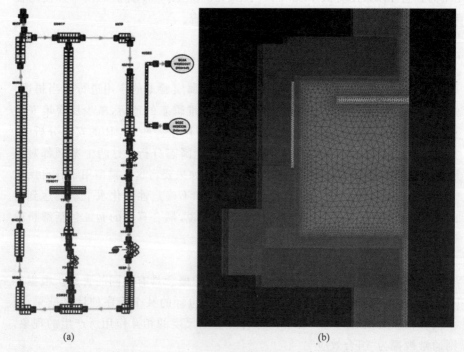

(a)   (b)

图 4-49   TALL-3D 装置的 CATHARE 系统模型(a)和三维测试段的 TrioCFD 模型(b)

模型中描述的三维测试段与 CFD 模型重叠。通过特殊的函数可以将
CATHARE 程序计算的耦合边界处的温度分布,替换为 TrioCFD 程序计算
出的值,重叠域内动量方程中的某一源项,则被用来修正 CATHARE 程序在
耦合边界的压力差。

表 4-7 列出了正在开发中的用于这两个液态金属装置的耦合模型
(Grishchenko et al.,2015; Papukchiev et al.,2015; Toti et al.,2017; Di
Piazza et al.,2016)。

表 4-7　用于 TALL-3D 和 NACIE-UP 装置的耦合模型

装　置	STH 程序	CFD 程序	耦合方法	时间格式
TALL-3D	RELAP5	StarCCM+	重叠耦合	隐式
TALL-3D	ATHLET	ANSYS CFX	分解耦合	显式
TALL-3D	CATHARE	TrioCFD	重叠耦合	隐式
TALL-3D	RELAP5	ANSYS Fluent	分解耦合	隐式
NACIE-UP	RELAP5	ANSYS Fluent	分解耦合	显式
NACIE-UP	CATHARE	TrioCFD	重叠耦合	隐式

3) 大尺度和整体验证

同样,在过去的一些项目中,铅铋共晶循环(CIRCE)实验和凤凰
(PHENIX)反应堆已经被用于在大尺度范围上对多尺度耦合程序进行验证。

表 4-8 汇总了一些目前用于 CIRCE 装置和 PHENIX 反应堆的耦合模型
(Zwijsen et al.,2018; Angelucci et al.,2017; Gerschenfeld et al.,2017;
Pialla et al.,2015; Uitslag-Doolaard et al.,2018)。

表 4-8　用于 CIRCE 装置和 PHENIX 反应堆的耦合模型

装置或反应堆	STH 程序	CFD 程序	耦合方法	时间格式
CIRCE	SPECTRA	ANSYS CFX	重叠耦合	显式
CIRCE	RELAP5	ANSYS Fluent	分解耦合	隐式
PHENIX	CATHARE	TrioCFD	重叠耦合	隐式
PHENIX	ATHLET	OpenFOAM	分解耦合	序列式
PHENIX	SPECTRA	ANSYS CFX	重叠耦合	显式
PHENIX	SAS4A	Nek5000	重叠耦合	隐式

4.4.4　多尺度模拟实践概要

在 LMR 中,不同尺度现象之间存在复杂的相互作用。在许多重要的情
形下(如过渡到自然对流或非能动余热排出过程中),局部的三维效应会影响

到 LMR 的整体行为。因此,需要将小尺度的局部效应整合到整个系统模型中。多尺度模型提供了这样一种建模途径,即能在系统、子通道和 CFD 尺度上,充分利用现有的反应堆热工水力程序。在多个尺度层面上的程序耦合可以根据所需的尺度刻画系统的每个部分,而不需要对整个区域进行精细描述。耦合算法应确保,每个程序计算的不同区域随着时间始终保持一致,特别是在以不同尺度建模的两个区域之间的"耦合边界"上。多尺度计算应与单一程序的计算相似,并能预测由不同尺度的现象相互作用而产生的整体效应。

在实践中,由地多尺度耦合需要满足水力和热力边界上的守恒原则及一致性条件,因此,采取的耦合策略往往需要在各程序之间执行迭代过程。在这个过程中,域分解法和域重叠法各有优缺点。此外,时间离散格式和迭代方法也会对收敛速度产生重要影响。

可以预见的是,多尺度耦合计算将用于未来 LMR 的安全验证和分析。为实现这一目标,这些耦合将会经过广泛的验证、确认和不确定性量化过程,特别地,它们需要基于一个由分离效应、组合效应和整体测试所组成的数据库进行验证。值得一提的是,目前,TALL-3D 和 NACIE-UP 等小尺度实验装置,以及 CIRCE、PHENIX 等大尺度装置和反应堆,已经为构建这样的数据库做出了重要贡献。

4.5　确认、验证与不确定性量化

通常,物理模型通过一系列数学方程来描述。数值模拟是通过数值方法和算法将控制方程离散化,从而将数学模型转化为计算机程序可执行的离散计算模型。数值模拟的验证、确认以及不确定性量化(Verification and Validation and Uncertainty Quantification,VVUQ)主要包括以下内容:

(1) 验证:确定模型的实现准确反映了开发者对模型的概念描述及求解。

(2) 确认:从模型的预期使用角度来看,确定模型在多大程度上准确表征了现实世界。

(3) 不确定性量化:包括一套用于评估模型精度的方法,同时考虑模型输入的潜在不确定性。

奥伯坎普夫和罗伊(Oberkampf et al. ,1998)提出了面向系统的分层次验证方法。系统位于整个验证层次结构的顶端,验证层次结构从上到下依次为完整系统、子系统、基准分析案例和单元问题。设置验证层次结构的目的是帮助识别较低的层次,并在这些层次上进行实验,以对较简单的系统和物理模型的准确性进行评估。具体的评估过程如图 4-50 所示。

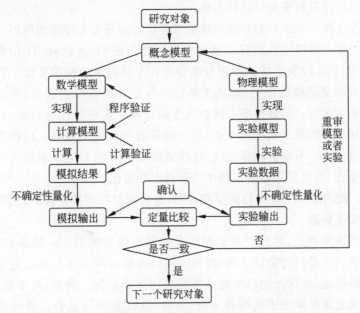

图 4-50　分层验证步骤(Oberkampf et al. ,2010)

　　VVUQ 在新反应堆设计以及证明新反应堆满足规定的安全要求方面,具有非常重要的作用。针对 LMR 的开发设计,VVUQ 首先关注安全要求的描述及其对程序开发过程的影响,然后进行验证和确认活动,最后在热工水力程序环境下进行不确定性量化。

4.5.1　安全部门的要求

　　LMR 的设计与现有商用反应堆(如轻水堆)的设计非常不同,这意味着其安全评估也应关注不同的情形。例如,由于液态金属反应堆采用池式设计且具有较低的运行压力,因此,冷却剂丧失事故便显得不那么严重。然而,由于这些反应堆在意外情况下主要依赖于自然循环,因此,需要提供更有力的证据,以证明在所有相关情况下,自然循环均可以建立并排出衰变热。

　　然而,在大尺度的整体实验中,很难同时对所有的重要现象进行比例缩放。此外,由于可进行的试验数量有限,因此,对于不断变化的反应堆设计,以及量化随机事故场景中不确定性对安全裕量的影响来说,全尺度或大尺度的试验是不切实际的。为此,设计和许可必须依赖于程序的预测能力。

对于任何的反应堆设计来说,提交给安全部门的安全案例都需关注以下内容。

(1) 选择进行安全评估的方法。

(2) 选择一个或一套特定的模拟工具进行部分安全评估的原因。

(3) 每个模拟工具都可以满足预期用途的证明,这包括:①由现象识别和排序表(PIRT)所支持的物理现象分析;②所选择的科学模拟工具及其使用符合其验证基础的证明,即该工具已经经过计算资源的验证,并进行了基本和全面的验证;③该模拟工具应用于反应堆工况的适用性分析,包括验证矩阵应用于反应堆的适用性分析,以及验证程序所用实验与反应堆特征工况的区别分析;④不确定性量化,包括将该模拟工具用于反应堆操作工况的不确定性量化,以及程序验证过程中的不确定性量化。

(4) 使用模拟工具进行的研究表明,在考虑潜在不确定性后,反应堆符合所有的安全标准。

需要说明的是,模拟工具的验证是针对具体案例的。一般来说,一个工具不能被说成是经过验证了的,因为它只是在特定环境下的特定应用中被验证了。同样地,所选择的程序也必须与应用正确匹配。例如,对于池式 LMR 在特定强迫循环瞬态下的操作来说,可将 STH 程序与适合该类型反应堆设计的守恒假设相结合来进行验证。这种低分辨率的建模方法更容易实现验证,且对设计和运行条件的变化也更稳健。然而,在涉及自然循环的瞬态中,STH 程序通常难以捕捉这种流动状态下的复杂物理特性。因此,该程序在这种工况下的验证结果会与验证数据存在明显差异,而且,使用该程序进行反应堆工况计算时所需的保守假设,也可能与最终的安全要求不相符。在这种情况下,预测性更好的方法(如多尺度计算)能够以更高的精度得到验证,从而降低这种反应堆情况下的差异,并改善安全裕量。这里,需再次强调的是,多个程序的耦合使用(如 STH 程序和 CFD 程序;STH 程序和 SCTH 程序;STH 程序、SCTH 程序和 CFD 程序)同样必须经过充分的论证和验证,并按照上述过程来建立安全案例。

4.5.2　验证

验证过程包括两个主要任务(Oberkampf and Roy,2010;Roy and Oberkampf,2011)。

(1) 程序验证,其定义为确定数值算法和物理模型在计算机程序中正确实现,并识别软件中错误的过程。

(2) 求解验证,其定义为确定输入数据的正确性、所获得解的数值准确性,以及特定模拟下输出数据的正确性的过程。

程序的验证测试包括以下内容。

(1) 功能测试。功能测试旨在验证基本程序的功能是否符合其设计意图。例如,对于 STH 程序来说,可以检查在管道中注入流体的组件是否在需要的时刻和需要的地方,注入了所需的量。对于耦合程序来说,功能测试将检查交换的物理量(质量、能量和动量)是否在应该交换的时候进行了交换,以及程序间是否及时同步。

(2) 解析验证。如果存在简单问题的解析解,那么,程序的计算结果就可与理论解析解进行比较。也可以在方程中添加源项,以测试程序对任意函数的收敛性。对于耦合程序来说,可以使用准解析解。例如,我们可以设计只有一维现象的瞬态,然后将 STH 程序独立计算的结果与运行耦合程序获得的结果进行比较。

(3) 数值验证。数值验证包括离散化误差评估、收敛性测试和精度级别测试。离散化误差评估旨在量化在恒定时间步长和给定网格大小下,程序计算结果与现有解析解的误差;收敛性测试旨在检查离散化误差是否随网格的精细化或时间步长的缩小而减小;精度级别测试关注在网格精细化或时间步长缩小时,离散化误差是否以理论速率减小。

(4) 物理定律和封闭性验证。这一步检查状态方程是否完全遵循其实现的数学表达式,以及在简单问题中,由施加的关系式得到的解能否与解析解一致。

(5) 非回归测试。上述测试和分析是在程序开发过程中进行的。但是,在发布新版本程序前,上述所有测试都必须再次进行,并将结果与旧版本程序获得的结果进行比较。

4.5.3 确认

确认过程的主要步骤如下。

(1) 定义应用领域。

(2) 借助现象识别与排序表选择合适的模拟工具。

(3) 定义有效域,每个程序都要根据各自的应用范围在该域中进行确认。

(4) 选择与确认工作相关的实验。

(5) 开展确认工作。

(6) 构建所选模拟工具的确认(覆盖)矩阵。

确认工作与潜在不确定性的处理方式密切相关。在使用各种实验数据验证热工水力模拟工具(以支持反应堆设计)的案例中,主要的不确定性来源有:

(1) 模型的不确定性。程序中使用的模型(如湍流模型、壁面法则或其他封闭法则等)仅能以一定的精度反映相关的物理现象。虽然,材料和物理属性是通过实验测得的,但推导出来的定律具有不确定性。此外,现实中的所有相关物理现象都是耦合的(热工水力学、中子学和热力学)。如果在模拟中,这种耦合没有很好地被考虑,那么,就会导致在热工水力程序的初始条件和边界条件中引入不确定性。

(2) 实验的不确定性。由于制造精度或使用过程中的磨损变形,实验装置的实际配置与设计之间存在一定的差异;实验装置的物理状态(如受测量不确定性和环境条件影响的初始和边界条件)存在不确定性;测量不确定性(譬如,因信号放大而出现噪声,或因校准不佳而引入系统误差)。此外,在实验装置中可能会出现反应堆中不会出现的现象,例如,模拟反应堆堆芯的电加热器,其电阻率随着材料的温度而变化,这种变化可能在模型中没有考虑,从而增加模型结果和实际实验数据之间的差异。

(3) 数值的不确定性。在程序计算过程中,变量的数值精度可能会引入舍入误差(该误差通常比离散误差小几个数量级);迭代收敛误差与定义迭代过程的停止判断条件有关;网格单元的大小和有限阶数的离散格式会导致空间离散误差(该误差可用理查森外推法估算);在瞬态计算中,有限的时间步长会导致时间离散误差。

(4) 反应堆输入数据的不确定性。在进行反应堆的设计计算时,其初始和边界条件在事先并不能准确知道,而实际运行反应堆的初始和边界条件,以及各类系统参数也存在测量的不确定性;反应堆材料(如反射层和燃料包壳)的物性存在不确定性;考虑到计算成本,程序往往对反应堆的几何形状进行简化建模(如用多孔介质来模拟中间热交换器的传热管束),而这也会引入不确定性。

(5) 缩放比例的不确定性。实验装置的设计需要与反应堆中的一系列无量纲数(如雷诺(Reynolds)数、普朗特(Prandtl)数、弗劳德(Froude)数、理查森(Richardson)数和斯特劳哈尔(Strouhal)数)相匹配。然而,反应堆中的所有无量纲数无法同时与实验装置相匹配,这导致程序的预测验证出现不确定性。此外,即便所使用的模型和程序在反应堆应用中得到了验证,但仍然很难遵循最佳实践指南(因为遵循意味着增加计算成本),而不遵循又会带来数值的不准确性。

1. 现象识别与排序表

现象识别与排序表（Phenomena Identification and Ranking Table，PIRT）通常是在模型开发的某个特定点，以一种系统性的方法来描述可能发生在某个设施或实验装置中的现象的认识水平和重要性。认识水平分为"已知""部分已知"和"未知"，而重要性分为"高""中"和"低"（Pilch et al.，2001）。通常建议，对具有"高"或"中"重要性以及"部分已知"或"未知"的现象进行更详细的研究。通过对认识水平和重要性进行打分，来形成全局排名，并用于支持决策过程。在打分过程中，现象的重要性可以根据专家意见或者能提供更客观数据的敏感性分析进行。

2. 选择适当的计算方案

根据 PIRT 的分析结果，可以对一个特定测试选择一个或多个模拟工具来进行分析。在选择模拟工具的时候，必须在以下两个选项间做出决策。

（1）选择能直接在局部尺度范围内计算重要物理现象的计算工具。

（2）选择相对不太精细的计算工具，依靠保守的假设来提供重要物理现象的包络。

确定计算方案的基本思想是尽可能选择第二个选项，以使安全评估尽可能简单。但是，当选择第二个选项会导致不利的结果（如安全裕度不够），或会导致许多关键物理现象被忽略（如局部尺度对系统尺度的影响）时，则选择第一个选项。不管选择哪个选项，都必须将选择的合理性记录在案。

如 4.5.1 节所述，在 LMR 的强制对流瞬态下，仅使用 STH 程序就可以较好地预测整个系统的瞬态响应行为。对于局部条件的分析（如捕捉热池和冷池中的温度分层）来说，则有必要与 CFD 程序进行耦合。当瞬态中的流动从强迫循环过渡到自然循环或进入不对称状态时，则必须使用多尺度 CFD-STH 方法。此外，当需要捕捉六边形燃料组件内的温度梯度，以及组件盒的壁面冷却时，则可能需要进一步与 SCTH 程序进行耦合。

3. 有效域

在选择好模拟工具之后，就必须定义其有效域。定义有效域需考虑以下几点：①相关物理现象对于待分析物理量的重要程度；②为捕捉该物理现象需进行确认的物理定律和模型；③相关物理定律和模型在确认时所需达到的精度水平（以使待分析物理量有效）；④这些物理现象在反应堆尺度上如何相互作用，这种相互作用如何影响程序的预测，以及如何精确捕捉这种相互作用。

在设计的初期阶段,评估物理现象及其潜在的相互作用,对于待分析物理量的重要程度来说,可能是比较困难的。在这种情况下,可考虑使用敏感性分析方法。在使用该方法后,可能会导致 PIRT 发生更新或变化。很明显,在本阶段中,整个过程是反复迭代的。

4. 用于确认的实验数据库

实验数据可以来自不同类型的实验装置。

(1) 分离效应测试装置。这类装置用于分离出某种物理现象,所产生的实验数据可用于对一组给定的物理定律或模型进行单独确认。实验须按照本节所确定的条件和精度要求进行开展。

(2) 综合效应测试装置。这类装置用于评估各种现象之间的相互作用。由于其尺度较大,因此,可以为将分离效应测试的结果扩展到反应堆工况提供经验。然而,一般来说,它们依然不能在与反应堆完全相似的条件下运行。对于 LMR 来说,代表性的综合效应测试装置有 CIRCE、NACIE-UP、PLANDTL 和 TALL-3D。

(3) 虽然整体测试装置包括反应堆尺度的测试,但其运行条件与正在设计中的反应堆还是有所不同。例如,ASTRID 在设计过程中,可以使用来自RAPSODIE、PHENIX、SUPERPHENIX 和 MONJU 中的数据。

应指出的是,尽管做了不懈努力,但比例缩放问题可能依然无法避免(即实验装置与全尺寸反应堆中的无量纲参数集无法完全匹配)。德奥里亚等(D'Auria et al.,1995)描述的基于精度外推的不确定性方法(Uncertainty Methodology based on Accuracy Extrapolation,UMAE)可以为解决这一问题提供尝试。针对该议题,贝斯雄等(Bestion et al.,2016)对比例相似方法、缩尺度失真,以及不确定性传递等内容进行了广泛的综述。

在实验装置中,可能出现的另一个问题是需要校准数据。在综合效应测试装置中,可能会出现与要确认的模型无关的现象。例如,实验装置中使用电动永磁泵,而反应堆中使用机械泵。又如,热损失可能会对回路式装置的行为有重要影响,但对池式设施的影响则不重要。因此,如果将回路式装置的测试结果应用于池式系统的模拟工具验证中,就必须对这些热损失进行精确的量化。为使校准过程不会由于其他现象的影响而导致校准过度或不足,校准试验应尽可能将需要量化的现象分离出来。

5. 确认过程

为实现确认和验证过程的最终目标(即为可靠的决策提供足够的证据),

验证和确认过程需要：

（1）系统完整地找出并处理好所有的不确定性来源。

（2）与预期用途及其目标可接受准则紧密结合。

（3）不断迭代，即随着新数据（如实验或风险分析结果）的使用，而对程序输入、模型和新数据需求进行修改和更新。

（4）收敛至一个稳健的决策。

该过程（图 4-51）分为三个阶段，旨在描述和减少数值不确定性（红色短虚线框）、模型输入和实验的不确定性（绿色长虚线框）以及模型的不确定性（蓝色实线框）。

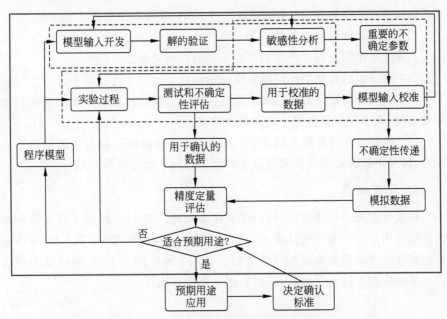

图 4-51　霍弗（Hofer，1999）的迭代确认过程（Mickus et al.，2015）

（请扫Ⅱ页二维码看彩图）

确认过程的结果在于表征和减少模型的总体不确定性。在这个过程中，为减少其他不确定性来源（数值、程序输入和实验），实验设计和分析活动往往是紧密结合的，以使程序（模型）的不确定性成为程序预测不确定性的主要来源。

图 4-51 所示的过程始于定义模型的预期用途和确认过程的成功标准。解的验证表明，数值不确定性不是主要因素。程序输入的校准需要对比实验来校准模型，并尝试为实验中没有直接测量的输入参数界定范围。随后，确

认过程决定该模型是否适合预期用途。整个过程需要迭代,以减少使用者的影响、识别不确定性的主要来源,并在下一次迭代中,减少它们以及提高测量的精度和完整性(如果可能)。

程序的确认可以通过判断计算模型的模拟结果,与设计适当继而开展的实验结果(即确认实验)的一致性来完成。这其中的难题在于开展合适的实验并对模型进行足够严格的测试,从而使得决策者能放心使用模型来预测现实情况。

确认指标应在验证和确认项目的规划和开发阶段建立。如果模型在预定的精度要求范围内预测了实验结果,则可认为该模型在该范围和条件下,对关注的物理现象的预测得到了有效确认。一个确认指标应该包含以下内容。

(1)包括计算模拟中对数值误差的估计。

(2)反映建模过程中产生的所有不确定性和误差。

(3)纳入实验数据中的对随机误差的估计。

(4)依赖于给定测量量的实验重复次数,也就是说,反映了对实验平均值的置信度,而不仅仅是数据中的方差或散点。

(5)能够纳入计算的不确定性(由定义计算所需的实验参数的随机不确定性,以及由缺乏对应实验测量值而产生的任何不确定性所导致)。

6. 覆盖矩阵

在完成前面的步骤之后,可以建立覆盖矩阵。图 4-52 展示了覆盖矩阵的确认和应用范围。每个确认实验,可以根据一个物理现象(如 A~E)对待分析物理量的贡献程度来分配一个分数。在图中所示的例子中,可以认为所选的工具对应用 1 进行了确认,而对应用 2 则没有确认。

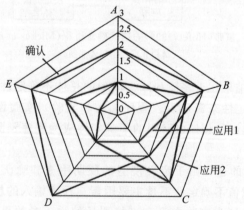

图 4-52　覆盖矩阵的确认和应用区域

(请扫 II 页二维码看彩图)

除覆盖矩阵外,高德龙等(Gaudron et al.,2015)提出了另一种更客观的表示方法。该方法通过构建分离效应测试、综合效应测试、整体测试和实际应用的关系来支持决策。

4.5.4　不确定性和敏感性分析技术

不确定性和敏感性分析方法是非侵入性的(即不需要对源程序作任何干预)。这些方法作为通用方法,可以以较低的移植成本应用于各种各样的情形,尤其适用于耦合程序。

不确定性分析旨在量化由输入可变性而导致的输出可变性。量化通常是通过估计统计量(如平均值、中位数和总体分位值)来进行的。这种估计方法依赖于不确定性的传递。由于样本量有限,所以,这些估计量必须提供相关的置信区间。不确定性传递的主要步骤总结如下。

(1)识别受不确定性影响的模型输入参数。

(2)通过概率密度函数来描述变量的相关信息。如果相关的话,通过多变量概率密度函数(Probability Density Functions,PDFs)或相关矩阵来说明变量之间的相关性。

(3)从原始分布中生成一个样本。

(4)对这组样本值执行计算机程序。

(5)应用统计学方法来计算待研究量的值。

PDFs 或累积密度函数(Cumulative Density Functions,CDFs)可以从实验数据中得出。PDFs 也可以通过统计检验或核估计的方法得出(Efromovich,2008;Conover,1999;Kanji,1999),或在处理尺度缩放问题时由贝叶斯方法得出(Jacobs,1995)。

敏感性分析旨在识别对输出结果(被解释变量)的可变性影响最显著的因素(解释变量)。萨尔泰利等(Saltelli et al.,2000 年)建议,敏感性分析的结果可能允许将不具有影响的参数排除在未来研究之内,如将其值固定为期望值(因为这些参数对输出结果的可变性没有明显影响),而有影响的参数则应该被纳入进一步的研究中。庖国尔-穆罕默德等(Pourgol et al.,2009)称,如果研究中移除了一些解释变量,那么这些变量产生的不可忽略累积效应也就相应被忽略了。因此,必须慎重地固定非影响性参数的值。

可用于定性或定量评估模型输出对输入变量敏感性的方法有(Geffray,2017):图形方法、筛选方法(Morris,1991)、基于回归的方法(Conover,1999;Glaeser et al.,2008;Hofer,1999)及基于方差的方法(Saltelli et al.,2008)。

在不确定性传递和确认方面,随机变量和认知变量的不确定性需分别进行处理。这方面更多的信息可参阅文献(Roy and Oberkampf,2011)。此外,目前已经有一些工具可用于不确定性和敏感性分析。这些工具包括但不限于 Dakota、OpenTURNS、pyMC3、SimLab 和 Uranie。

4.5.5　面向耦合程序的拓展

当使用耦合程序时,本节所描述的 VVUQ 过程首先需要应用于每个单一程序中(即把每个程序视作独立程序)。在进行此项工作时,应牢记耦合程序需确认的有效域(如压力和温度的范围以及瞬态的种类)。只有完成单一程序的确认和验证后,才能将耦合程序作为一个整体来进行验证和确认,以避免不同程序因误差补偿而可能产生的影响。

举例来说,在进行验证工作时,会检查不同程序之间的质量、能量和动量的守恒情况。如果没有相关的三维现象,STH 程序的计算结果可用作比较的基准。作为确认基准的实验数据是包含那些能被耦合程序使用的现象的实验数据(如 CIRCE、NACIE-UP、PHENIX 和 TALL-3D)。作为一种通用方法,不确定性量化方法可应用于任何一组耦合程序。

本节介绍了在 LMR 开发设计背景下,热工水力程序的 VVUQ 框架。VVUQ 的第一步是了解安全部门的要求,以及满足这些要求的最佳方法和潜在工具集。第二步,针对每种运行条件和瞬态选择一套对应的工具。VVUQ 方法必须应用于每一套工具以及所有感兴趣的情形。一旦这套程序和工具被确认,那么就可以进行相关计算,以证明反应堆的设计在所有考虑到的情形下都是安全的。

在模型的开发、验证、确认和新反应堆的设计过程中,广泛的敏感性和不确定性分析是必不可少的。由于 VVUQ 能在预期用途下对系统行为的程序预测结果的不确定性进行评估,因此,VVUQ 能显著增强(基于模拟的)决策的信心(譬如计算结果对剩余的不确定性不敏感,也不受之后获得的新数据影响)。

参 考 文 献

陈选相,吴攀,单建强,2012.钠冷快堆分析程序 ATHAS-LMR 的子通道模型[J].原子能科学技术,46(6):695-700.

郝老迷,1993.快堆燃料组件的子通道分析[J].原子能科学技术,27(5):426-431.

刘伟,白宁,朱元兵,等,2014.反应堆热工水力子通道分析程序 ATHAS 的研发[J].核科学与工程,34(1)：59-66.

陆道纲,隋丹婷,任丽霞,等,2012.池式快堆系统分析软件稳态功能开发[J].原子能科学
技术,46(4)：422-428.

秋穗正,张大林,宋苹,等,2019.钠冷快堆瞬态热工水力及安全分析程序开发[J].原子能
科学技术,53(10)：1941-1950.

王晋,张东辉,2020.快堆系统分析程序 FASYS 堆芯分析模块验证[J].原子能科学技术,
54(2)：264-272.

王晓坤,齐少璞,杨军,等,2020.钠冷快堆系统程序 FR-Sdaso 开发[J].原子能科学技术,
54(11)：2045-2053.

张松梅,张东辉,2018.钠冷快堆棒状燃料堆芯子通道分析程序开发及验证[J].原子能科
学技术,52(2)：320-325.

ALIPCHENKOV V M,ANFIMOV A M,AFREMOV D A,et al.,2016. Fundamentals,
current state of the development of,and prospects for further improvement of the new-
generation thermal-hydraulic computational HYDRA-IBRAE/LM code for simulation of
fast reactor systems [J]. Thermal Engineering,63(2)：130-139.

ANGELI D,DI PIAZZA I,MARINARI R,et al.,2020. Fully developed turbulent
convection of Lead Bismuth Eutectic in the elementary cell of the NACIE-UP Fuel Pin
Bundle [J]. Nucl. Eng. Des. ,356：110366.

ANGELUCCI M,MARTELLI D,BARONE G,et al.,2017. STH-CFD codes coupled
calculations applied to HLM loop and pool systems [J]. Sci. Technol. Nucl. Ins. ,Article
ID 1936894.

BALDWIN B S,LOMAX H,1978. Thin layer approximation and algebraic model for
separated turbulent flows [C]. Huntsville,United States：American Institute of
Aeronautics and Astronautics 16th Aerospace Sciences Meeting.

BALDWIN B S,BARTH T J,1990. A one-equation turbulence transport model for high
reynolds number wall-bounded flows [R]. NASA Technical Memorandum 102847,
California,United States.

BANDINI G,POLIDORI M,GERSCHENFELD A,et al.,2015a. Assessment of systems
codes and their coupling with CFD codes in thermal-hydraulic applications to innovative
reactors [J]. Nucl. Eng. Des. ,281：22-38.

BANDINI G,POLIDORI M,MELONI P,et al.,2015b. RELAP5 and SIMMER-Ⅲ code
assessment on CIRCE decay heat removal experiments [J]. Nucl. Eng. Des. ,281：39-50.

BARDINA J,FERZIGER J,REYNOLDS W,1980. Improved subgrid-scale models for
large-eddy simulation [C]. United States：American Institute of Aeronautics and
Astronautics 13th Fluid and Plasma Dynamics Conference,AAIA-80-1357.

BARDINA J E,HUANG P G,COAKLEY T J,1997. Turbulence modeling validation,
testing,and development [R]. NASA Technical Memorandum 110446,United States.

BASEHORE K L,TODREAS N E,1980. SUPERENERGY-2：a multiassembly,steady-
state computer code for LMFBR core thermal-hydraulic analysis [R]. Pacific Northwest

Laboratory,PNL-3379,United States.

BESTION D,MARTIN A,MENTER F, et al. , 2004. Recommendation on use of CFD codes for nuclear reactor safety analysis [R]. 5th Euratom Framework Programme, EVOL-ECORA-D14,France.

BESTION D,D'AURIA F,LIEN P, et al. , 2016. Scaling in system thermal-hydraulics applications to nuclear reactor safety and design: a state-of-the-art report [R]. OECD, NEA/CSNI/R(2016)14, Paris,France.

BOLSHOV L,STRIZHOV V,2006. SOCRAT: the system of codes for realistic analysis of severe accidents [C]. Reno, United States: Proceedings of the 2006 International Congress on Advances in Nuclear Power Plants,Proceedings of ICAPP .

BONIFETTO R,DULLA S, RAVETTO P, et al. , 2013. A full-core coupled neutronic/ thermal-hydraulic code for the modeling of lead-cooled nuclear fast reactors [J]. Nucl. Eng. Des. ,261: 85-94.

BORISHANSKII V M,GOTOVSKII M A, FIRSOVA E V, 1969. Heat transfer to liquid metals in longitudinally wetted bundles of rods [J]. At. Energ. ,27(6): 549-552.

BÖTTCHER M,2013. CFD investigation of LBE rod bundle flow [EB]. The Connector, Pointwise, https://www. pointwise. com/articles/cfd-investigation-of-lbe-rod-bundle-flow.

BRICTEUX L,2008. Simulation of turbulent aircraft wake vortex flows and their impact on the signals returned by a coherent Doppler LIDAR system [D]. Belgium: Université Catholique de Louvain.

BROCKMEYER L,MERZARI E,SOLBERG J, et al. , 2020. One-way coupled simulation of FIV in a 7-pin wire-wrapped fuel pin bundle [J]. Nucl. Eng. Des. ,356: 110367.

BUCKINGHAM S,PLANQUART P,EBOLI M,et al. ,2015. Simulation of fuel dispersion in the MYRRHA-FASTEF primary coolant with CFD and SIMMER-IV [J]. Nucl. Eng. Des. ,295: 74-83.

CAO L,YANG G,CHEN H,2019. Transient sub-channel code development for lead-cooled fast reactor using the second-order upwind scheme [J]. Prog. Nucl. Energy, 110: 199-212.

CARTECIANO L, GRÖTZBACH G, 2003. Validation of turbulence models in the computer code FLUTAN for a free hot sodium jet in different buoyancy flow regimes [R]. KIT,FZKA 6600.

CASEY M,WINTERGESTE T, 2000. Best practice guidelines. ERCOFTAC special interest group on "quality and trust in industrial CFD" [R]. ERCOFTAC.

CASTELLANA F S, ADAMS W T, CASTERLINE J E, 1974. Single-phase subchannel mixing in a simulated nuclear fuel assembly [J]. Nucl. Eng. Des. ,26(2): 242-249.

CHEN B,TODREAS N E, 1975. Prediction of coolant temperature field in a breeder reactor including interassembly heat transfer [R]. Massachusetts Institute of Technology,COO-2245-20TR,United States.

CHEN S K,PETROSKI R,TODREAS N E,2013. Numerical implementation of the Cheng and Todreas correlation for wire wrapped bundle friction factors-desirable improvements in the transition flow region [J]. Nucl. Eng. Des. ,263：406-410.

CHEN K,YANG Y,GAO Y,et al. ,2019. Development and preliminary verification of code IMPC-transient [J]. Nucl. Eng. Des. ,350：137-146.

CHENG S K,TODREAS N E,1986. Hydrodynamic models and correlations for bare and wire-wrapped hexagonal rod bundles-bundle friction factors,sub-channel friction factors and mixing parameters [J]. Nucl. Eng. Des. ,92(2)：227-251.

CHENG X,TAK N I,2006. CFD analysis of thermal-hydraulic behavior of heavy liquid metals in sub-channels [J]. Nucl. Eng. Des. ,236(18)：1874-1885.

CHIU C,ROHSENOW W M,TODREAS N E,1978. Turbulent flow split experiment and model for wire-wrapped assemblies [R]. Massachusetts Institute of Technology,COO-2245-56TR,United States.

CHOU P,1945. On velocity correlations and the solutions of the equations of turbulent fluctuation [J]. Q. Appl. Math. ,3(1)：38-54.

CHVETSOV Y,KOUZNETSOV I,VOLKOV A,1994. GRIF-SM：a computer code for the analysis of the severe beyond design basis accidents in sodium cooled reactors [C]. Obninsk,Russia：Proceedings of the International Topical Meeting on Fast Reactor Safety,Vol. 2,3-7：83-101.

COLEMAN G N, SANDBERG R D, 2009. A primer on DNS of turbulence-methods, procedures and guidelines [R]. Technical Report AFM-09/01,Southampton,School of Engineering Sciences,United Kingdom.

CONOVER W J,1999. Practical nonparametric statistics [M]. New York：Wiley.

CONTI A,GERSCHENFELD A, GORSSE Y, et al. , 2015. Numerical analysis of core thermal-hydraulic for sodium-cooled fast reactors [C]. Chicago, United States：NURETH16.

D'AURIA F,DEBRECIN N,GALASSI G M,1995. Outline of the uncertainty methodology based on accuracy extrapolation [J]. Nucl. Technol. ,109(1)：21-38.

DEGROOTE J, HAELTERMAN R, VIERENDEELS J, 2016. Quasi-Newton techniques for the partitioned solution of coupled problems [C]. Greece：7th European Congress on Computational Methods in Applied Sciences and Engineering.

DE SANTIS D,KOTTAPALLI S, SHAMS A, 2018. Numerical simulations of rod assembly vibration induced by turbulent axial flows [J]. Nucl. Eng. Des. ,335：94-105.

DE SANTIS D,SHAMS A,2019a. An advanced numerical framework for the simulation of flow induced vibration for nuclear applications [J]. Ann. Nucl. Energy,130：218-231.

DE SANTIS D,SHAMS A, 2019b. Analysis of flow induced vibrations and static deformations of fuel rods considering the effects of wire spacers and working fluids [J]. J. Fluids Struct. ,84：440-465.

DI PIAZZA I,ANGELUCCI M,MARINARI R,et al. ,2016. Heat transfer on HLM cooled wire-spaced fuel pin bundle simulator in the NACIE-UP facility [J]. Nucl. Eng. Des. , 300: 256-267.

DOVIZIO D,SHAMS A, ROELOFS F, 2019. Numerical prediction of flow and heat transfer in an infinite wire-wrapped fuel assembly [J]. Nucl. Eng. Des. ,349: 193-205.

DUPONCHEEL M,BRICTEUX L,MANCONI M,et al. ,2014. Assessment of RANS and improved near-wall modelling for forced convection at low Prandtl numbers based on LES up to Ret = 2000 [J]. Int. J. Heat Mass Transf. ,75: 470-482.

DUPONCHEEL M,BARTOSIEWICZ Y, 2021. Direct numerical simulation of turbulent heat transfer at low prandtl numbers in planar impinging jets [J]. Int. J. Heat Mass Transf. ,173: 121179.

DWYER O E,TU P S,1960. Analytical study of heat transfer rates for parallel flow of liquid metals through tube bundles: Part I [J]. Chem. Eng. Prog. Symp. Ser. ,56(30): 183-193.

EFROMOVICH S, 2008. Nonparametric curve estimation: methods, theory, and applications [M]. New York: Springer.

EMONOT P,SOUYRI A,GANDRILLE J L,et al. ,2011. CATHARE-3: a new system code for thermal-hydraulics in the context of the NEPTUNE project [J]. Nucl. Eng. Des. ,241(11): 4476-4481.

ENGEL F C,MARKLEY R A, BISHOP A A, 1979. Laminar, transition, and turbulent parallel flow pressure drop across wire-wrap-spaced rod bundles [J]. Nucl. Sci. Eng. ,69 (2): 290-296.

ERRICO O, STALIO E, 2015. Direct numerical simulation of low-Prandtl number turbulent convection above a wavy wall [J]. Nucl. Eng. Des. ,290: 87-98.

FANNING T H,DUNN F E,CAHALAN J E,et al. ,2012. The SAS4A/SASSYS-1 safety analysis code system [R]. Nuclear Engineering Division,Argonne National Laboratory, ANL/NE-12/4.

FINK J K,LEIBOWITZ L,1995. Thermodynamic and transport properties of sodium liquid and vapor [R]. Argonne National Laboratory,ANL/RE-95/2,United States.

FONTANA M H, MACPHERSON R E, GNADT P A, et al. , 1974. Temperature distribution in the duct wall and at the exit of a 19-RodSimulated SFR fuel assembly (FFM Bundle 2A) [J]. Nucl. Technol. ,24(2): 176-200.

FRIEDLAND A J,BONILLA C F,1961. Analytical study of heat transfer rates for parallel flow of liquid metals through tube bundles,Part II [J]. AIChE J. ,7(1): 107-112.

GALBRAITH K P,KNUDSEN J G,1971. Turbulent mixing between adjacent channels for single-phase flow in a simulated rod bundle [C]. 12th Natn. Heat Transfer Conf,Tulsa, Oklahoma,AIChE Symposium Series,No. 118,68: 90-100.

GAUDRON B,CORDIER H,BELLET S,et al. ,2015. ICONE23-1744 using the PIRT to rep resent application and validation domains for CFD studies [C]. ICONE-23, Vol. 2015,23.

GEFFRAY C,2017. Uncertainty propagation applied to multi-scale thermal-hydraulics coupled codes: a step towards validation [D]. München: Technische Universität München.

GEORGIADIS N, RIZZETTA D, FUREBY C, 2009. Large-eddy simulation: current capabilities, recommended practices, and future research [C]. Orlando, United States: American Institute of Aeronautics and Astronautics 47th AIAA Aerospace Sciences Meeting.

GERMANO M, PIOMELLI U, MOIN P, et al. , 1991. A dynamic subgrid-scale eddy viscosity model [J]. Phys. Fluids A,3(7): 1760-1765.

GERSCHENFELD A, LI S, GORSSE Y, et al. , 2017. Development and validation of multiscale thermal-hydraulics calculation schemes for SFR applications at CEA [C]. Yekatarinenburg, Russia: International Conference on Fast Reactors and Related Fuel Cycles: Next Generation Nuclear Systems for Sustainable Development (FR17).

GIRAULT N, VAN DORSSELAERE J P, JACQ F, et al. , 2013. The European JASMIN project for the development of a new safety simulation code, ASTEC-Na, for Na-cooled Fast Neutron Reactors [C]. Jeju Island, Korea: Proceedings of ICAPP 2013.

GLAESER H, KRZYKACZ-HAUSMANN B, LUTHER W, et al. , 2008. Methodenentwicklung und exemplarische anwendungen zur bestimmung der aussagesicherheit von rechenprogrammer- gebnissen: Abschlussbericht [R]. GRS, GRS-A-3443.

GOLDBERG U, PALANISWAMY S, BATTEN P, et al. , 2010. Variable turbulent Schmidt and Prandtl number modeling [J]. Eng. Appl. Comput. Fluid Mech. ,4(4): 511-520.

GRÄBER V H, RIEGER M, 1972. Experimentelle Untersuchung des Wärmeübergangs an Flüssigmetalle (NaK) in parallel durchströmten Rohrbündeln bei konstanter und exponentieller Wärmeflußdichteverteilung [J]. Atomkernenergie,19: 23-40.

GRISHCHENKO D, JELTSOV M, KÖÖP K, et al. , 2015. The TALL-3D facility design and commissioning tests for validation of coupled STH and CFD codes [J]. Nucl. Eng. Des. ,290: 144-153.

GRÖTZBACH G,2011. Revisiting the resolution requirements for turbulence simulationsinnuclear heat transfer [J]. Nucl. Eng. Des. ,241(11): 4379-4390.

GRÖTZBACH G,2013. Challenges in low-Prandtl number heat transfer simulation and modelling [J]. Nucl. Eng,Des. ,264: 41-55.

GRS,2009. ATHLET user's manual, ATHLET/Mod. 2. 2 cycle a [M]. Germany: GRS.

GUO C, LU D, ZHANG X, et al. , 2015. Development and application of a safety analysis code for small Lead cooled Fast Reactor SVBR 75/100 [J]. Ann. Nucl. Energy, 81: 62-72.

HA K S, CHOI C H, JEONG H Y, et al. , 2008. Validation for thermal-hydraulic models of MARS-LMR code [R]. Korea Atomic Energy Research Institute, KAERI/TR-3687/2008.

HOFER E,1999. Sensitivity analysis in the context of uncertainty analysis for computationally intensive models [J]. Comput. Phys. Commun. ,117(1-2): 21-34.

HU R,2017. SAM theory manual [R]. Argonne National Laboratory, ANL/NE-17/4 135087,United States.

IMKE U,STRUWE D,NIWA H,et al. ,1994. Status of the SAS4A-code development for consequence analysis of core disruptive accidents [C]. Obninsk,Russia: Proceedings of the International Topical Meeting on Sodium Cooled Fast Reactor Safety (FRS'94),Vol. 2: 232.

INL,1995. RELAP5/MOD3 Code M,Volume I: Code structure, system models, and solution methods [R]. Idaho National Engineering Laboratory,INEL-95/0174,Idaho, United States.

JACOBS R A,1995. Methods for combining experts' probability assessments [J]. Neural Comput. ,7(5): 867-888.

JOHNSON D A,KING L S,1985. A mathematically simple turbulence closure model for attached and separated turbulent boundary layers [J]. AIAA Journal,23: 1684-1692.

JOHNSON R,SCHULTZ R, ROACHE P, et al. , 2006. Processes and procedures for application of CFD to nuclear reactor safety analysis [R]. INL, EXT-0611789, Idaho, United States.

JONES W P,LAUNDER B E,1972. The prediction of laminarization with a two-equation model of turbulence [J]. Int. J. Heat Mass Transf. ,15(2): 301-314.

KANJI G K,1999. 100 statistical tests [M]. Thousand Oaks: SAGE Publications.

KASAHARA F,NINOKATA H, 2000. The multi-fluid multi-phase subchannel analysis code KAMUI for subassembly accident analysis of an LMFR [J]. J. Nucl. Sci. Technol. , 37(8): 654-669.

KAZIMI M,CARELLI M,1976. Clinch river breeder reactor plant-heat transfer correlation for analysis of CRBRP assemblies [R]. Westinghouse Electric Corporation, Technical report CRBRP-ARD-0034.

KELLY J E,KAO S P, KAZIMI M S, 1981. THERMIT-2: a two-fluid modelfor light water reactor subchannel transient analysis [R]. Massachusetts Institute of Technology, MTT-EL381-014,United States.

KELLY J M,TODREAS N E,1977. Turbulent interchange in triangular array bare rod bundles [R]. Massachusetts Institute of Technology,COO-2245-45T'R,Massachusetts, United States.

KHAN E U,ROHSENOW W M,SONEIN A A,et al. ,1975. A porous body model for predicting temperature distribution in wire-wrapped fuel rod assemblies [J]. Nucl. Eng. Des. ,35: 1-12.

KIM W S,KIM Y G,KIM Y J,2002. A subchannel analysis code MATRA-LMR for wire wrapped LMR subassembly [J]. Ann. Nucl. Energy,29(3): 303-321.

KÖÖP K,JELTSOV M, GRISHCHENKO D, et al. , 2017. Pre-test analysis for identification of natural circulation instabilities TALL-3D facility [J]. Nucl. Eng. Des. , 314: 110-120.

KOMEN E,SHAMS A,CAMILLO L,et al. ,2014. Quasi-DNS capabilities of OpenFOAM for different mesh types [J]. Comput. Fluids,96:87-104.

KONDO S,YAMANO H,SUZUKI T,et al. ,2000. SIMMER-Ⅲ: a computer program for LMFR core disruptive accident analysis [C]. Japan Nuclear Cycle Development Institute, JNC TN9400 2001-002.

LAUNDER B E, SHARMA B I, 1974. Application of the energy dissipation model of turbulence to the calculation of flow near a spinning disc [J]. Lett. Heat and Mass Transfer,1(2): 131-137.

LAUNDER B E,REECE G J,RODI W,1975. Progress in the development of a reynolds-stress turbulent closure [J]. J. Fluid Mech. ,68(3): 537-566.

LEE Y B,CHANG W P,KWON Y M, et al. , 2002. Development of a two-dimensional model for the thermohydraulic analysis of the hot pool in liquid metal reactors [J]. Ann. Nucl. Energy,29(1): 21-40.

LI S,CAO L,KHAN M S, et al. ,2017. Development of a sub-channel thermal hydraulic analysis code and its application to lead cooled fast reactor [J]. Appl. Therm. Eng. ,117: 443-451.

LILLY D K,1967. The representation of small scale turbulence in numerical simulation experiments [C]. New York: Proceedings of IBM Scientific Computing Symposium on Environmental Sciences: 195-210.

LIU X J,SCARPELLI N,2015. Development of a sub-channel code for liquid metal cooled fuel assembly [J]. Ann. Nucl. Energy,77: 425-435.

LIU X J,YANG D M, YANG Y, et al. , 2020. Computational fluid dynamics and subchannel analysis of lead-bismuth eutectic-cooled fuel assembly under various blockage conditions [J]. Appl. Therm. Eng. ,164: 114419.

LODI F,GRASSO G,MATTIOLI D, et al. , 2016. ANTEO +: a subchannel code for thermal-hydraulic analysis of liquid metal cooled systems [J]. Nucl. Eng. Des. ,301: 128-152.

LONG J,ZHANG B,YANG B W,et al. ,2021. Review of researches on coupled system and CFD codes [J]. Nucl. Eng. Technol. ,53(9): 2775-2787.

LYU K,CHEN L,YUE C,et al. ,2016. Preliminary thermal-hydraulic sub-channel analysis of 61 wire-wrapped bundle cooled by lead bismuth eutectic [J]. Ann. Nucl. Energy,92: 243-250.

MA Z,YUE N,ZHENG M,et al. ,2015. Basic verification of THACS for sodium-cooled fast reactor system analysis [J]. Ann. Nucl. Energy,76: 1-11.

MACDOUGALL J D,LILLINGTON J N, 1984. The SABRE code for fuel rod cluster thermohydraulics [J]. Nucl. Eng. Des. ,82(2-3): 171-190.

MADNI I K,CAZZOLI E G,1980. An advanced thermohydraulic simulation code for pool-type LMFBRs (SSC-P code) [R]. Code Development and Verification Group, Department of nuclear energy, Brookhaven National Laboratory, BNL-NUREG-51280,

New York, United States.

MANSERVISI G, MENGHINI F, 2014. A CFD four parameter heat transfer turbulence model for engineering applications in heavy liquid metals [J]. Int. J. Heat Mass Transf. , 69: 312-326.

MARESKA M V, DWYER O E, 1964. Heat transfer in a mercury flow along bundles of cylindrical rods [J]. J. Heat Transfer, Trans. ASME, Series C 2: 180-186

MENON S, KIM W W, 1995. A new dynamic one-equation subgrid-scale model for large eddy simulation [C]. American Institute of Aeronautics and Astronautics 33rd Aerospace Sciences Meeting and Exhibit, AIAA-95-0356, United States.

MENTER F R, 1993. Zonal two equation k-ω turbulence models for aerodynamic flows [C]. American Institute of Aeronautics and Astronautics 23rd Fluid Dynamics, Plasmadynamics, and Lasers Conference, United States, AIAA-93-2906.

MENTER F R, 1994. Two-equation eddy-viscosity turbulence models for engineering applications [J]. AIAA Journal, 32(8): 1598-1605.

MENTER F, HEMSTROM B, HENRIKSSON M, et al. , 2002. CFD best practice guidelines for CFD code validation for reactor safety applications [R]. ECORA D01, Germany.

MENTER F, 2012. Best practice: scale-resolving simulations in ANSYS CFD [R]. ANSYS, Germany.

MENTER F, 2015. Best Practice: Scale-Resolving Simulations in ANSYS CFD [R]. ANSYS, Germany.

MICKUS I, KÖÖP K, JELTSOV M, et al. , 2015. Development of tall-3d test matrix for APROS code validation [C]. Chicago, United States: NURETH-16.

MIKITYUK K, PELLONI S, CODDINGTON P, et al. , 2005. FAST: an advanced code system for fast reactor transient analysis [J]. Ann. Nucl. Energy, 32(15): 1613-1631.

MIKITYUK K, 2009. Heat transfer to liquid metal: Review of data and correlations for tube bundles [J]. Nucl. Eng. Des. , 239(4): 680-687.

MOCHIZUKI H, KISHIDA M, 1998. Network calculation of system integration experiment with a sodium loop under natural circulation condition [C]. San Diego, USA: ICONE-6.

MOCHIZUKI H, 2010. Development of the plant dynamics analysis code NETFLOW++ [J]. Nucl. Eng. Des. , 240(3): 577-587.

MORRIS M D, 1991. Factorial sampling plans for preliminary computational experiments [J]. Technometrics, 33(2): 161-174.

NATESAN K, KASINATHAN N, VELUSAMY K, et al. , 2012. Plant dynamics studies towards design of plant protection system for PFBR [J]. Nucl. Eng. Des. , 250: 339-350.

NICOUD F, DUCROS F, 1999. Subgrid-scale stress modelling based on the square of the velocity gradient tensor [J]. Flow, Turbulence and Combustion, 62(3): 183-200.

NINOKATA H, 1985. ASFRE-Ⅲ: a computer program for triangular rod array thermohydraulic analysis of fast breeder reactors [R]. PNC Report, PNC N941 85-106, Japan.

NINOKATA H, 1986. Analysis of low-heat-flux sodium boiling test in a 37-pin bundle by the two-fluid model computer code SABENA [J]. Nucl. Eng. Des., 97(2): 233-246.

NISHI Y, UEDA N, KINOSHITA I, et al., 2006. Verification of the plant dynamics analytical code CERES using the results of the plant trip test of the prototype fast breeder reactor MONJU [C]. Miami, United States: ICONE-14, Volume 2: Thermal Hydraulics: 375-384.

NORDSVEEN M, HOYER N, ADAMSSON C, et al., 2003. The MONA subchannel analysis code-part A: model and description [C]. Seoul, Korea: The 10th International Topical Meeting on Nuclear Reactor Thermal Hydraulics (NURETH-10).

NOVENDSTERN E H, 1972. Turbulent flow pressure drop model for fuel rod assemblies utilizing a helical wire-wrap spacer system [J]. Nucl. Eng. Des., 22(1): 28-42.

OBERKAMPF W L, ROY C J, 2010. Verification and validation in scientific computing [M]. Cambridge: Cambridge University Press.

OBERKAMPF W L, SINDIR M, CONLISK A T, 1998. Guide for the verification and validation of computational fluid dynamics simulations [R]. American Institute of Aeronautics and Astronautics, AIAA G-077-1998, Reston, United States.

OECD, 2007. Best practice guidelines for the use of CFD in nuclear reactor safety applications [R]. NEA-CSNI-R-2007-05, Paris, France.

OECD, 2015. Handbook on lead-bismuth eutectic alloy and lead properties, materials compatibility, thermal-hydraulics and technologies [M]. Paris, France: OECD/NEA, OECD/NEA.

PAPUKCHIEV A, GEFFRAY C, JELTSOV M, et al., 2015. Multiscale analysis of forced and natural convection including heat transfer phenomena in the tall-3D experimental facility [C]. Chicago, United States: NURETH-16.

PASSERINI S, GERARDI C, GRANDY C, et al., 2017. IAEA NAPRO coordinated research project: physical properties of sodium -overview of the reference database and preliminary analysis results [C]. Yekaterinburg, Russia: International Conference on Fast Reactors and Related Fuel Cycles: Next Generation Nuclear Systems for Sustainable Development (FR17).

PIALLA D, TENCHINE D, LI S, et al., 2015. Overview of the system alone and system/CFD coupled calculations of the PHENIX natural circulation test within the THINS project [J]. Nucl. Eng. Des., 290: 78-86.

PIOMELLI U, ZANG T A, SPEZIALE C G, et al., 1990. On the large-eddy simulation of transitional wall-bounded flows [J]. Phys. Fluids A, 2(2): 257-265.

PILCH M, TRUCANO T, MOYA J, et al., 2001. Guidelines for Sandia ASCI verification and validation plans-content and format: version 2.0 [R]. Sandia National Laboratories, SAND2000-3101.

POURGOL-MOHAMAD M, MODARRES M, MOSLEH A, 2009. Integrated methodology for thermalhydraulic code uncertainty analysis with application [J]. Nucl. Technol. , 165(3): 333-359.

REHME K,1973. Pressure drop correlations for fuel element spacers [J]. Nucl. Technol. , 17: 15-23.

ROELOFS F,2010. THINS WP3 CFD recommendations [R]. NRG-note 22622/10. 103086,Petten,Netherlands.

ROELOFS F,SHAMS A,OTIC I,et al. ,2015. Status and perspective of turbulence heat transfer modelling for the industrial application of liquid metal flows [J]. Nucl. Eng. Des. ,290: 99-106.

ROELOFS F,2019. Thermal hydraulics aspects of liquid metal cooled nuclear reactors [M]. Duxford (UK): Woodhead Publishing.

ROGERS J T,ROSEHART R G,1972. Mixing by turbulent interchange in fuel bundles. correlations and influences [C]. Colorado, United States: ASME Paper 72-HT-53, AIChEASME Heat Transfer Conference.

ROGERS J T,TAHIR A E E,1975. Turbulent interchange mixing in rod bundles and the role of secondary flows [R]. ASME Paper 75-HT-31,New York,United States.

ROTTA J,1951. Statistische theorie nichthomogener turbulenz [J]. Zeitschrift für Physik A,129(6): 547-572.

ROWE D, ANGLE C, 1967. Crossflow mixing between parallel flow channels during boiling. Part II. Measurement of flow and enthalpy in two parallel channels [R]. Wash. Pacific Northwest Laboratory,Battelle-Northwest,Richland,United States.

ROY C J, OBERKAMPF W L, 2011. A comprehensive framework for verification, validation,and uncertainty quantification in scientific computing [J]. Comput. Methods Appl. Mech. Eng. ,200(25-28): 2131-2144.

SALVETTI M V,GEURTS B, MEYERS J,et al. ,2011. Quality and reliability of large-eddy simulations II [M]. New York: Springer.

SALTELLI A,CHAN K,SCOTT E M,et al. ,2000. Sensitivity analysis [M]. New York: Wiley.

SALTELLI A, RATTO M, ANDRES T, et al. ,2008. Global sensitivity analysis: the primer [M]. Chichester: John Wiley & Sons.

SCHIKORR W M,2001. Assessments of the kinetic and dynamic transient behavior of sub-critical systems (ADS) in comparison to critical reactor systems [J]. Nucl. Eng. Des. , 210(1-3): 95-123.

SHAMS A,ROELOFS F,BAGLIETTO E,et al. ,2014. Assessment and calibration of an algebraic turbulent heat flux model for low-Prandtl fluids [J]. Int. J. Heat Mass Transf. , 79: 589-601.

SHAMS A, ROELOFS F, BAGLIETTO E, et al. , 2018. High fidelity numerical simulations of an infinite wire-wrapped fuel assembly [J]. Nucl. Eng. Des. , 335: 441-459.

SHAMS A, ROELOFS F, NICENO B, et al. , 2019. Reference numerical database for turbulent flow and heat transfer in liquid metals [J]. Nucl. Eng. Des. ,353: 110274.

SMAGORINSKY J, 1963. General circulation experiments with the primitive equations [J]. Mon. Weather Rev. ,91(3): 99-164.

SMITH A M O, CEBECI T, 1967. Numerical solution of the turbulent boundary layer equations [R]. Douglas Aircraft Company Report Number DAC33735.

SPALART P R, ALLMARAS S R, 1992. A one-equation turbulence model for aerodynamic flows [C]. Reno, United States: American Institute of Aeronautics and Astronautics 30th Aerospace Sciences Méeting and Exhibit.

STEMPNIEWICZ M M, 2001. Analysis of Isp-42, panda test with the spectra code [C]. Nice, France: ICONE-9.

SUI D, LU D, REN LI, et al. , 2013. Development of three-dimensional hot pool model in a system analysis code for pool-type FBR [J]. Nucl. Eng. Des. ,256: 264-273.

SUN R L, ZHANG D L, LIANG Y, et al. , 2018. Development of a subchannel analysis code for SFR wire-wrapped fuel assemblies [J]. Prog. Nucl. Energy, 104: 327-341.

TENCHINE D, 2010. Some thermal hydraulic challenges in sodium cooled fast reactors [J]. Nucl. Eng. Des. ,240: 1195-1217.

TENCHINE D, BAVIERE R, BAZIN P, et al. , 2012. Status of CATHARE code for sodium cooled fast reactors [J]. Nucl. Eng. Des. ,245: 140-152.

THIELE R, ANGLART H, 2013. Numerical modeling of forced-convection heat transfer to lead-bismuth eutectic flowing in vertical annuli [J]. Nucl. Eng. Des. ,254: 111-119.

TOTI A, BELLONI F, VIERENDEELS J, 2017. Numerical analysis of a dissymmetric transient in the pool-type facility E-scape through coupled system thermal-hydraulic and CFD codes [C]. Xi'an, China: NURETH-17.

TOUMI I, BERGERON A, GALLO D, et al. , 2000. FLICA-4: a three-dimensional two-phase flow computer code with advanced numerical methods for nuclear applications [J]. Nucl. Eng. Des. ,200(1-2): 139-155.

TISELJ I, CIZELJ L, 2012. DNS of turbulent channel flow with conjugate heat transfer at Prandtl number 0. 01 [J]. Nucl. Eng. Des. ,253: 153-160.

TISELJ I, 2013. Computational domain of DNS simulations of liquid sodium [C]. Pisa, Italy: NURETH15.

UITSLAG-DOOLAARD H J, ALCARO F, ROELOFS F, et al. , 2018. System thermal hydraulics and multiscale simulations of the dissymmetric transient in the Phénix reactor [C]. Charlotte, United States: Proceedings of ICAPP 2018.

USHAKOV P A, ZHUKOV A V, MATYUKHIN N M, 1978. Heat transfer to liquid metals in regular arrays of fuel elements [J]. High Temp. ,15(5): 1027-1033.

USNRC, 2012. TRACE V5. 0 Theory Manual [R]. United States Nuclear Regulatory Commission, Washington D. C.

VAIDYANATHAN G, KASINATHAN N, VELUSAMY K, 2010. Dynamic model of Fast

Breeder Test Reactor [J]. Ann. Nucl. Energy,37(4): 450-462.

WANG J,TIAN W X,TIAN Y H,et al. ,2013. A sub-channel analysis code for advanced lead bismuth fast reactor [J]. Prog. Nucl. Energy,63: 34-48.

WEI S,MA W,WANG C,et al. ,2021. Development and validation of transient thermal-hydraulic evaluation code for a lead-based fast reactor [J]. Int. J. Energy Res. ,45: 12215-12233.

WHEELER C L,STEWART C W,CENA R J,et al. ,1976. COBRA-IV-I: an interim version of COBRA for thermal-hydraulic analysis of rod bundle nuclear fuel elements and cores [R]. Battelle Pacific Northwest National Laboratory,BNWL-1962,Washington, United States.

WILCOX D C, 1988. Re-assessment of the scale-determining equation for advanced turbulence models [J]. AIAA Journal,26(11): 1299-1310.

WU D,WANG C,GUI M,et al. ,2021. Improvement and validation of a sub-channel analysis code for a lead-cooled reactor with wire spacers [J]. Int. J. Energy Res. ,45: 12029-12046.

YAMADA F,IYAKAWA A,ARAKI K,et al. ,2004. Development of plant dynamics analysis code(super-COPD) IV [C]. Japan: Proceedings of Annual / Fall Meetings of Atomic Energy Society of Japan.

YAMANO H,FUJITA S,TOBITA Y,et al. ,2008. Development of a three-dimensional CDA analysis code: SIMMER-IV and its first application to reactor case [J]. Nucl. Eng. Des. ,238(1): 66-73.

YUAN H,SOLBERG J,MERZARI E,et al. ,2017. Flow-induced vibration analysis of a helical coil steam generator experiment using large eddy simulation [J]. Nucl. Eng. Des. , 322: 547-562.

ZHUKOV A V,KUZINA Y A,SOROKIN A P,et al. ,2002. An experimental study of heat transfer in the core of a BREST-OD-300 reactor with lead cooling on models [J]. Therm. Eng. ,49(3): 175-184.

ZWIJSEN K,DOVIZIO D,BREJDER P,et al. ,2018. Numerical simulations at different scales for the CIRCE facility [C]. Charlotte,United States: Proceedings of ICAPP 2018.

第 5 章　液态金属冷却反应堆安全分析

5.1　核反应堆安全分析概论

5.1.1　反应堆安全概念

由于核反应堆在运行过程中会产生相当数量的放射性物质,且其中某些产物的半衰期相当长,因此,在其发生事故时,影响的不仅仅是反应堆本身,还会影响到周围乃至更大范围的人员及环境。为此,世界各国都制定了专门的法律,并建立了专门的管理机构对其进行管理、监督和规范。核反应堆从建设、投入运行直至退役的各项工作都要置于国家的监督之下,要经过一系列的审查与许可。

由于核事故的影响范围大,所以,核反应堆的安全审查是一件极其严肃的工作。核反应堆安全是指能可靠地保证电站工作人员和周围公众的健康与安全,为此需做到以下两点:①在正常运行工况下,反应堆的放射性辐射及产生的放射性废物,对工作人员和周围居民的辐照剂量水平应小于规范规定的允许水平;②在事故工况下,无论是由反应堆系统内部原因引起的,还是由厂房外部原因引起的,反应堆的保护系统及其他相关安全设施必须能及时投入工作,确保堆芯安全、限制事故发展、防止过量的放射性物质泄漏到周围环境中。

通常,反应堆安全应达到三方面的目标。①安全停堆。要保证反应堆在各种工况下可靠停闭,终止链式裂变反应。②余热导出。由于反应堆在停堆之后还有大量的衰变热产生,因此,必须以可靠的方式导出堆内余热,防止反应堆过热。③放射性包容。在事故工况下,会有一部分放射性物质释放出来,此时,要按照纵深防御的原则将放射性物质包容和滞留在核电厂内。

5.1.2　多重屏障和纵深防御

放射性屏障是核反应堆结构设计中非常重要的安全基石之一,设置放射性屏障的目的在于最大限度地包容放射性物质,尽可能减少其向周围环境的释放量。在核反应堆中，通常设有三层最为重要的屏障，由内到外依次为燃料包壳、一回路系统边界和安全壳系统。

第一层屏障是燃料包壳。LMR 一般采用高富集度的混合氧化铀燃料或二氧化铀燃料，圆柱形燃料芯块沿轴向装入不锈钢包壳内。包壳不仅能使燃料棒保持结构上的完整性，还能将燃料和冷却剂相隔离，从而避免裂变产物进入一回路冷却剂。燃料芯块和包壳之间的气隙可以缓冲燃料芯块膨胀对包壳的影响，同时容纳气体裂变产物。

第二层屏障是反应堆的一回路系统边界。这层屏障的具体形式取决于实际的反应堆系统设计。对于典型的池式 LMR 来说，一回路系统边界包括主容器、中间热交换器或蒸汽发生器的容器及一回路侧传热管等；对于回路式 LMR 来说，则还包括一回路泵及相互连接的管道等。为确保第二层屏障的严密性和完整性，除设计时在结构强度上留有足够的裕量外，还必须对屏障的材料选择、制造和运行等给予极大关注。

第三层屏障是安全壳系统。对于大型 LMR 来说，由于在严重事故下释放的裂变产物较多，且厂房内可能出现显著的升温和增压，所以第三层屏障一般设计成可以承受压力的密闭安全壳。对于小型 LMR 而言，由于在发生事故时，放射性物质的释放量小，且不会造成厂房内明显的增压，因此，一般采用厂房与通风系统相结合的包容壳系统。为应对钠冷快堆中的钠火事故，通常在主厂房内部还设置有包容小室，目的是在有钠泄漏时，将火灾范围限定在一定区域内，使之不致影响相邻房间的使用。由于安全壳系统将反应堆和冷却剂系统的主要设备都包容在内，在事故发生时，能阻止从反应堆一回路系统内逸出的裂变产物扩散和释放到环境中去，因此，是确保电站周围人员和环境安全的最后一道物理防线。安全壳应满足严格的密封要求，泄漏率不得超过允许值，还应定期进行泄漏检查，以验证安全壳及其贯穿件的密封性。虽然对包容壳的密封性要求相对较低，但是，对通风和过滤的要求较高。除对内包容放射性物质外，安全壳系统还具有对外的防御功能，如防止外部事件(飞机坠落、爆炸冲击波等)对厂房内重要设备的破坏。

纵深防御这一概念基于上述的三层屏障，构建了多层次的防护，其贯穿于反应堆的设计、运行和应急中(徐銤，2011)。

第一层次的防御是阻止异常工况及失效的发生。通常通过保留较大的设计裕度、严格的质保以及强调核安全文化等来实现。为此，必须建立一整套的质量保证和安全标准。反应堆必须按照严格的质量标准、工程实践经验及质量保证程序进行设计、制造、安装、调试、运行和维修。

第二层次的防御是控制异常工况及探测失效的发生，要通过操纵员及调节系统的适当响应来实现。在发生偏离正常工况或设备失效的时候,需要有手段能够及时地探测到情况,并能够对该偏离进行调整。

第三层次的防御是对设计基准事故的控制,通常通过紧急停堆系统及专设安全设施的响应动作来实现。即使在反应堆的设计、建造和运行中采取了各种措施,仍有可能发生异常和故障。因此,在设计中设置了必需的保护系统和专设安全设施,其功能是探测有碍安全的瞬变,并完成适当的保护动作。这些系统必须按保守的设计实践设计、必须留有足够的安全裕量并配有重复探测、检查和控制的手段,且各种仪表应具有较高的可靠性。

第四层次的防御是控制严重事故工况,包括阻止事故的进一步发展。

最后一个层次的防御是缓解放射性释放的后果,如执行厂内或厂外的应急计划等。

5.1.3 安全分析任务和事故分析方法概述

对反应堆进行安全分析主要是为了研究各类工况下反应堆的安全性,包括以下内容。

(1) 由于反应堆在正常运行过程中不可避免地要排放出一些放射性液体或气体,反应堆本身也会释放一些射线,因此,要对核反应堆的正常运行工况加以分析,以证实在采取必要措施后,正常运行时的放射性废物排放和反应堆放出的射线强度在允许值以下,从而保证电站的安全可靠性。

(2) 评估反应堆及其回路系统可能发生事故的种类和大小,并给出定量结果,以评定其是否满足有关的规范标准,从而对其安全性进行定量评价。

(3) 评估事故发生后各层安全屏障破坏的可能性,并依此设计高度可靠的安全保护系统,以保证在最严重的事故发生时,至少有一道屏障维持完整。为此,需要对事故工况下的反应堆结构及系统特性进行专门分析,对其结构可靠性做出评价并进行相应的改进。

(4) 评价核反应堆在可能的事故释放情况下所导致的后果。从放射性的释放量开始,在计算了大气扩散和地面沉降的量之后,先确定潜在的总剂量,然后计算采取防护措施后的剂量预期值,以评价受照射人员的后果。

(5) 开发、验证和检验可以精确预测反应堆事故后果的计算机程序。为分析反应堆事故,早期的研究者虽然建立了各种规模的实验装置,但成本高、技术复杂且工作量大。现在,世界各国已普遍开发和使用反应堆分析程序,并借助模拟实验装置来验证程序的可靠性,然后再用程序来预测和评估各种事故的后果。

　　在反应堆安全分析中,风险是一个非常重要的概念,其定义为事故概率与事故后果的乘积。用来确定风险中这两项要素的方法通常归纳为三类:机械论方法、概率论方法和现象学方法。

　　(1) 机械论方法。机械论方法从假设事故初因开始,跟踪各种介质运动及部件失效,直至该系统达到一个长期的稳定状态。在该过程中,要考虑所有支配系统的内在响应特性。这种方法是普遍应用的,因为能促使分析者和试验者从直接的因果关系确定事故后果。这在逻辑上是有吸引力的,因为它能使人们观察到起支配作用的各种因素,也能对相关参数进行敏感性分析,从而估计最大的不确定范围。目前而言,大多数的安全分析程序都应用机械论方法,这些程序在明确专设安全设施要求以及确定不确定性范围方面,都取得了非常大的成功。机械论方法的主要缺点是必须建立庞大而复杂的计算机系统,并且还需要不断改进,以便为可能出现的更多的和更复杂的相互作用提供系统跟踪。

　　(2) 概率论方法。概率论方法主要集中在两个方面:估算达到某种事故初始条件的概率和事故可能沿着某个特定路径发展下去的相对概率。在第一个方面,概率论方法考虑到事件树、故障树以及计算整个系统失效概率的数学方法的系统评价。对于第二个方面来说,该方法定量考虑反应堆系统中物理参数的差异,同时也考虑用来描述某种复杂物理现象的模型差异。应用概率论方法的主要困难在于很多不确定性参数的分布函数尚不清楚,某些方面存在很大的建模困难,如对共因失效、人因失误的建模等,所采用的事件链概念不能解释复杂系统事故中间接的、非线性的反馈关系。此外,对于低失效率系统而言,几乎没有实际的失效数据可以利用。

　　(3) 现象学方法。机械论方法和概率论方法在不同程度上把注意力集中于事故逻辑树上,尤其是机械论方法着重于每个发展阶段的推断方面。然而,经验表明,在整个逻辑树结构内往往存在各种漏洞。例如,在一回路系统边界保持完整的情况下,无论是什么事故初始原因,都不会对环境和公众造成影响。因此,现象学方法关注的是事故发展进程中的关键行为(如反应堆一回路系统是否保持完整性),而非着重于事故演变的细节。在严重事故分析中,一个特别重要的问题是堆芯物质的再临界问题。安全分析员常关注的是,如果熔融的燃料和包壳等物质扩散到堆芯以外,并在轴向转换增殖区和反射层区域内凝固,那么,在堆芯区域被堵住的冷却剂和燃料会使得堆芯发生严重的几何变形,而这很难进行机械学的分析。从现象学的角度来看,安全分析员可以想到,由于该区域是由内部加热的,因此,堆芯自然有一种趋向于分散的演变。这种方法可以成功减轻安全分析员的困难。现象学方法的主要问题在于对反应堆设计者的反馈受到限制。此外,该方法对事故进程中某些方面的处理不够详细,而这些方面在特定安全评价中往往是重要的。

5.2　固有安全性和安全系统

同轻水堆一样,LMR 的开发设计必须考虑反应堆系统中可能发生的各种故障和导致的所有后果,并且,无论在哪种工况下,都要保证核电站的工作人员、公众和环境免受放射性伤害。为实现这一目标,主要有两种途径:①设计多项专门的保护系统以阻止事故的进一步发展或缓解事故的后果;②在总体设计概念上使反应堆具有固有的安全性。

反应堆的固有安全性体现在以下方面:当反应堆出现异常工况时,不依靠人为操作或外部设备的强制性干预,仅依靠与设计有关的自有的和非能动的安全性,实现自我调节和自我稳定,控制反应性和堆芯功率并排出堆芯热量,使反应堆趋于正常运行或安全停闭的状态。反应堆反应性的自我调节和控制涉及各类负反应性系数和反应性反馈,堆芯余热的非能动排出则利用惯性原理和传热学原理,借助非能动设备或系统来实现。具备这种安全特性的反应堆被称为固有安全堆,其设计是目前反应堆设计的一大趋势。

5.2.1　固有安全性

1. 放射性屏障

与压水堆类似,LMR 在任何情况下都必须严格限制放射性物质向周围环境的释放和泄漏。如 5.1.2 节所述,LMR 中的放射性物质和周围环境之间设有三道重要的安全屏障,即燃料包壳、一回路系统边界和安全壳。

在堆芯燃料组件中,由于裂变产物的绝大部分都被滞留在燃料芯块的基体内,气体裂变产物被限制在燃料包壳之内,所以燃料包壳是第一层安全屏障。对于采用氧化物燃料的 LMR 燃料组件设计来说,燃料包壳一般采用 20%冷加工的 316 不锈钢,由于在设计时留有较大的裕度,因此使得燃料元件即使在燃耗末期也极少有破损。由于由裂变产物的腐蚀或制造时的缺陷所引起的破损,在大部分情况下仅会使包壳产生微小的裂缝,因此,释放到冷却剂中的气体裂变产物和易挥发裂变产物的量极小。

如果包壳破损范围很大,那么,更多的气体裂变产物就会经过冷却剂扩散至一回路系统,甚至释放到覆盖气体中,此时,反应堆容器、管道以及反应堆覆盖气体顶盖将起到第二层屏障的作用,但也可能会有一小部分裂变产物经过泵轴、控制棒驱动机构和旋转屏蔽塞的密封处泄漏出来。

一回路系统边界如果出现破损(如容器或管道破裂),那么回路边界释放出的任何放射性物质都首先会被限制在位于安全壳内的反应堆厂房中。反应堆厂房的通风系统设置有放射性探测器(如气溶胶监测系统)和过滤器,以便对排入大气环境的放射性物质进行实时监测和控制。钠冷快堆的反应堆厂房还要能够应对钠泄漏和钠火事故(因为钠冷却剂中的放射性物质会随钠火弥散至厂房环境中)。此外,反应堆安全壳还要能够承受台风、地震和爆炸飞射物等外部原因引起的载荷。

2. 冷却剂特性

和轻水堆相比,LMR 因使用液态金属冷却剂而具有不同的安全特性。

在钠冷快堆中,由于钠的沸点在标准大气压下是 883℃,一回路的运行温度通常在 550℃ 以下,温差达 300℃,因此,一回路系统不需要加压。所以,与压水堆可能出现高压系统管道或容器破裂不同,钠冷快堆出现一回路冷却剂喷射导致堆芯裸露的可能性极低。由于纯钠在 800℃ 以下几乎不会对奥氏体不锈钢、铁素体钢、铁素体马氏体钢有明显腐蚀,再加上回路冷却剂的杂质控制,因此,钠冷快堆容器和钠管道不易因为腐蚀而泄漏。由于液态钠在温度升高时体积膨胀,故易于在一回路中设计非能动事故余热导出系统,从而依靠自然循环排出堆芯事故余热。此外,钠可与放射性碘同位素化合形成碘化钠,进而限制放射性核素的扩散和释放。由于钠受中子活化产生的同位素钠和同位素氖的半衰期较短(^{22}Na 为 2.6 年、^{24}Na 为 15 h、^{23}Ne 为 38 s),因此,快堆退役后的一回路钠冷却剂经衰变 50 年再转化为稳定化合物之后可作为一般废物处理。

池式钠冷快堆具有热容量大的特点。由于熔池中有大量的钠,而且钠的热导率高,因此,反应堆一回路整体具有很大的热容量(热惰性),对瞬态变化有很强的适应和缓冲作用。在瞬态事故下,钠冷却剂在回路中形成自然循环,以非能动的方式导出余热。由于钠冷却剂的温度上升速率相当缓慢,因此,在燃料包壳温度上升至破损极限温度之前,有充足时间投入二回路冷却系统或应急冷却系统。

需要注意的是,钠冷快堆的设备、容器和管道需要严格按照核安全的纵深防御原则来设计,并防止发生钠火和钠水反应。在堆芯设计中,钠空泡效应是必须考虑的重要安全问题。在堆芯内,局部钠冷却剂沸腾形成的空泡可引起反应性变化。由于钠空泡反应性和燃料类型、堆芯尺寸与高径比、组件设计与布置方式等因素均有关系,因此可通过优化钠冷快堆的设计使反应堆具有负的钠空泡反应性(如 ASTRID)。

得益于铅的热物理特性,铅冷快堆同样具有固有安全性。

由于在铅冷快堆的整个堆芯燃耗期间,铅的空泡反应性均为负值,且铅的沸点高达 1740℃,是铅正常工作温度的三倍左右,且沸腾裕量较大,因此,铅冷快堆内发生沸腾的可能性极小。铅的密度随温度的变化较大。在铅冷快堆一回路中,冷段与热段之间的冷却剂密度差相比钠冷快堆更大。当热段温度为 550℃,冷段温度为 400℃时,铅的密度差为钠密度差的 4.8 倍。因此,在停堆后的初始阶段,铅冷快堆的自然循环流量较大、自然循环功率较高,这在事故工况下非常有利于排出反应堆余热。

由于铅的化学惰性强,不会与空气和水发生剧烈化学反应,因此,池式铅冷快堆可以不设置中间回路,直接将蒸汽发生器设置于一回路熔池中。此外,铅对快中子的慢化有助于减少反应堆结构的辐照损伤,延长反应堆寿命,并简化结构更新和维护工作。由于铅的中子活化率小,因此,铅冷快堆一回路的放射性比钠冷快堆更小。铅冷却剂和碘反应可生成碘化铅的低蒸气压化合物,并有效容纳铯和钋等核素,减轻放射性物质向环境的释放和扩散,且铅本身也能有效屏蔽伽马射线。

由于铅的熔点相对较高,因此,铅泄漏事故的影响比钠泄漏事故更小。当低压的铅回路系统及设备有小泄漏时,破口处的铅容易凝固形成自密封,从而阻止铅的继续泄漏。

3. 反应性系数

负的反应性反馈是反应堆自稳性的一种内在表现,是 LMR 固有安全性中的重要组成部分,也是现代反应堆设计所必需的一个基本要求。反应性反馈产生于堆内温度、压力或流量的变化,其中,温度对反应性的影响是一项主要的反馈效应。在 LMR 中,重要的反应性反馈包括:多普勒效应、冷却剂密度效应、空泡效应、堆芯几何尺寸膨胀效应、燃料膨胀效应和控制棒热膨胀效应。

多普勒效应是当燃料温度升高时,^{238}U 的共振峰变宽、同时 ^{235}U 的共振吸收和共振裂变发生变化,使有效增殖因数发生变化而导致反应性变化的一种反馈效应。由于快中子堆不使用中子慢化剂,中子能谱硬,因此,多普勒效应比热中子堆弱。

冷却剂密度效应是由冷却剂温度变化引起的。当堆芯温度升高时,冷却剂密度变小,中子泄漏增加,引入负的反应性。堆芯内出现气泡引起反应性变化的现象称为空泡效应。冷却剂空泡份额变化百分之一所引起的反应性变化称为空泡系数。在堆芯中,空泡的出现虽然会使中子能谱硬化(正的反应性效应),但同时也会增加中子的泄漏(负的反应性效应)。冷却剂沸腾(包括局部沸腾)、覆盖气体卷吸迁移、气体裂变产物泄漏,以及蒸汽发生器管道破裂产生的水蒸气迁移是造成堆芯出现空泡的原因。大型钠冷快堆的钠空泡反应性系数为正(能谱硬化强于中子泄漏),而铅的空泡反应性系数为负。

当冷却剂温度升高时,堆芯出现膨胀使得堆芯几何尺寸变大,快中子泄漏概率增大,有效增殖因数变小,引入负反应性。当燃料组件和钢反射层组件发生轴向膨胀时,燃料密度因膨胀而变小,核子密度减少,引入负反应性。温度上升会导致控制棒热膨胀,轴向伸长(等同于控制棒下插)而往堆芯引入负反应性,引入的反应性可根据控制棒的棒位、价值曲线和伸长量进行计算。

5.2.2 反应性控制和调节

在反应堆运行过程中,随着核燃料的不断消耗和裂变产物的不断积累,反应堆内的反应性会不断减少。此外,反应堆功率、温度等的变化也会导致反应性变化,所以,核反应堆的初始燃料装量必须比维持临界所需要的量多,使堆芯寿命初期具有足够的剩余反应性,以便在反应堆运行过程中,补偿上述效应引起的反应性损失。

为补偿反应堆的剩余反应性,在堆芯内必须引入适量的可自由调节的负反应性,既可用于补偿堆芯长期运行所需要的剩余反应性,也可用于调节反应堆的功率水平,以及用作停堆手段。控制反应性的方法包括向堆芯内插入或抽出控制棒、移动反射层以及改变中子泄漏等,其中,向堆芯提插控制棒是最常用的一种方法。

在快中子增殖堆中,由于燃料的增殖使燃料的燃耗得到部分补偿,所以快中子堆所需的剩余反应性比热中子堆小得多。为防止在运行中发生反应性事故,由上述引入反应性的方法所构成的控制系统必须高度可靠,并在系统设计时辅以一系列安全措施。例如,限制每根可移动控制棒的反应性当量,以保证即使在反应性价值最大的一个控制棒组件完全抽出堆芯,而又不能插入的卡棒事故发生时,也能使反应堆停闭,并且具有足够的停堆裕量;通过连锁装置限制控制棒的提升速度,以便在操纵员误操作或其他故障条件导致控制棒连续快速提升的情况下,可以限制反应性的引入速率。除上述的主动反应性控制系统外,反应堆还拥有固有的反应性反馈控制。只要反应堆控制系统充分发挥功能,再加上反应堆本身的反应性反馈,当发生反应性事故时,就可保证反应堆的安全。

5.2.3　安全系统和设施

　　为缓解可能发生的设计基准事故和超设计基准事故,并将事故影响限制在可控范围内,LMR 设置了多项安全系统和安全设施,包括但不限于安全壳系统、余热排出系统、蒸汽发生器事故保护系统、停堆系统、主容器超压保护系统和堆芯捕集器等。

　　(1) 安全壳系统。该系统既对内部放射性物质进行包容,又对外部事件进行防御。安全壳系统在结构上可分为两个层次:作为一次安全壳的内部包容小室和作为二次安全壳的反应堆厂房,同时设有正常通风系统和事故通风系统,以维持两层屏障为负压状态。二次安全壳主要用于防御外部事件,一次安全壳则要满足高密封或高通风的要求,以包容放射性覆盖气体和钠气溶胶(针对钠冷快堆的钠火事故)。

　　(2) 余热排出系统。余热排出系统的功能是在发生回路冷却系统和换热系统失效的事故时(如全厂断电、换热器功能失效等),将反应堆内的热量排至最终热阱。余热排出系统是 LMR 安全设计中非常重要的部分。LMR 中设计的余热排出系统通常为非能动式和能动式。非能动式余热排出和能动式余热排出的差别在于,非能动系统不需要借助外力或外部设备,仅依靠传热学、热工水力学等自然物理法则实现热量的传导和排出。以中国实验快堆的事故余热排出系统为例,该系统有两个独立回路,每个回路由一个位于堆容器钠池内的独立热交换器、一个带闸门的空冷换热器和中间回路管道组成。独立热交换器和堆芯构成了一回路的自然循环回路,独立热交换器和空冷换热器之间构成了中间回路的自然循环,空冷换热器将热量释放至大气环境中。此外,反应堆容器冷却系统还可通过反应堆容器外的空气自然对流将堆内余热从堆容器壁排出。

　　(3) 蒸汽发生器事故保护系统。对于钠冷快堆来说,该系统的作用是保护在大型钠-水反应事故下重要设备的完整性(如蒸发器壳体、中间热交换器、换热管等),以防止钠水反应的扩大和蔓延。如今,一些钠冷快堆(如ASTRID)摒弃了钠回路和水回路换热的设计,而采用钠-氮气(或超临界二氧化碳)布雷顿循环能量转换系统,从而消除了在蒸汽发生器中发生钠-水反应的可能性,无需设置蒸汽发生器事故保护系统。

　　(4) 停堆系统。出于更深入的安全设计考虑,LMR 可设置不同类型的、冗余且相互独立的停堆系统。停堆系统由吸收棒组成,可凭借浮力、重力或气动系统等手段插入堆芯实现控制功能。非能动停堆系统功能的实现主要依靠吸收棒对堆芯冷却剂温度变化的响应。例如,在发生无正常停堆措施介入的瞬态时,一类自引动式停堆系统可依靠铁磁体的热膨胀特性而非能动地分离控制棒,使其在重力作用下插入堆芯。

(5)主容器超压保护系统。该系统的功能是保护反应堆主容器和保护容器,防止其中的保护气体超压,并可在过渡工况中自动调节反应堆保护气体的压力,以及在事故缓解需要时紧急降低堆内的压力。该系统包括主容器和保护容器的气腔、主容器和保护容器的保护装置(密封装置)、补偿容器、紧急卸压支路及电动阀、连接管道、保温层电加热及支吊架等。

(6)堆芯捕集器。在发生严重事故(如堆芯解体事故)时,堆芯熔融物质的迁移、聚结以及冷却剂冷却能力不足,可能会导致熔融物质发生再临界,并在极短时间内释放大量能量。此外,高温熔融物质可熔穿反应堆容器,导致安全屏障失效而使放射性物质大量逸出,造成严重的事故后果。为此,一些LMR 在安全设计中设置了堆芯捕集器,这种装置可以收集从堆芯组件中熔融流出的物质,同时保证熔融物质始终处于次临界状态,并能够得到长期有效的冷却。

5.3 液态金属冷却反应堆事故分类及历史事故回顾

在反应堆运行过程中,偏离正常运行范围会导致异常事件。当超出系统的调节能力时,便可能导致各种事故工况。LMR 中的事故一般分为反应性引入事故、失流瞬态事故、失热阱瞬态事故和局部事故,其中,局部事故包括钠火事故、蒸汽发生器传热管道断裂事故和堵流事故等。

5.3.1 反应性引入事故

反应性引入事故(Transient Over-Power,TOP)是指向堆内突然引入非预期的反应性,导致反应堆功率急剧上升而发生的事故。这种事故如果发生在反应堆启动时,就可能会出现瞬变临界,反应堆有失控的危险;如果发生在功率运行工况时,堆内严重过热,就可能会造成燃料元件的大范围破损,破坏一回路系统压力边界。

在 LMR 中,出现反应性引入的原因至少有四种:控制棒失控抽出、冷却剂沸腾或堆芯出现气泡、冷却剂温度变化和堆芯裂变材料分布变密集。

(1)控制棒失控抽出。快堆中的控制棒分为三类:安全棒、补偿棒和调节棒。在正常运行工况下,安全棒全部提出堆外,在保护系统的触发下,可以快速插入堆芯停闭反应堆；补偿棒位于堆内的某一位置，用于补偿燃耗造成的反应性损失，在系统稳定运行时，其位置保持不动，只有在调整功率等特定工况下才会移动；调节棒处于不断上下运动的过程中，用于调节功率的波动。在反应堆控制系统和控制棒驱动机构失灵的情况下，调节棒或补偿棒不受控地抽出，向堆内持续引入正反应性，引起功率不断上升的现象称为控制棒失控抽出事故（又称提棒事故）。

（2）冷却剂沸腾或堆芯出现气泡。在堆芯内，不同位置的冷却剂沸腾及气泡的出现会引入不同的反应性。对于大型钠冷快堆来讲，空泡出现在堆芯中心位置会导致正反应性引入，而在边缘位置则会导致负反应性引入；对于小型快堆来说，由于堆芯体积小，中子泄漏概率更大，因此，表现为负反应性反馈。

（3）冷却剂温度变化。冷却剂温度变化会导致两方面的后果：冷却剂密度变化，导致中子泄漏变化；结构及燃料元件的变形和热膨胀，产生变形反馈。由于 LMR 的堆芯具有负反应性反馈特性，因此，冷却剂温度降低会引入正反应性。

（4）堆芯裂变材料分布变聚集。在 LMR 中，由于燃料组件的热变形和辐照肿胀，有可能发生组件活性段向堆芯中心弯曲，导致燃料聚集并引入正反应性。因此，LMR 堆芯的设计必须考虑机械变形的约束，以防止堆芯燃料的聚集。在某些极端情况下，会出现部分或全部堆芯熔化，熔融堆芯物质在重力作用下迁移并可能进一步聚集。由于 LMR 的燃料富集度很高，因此，超过一定质量范围的燃料聚集会引入非常大的正反应性，并引发严重的瞬发临界事故。

根据事故时反应堆的运行状态，反应性引入事故主要有以下三种事故：反应堆启动事故、额定功率下的控制棒失控提升和冷却剂过冷事故。

（1）反应堆启动事故。在反应堆启动过程中，尤其是初次启动时，由于设备故障或操作错误而引起控制棒失控抽出，以一定速率向堆内持续引入反应性，致使反应堆从次临界迅速达到临界，进而又发展为瞬发临界事故，并导致功率激增的情形，称为反应堆启动事故。

（2）额定功率下的控制棒失控提升。在额定功率下，由于反应堆内有多项负反应性反馈存在，因此，不会发生类似启动过程中的瞬发临界事故。然而，因为堆芯已在额定功率下运行，更多功率的释放会使得反应堆在超额定功率功率下运行，组件温度升高，从而可能导致大范围的破损。

（3）冷却剂过冷事故。以钠冷快堆的冷钠事故为例，由于堆芯的负反应性反馈，如果突然有较冷的钠进入堆芯内，将会引入显著的正反应性。

5.3.2　失流瞬态事故

失流瞬态事故(Loss of Flow,LOF)是指反应堆受意外事件影响而使一回路流量骤降,导致一回路正常冷却能力不足或失效的瞬态事故。在失流瞬态中,通过堆芯的冷却剂流量减少,堆芯欠冷却,热量会在堆芯及堆容器内积,并累引起堆芯燃料组件和冷却剂温度升高,如不及时停堆,可能会导致更加严重的事故工况。引发失流瞬态事故的原因包括由供电故障、泵卡轴或断轴引起的一回路泵停运以及全厂断电。

正常外部供电系统和备用外部供电系统发生故障,会引起电网电源故障,并使全厂断电,引起紧急停堆。在此情况下,应迅速启动应急柴油发电机,以维持一回路泵低速运转。

一回路泵在供电故障后,会自然降低速度惰转,可以在一段时间内,利用泵惰转提供的惯性流量排出堆内流量,缓解事故后果。由此类原因引起的一回路泵停运属于预计运行事件,对堆芯燃料组件和一回路边界的影响不大。然而,如果一回路泵因卡轴或断轴等原因瞬时停止转动,不仅不能提供惯性流量,还会由于一回路泵出口处的逆止阀没有关闭,导致冷却剂在停泵回路上倒流,使通过堆芯的冷却剂流量严重减少,堆芯冷却剂和燃料包壳温度出现明显峰值。此类原因引起的主循环泵停运属于事故工况。

对于小型模块化的 LMR 的设计来说,在正常运行条件下,堆芯的热量导出依靠一回路自然循环而实现,不需要通过泵来驱动回路强制对流,因此,这种小型 LMR 无需考虑失流瞬态事故。

5.3.3　失热阱瞬态事故

在 LMR 中,失热阱瞬态事故(Loss of Heat Sink,LOHS)主要表现为中间换热器或蒸汽发生器的换热功能失效,原因包括二回路(或三回路)泵故障、蒸汽发生器给水中断、主给水管道断裂。反应堆产生的热量无法及时通过回路排出,从而导致反应堆整体温度升高。

失热阱瞬态存在两种模式:在第一种模式中,一回路与二回路的直接换热失效;在第二种模式中,只有二回路与三回路的换热失效(对于钠冷快堆而言)。在第一种模式中,虽然中间换热器换热功能失效,但堆芯瞬时功率没有大幅变化,同时一回路泵正常运行,使得一回路整体被加热,熔池温度和堆芯入口温度升高,堆芯随后出现负反应性反馈调节和功率响应。在第二种失热阱瞬态模式中,虽然二回路没有出现失流,但由于与三回路的换热失效,二回路整体也会升温,但被视为是一回路的缓冲热阱。第一种失热阱瞬态模式是目前的研究重点。

5.3.4　无保护瞬态事故

在反应堆发生瞬态时,反应堆保护系统会因瞬态触发而执行紧急停堆功能,使安全棒插入堆芯中。这种带正常停堆保护机制的瞬态事故称为有保护瞬态事故。在瞬态过程中,因反应堆保护系统失效而无法实现紧急停堆的瞬态事故称为无保护瞬态事故。在无保护瞬态事故中,堆芯的反应性完全通过堆芯自身的反应性反馈而调节。因此,堆芯的负反应性反馈机制在无保护瞬态事故中起到至关重要的作用。无保护失流瞬态、无保护失热阱瞬态和无保护超功率瞬态是目前主要考虑的超设计范围的三类瞬态。

(1) 无保护失流(Unprotected Loss of Flow,ULOF)瞬态

无保护失流瞬态主要表现为一回路泵故障,且控制棒无法插入堆芯实现停堆。在设想的最保守的无保护失流瞬态中,全厂断电使得反应堆一回路泵和其他回路泵失电惰转,一回路冷却剂流量大幅降低,换热器的正常换热功能也因流量骤降而失效。在停堆保护功能失效的情形下,堆芯的反应性取决于自身的反应性反馈。泵的停运使得一回路冷却剂流量不断降低,直至一回路自然循环模式建立,此时,一回路的循环流量取决于流动通道的总压降和浮力,可通过一回路的设计参数直接进行估计和预测。

由于无保护失流瞬态中的一回路冷却剂流量大幅衰减,因此,堆芯热量的产生和导出不匹配,这可能导致堆芯内冷却剂过热。对于大型钠冷快堆而言,堆芯温度触及钠的沸点会出现气泡并引入显著的正反应性,造成功率失控并引发严重事故。

(2) 无保护失热阱(Unprotected Loss of Heat Sink,ULOHS)瞬态

无保护失热阱瞬态主要表现为换热器换热功能失效,控制棒无法插入堆芯实现停堆。在该瞬态情形下,一回路无法正常地通过换热器向二回路导出热量,同时,安全系统的停堆保护功能失效。与无保护失流瞬态不同的是,一般,在无保护失热阱瞬态中,一回路泵仍保持正常运行,一回路冷却剂流量得到维持,但该瞬态事故依然会使一回路整体显著升温。和无保护失流瞬态类似,无保护失热阱瞬态下的堆芯反应性反馈起重要作用。

(3) 无保护超功率(Unprotected Transient over Power,UTOP)瞬态

无保护超功率瞬态是无停堆保护机制的堆芯反应性引入瞬态,通常由控制棒意外抽出堆芯所引起。显著的正反应性被引入堆芯中,导致堆芯功率激

增,引起堆内材料和冷却剂温度上升。堆芯中引入的正反应性会迅速被各种负反应性反馈所抵偿,虽然堆芯最终会达到反应性平衡,但会处于超额定功率状态。因此,无保护超功率瞬态下的设计安全裕度需要深入探究,分析是否有可能发生冷却剂沸腾、燃料包壳破损和燃料熔化等现象。

5.3.5 局部事故

1. 钠火事故

钠冷快堆回路中的钠,如果泄漏而接触空气,则有可能发生钠火事故。钠火的特征为火焰和白色浓密烟雾。燃烧的钠并不完全消耗形成烟雾,大多数是以钠氧化物形式存在的沉积物和没有反应的钠。一般地,钠火分为三种类型,即池式钠火、喷射钠火和混合钠火。影响其后果的主要因素是泄漏处的几何形状、大小、位置,以及钠的温度、流量和速度等因素。

钠火的事故后果包括三个方面,即热力学后果、化学后果和环境后果。热力学后果直接表现为发生钠火房间的温度和压力升高,这可能危及该房间内的安全设备和系统以及建筑结构;化学后果包括钠与材料的反应、混凝土脱水和钠燃烧产物与材料的反应等。在钠与材料的反应中,最重要的是钠与混凝土的反应。

钠的燃烧产物有两种形式:气溶胶和沉积物。气溶胶最初由过氧化钠组成,在开放的空气中可能首先转变为氢氧化物,而后变成碳酸盐。这些高活性的产物会造成放射性物质的释放,对人员和环境均有害。

2. 蒸汽发生器传热管断裂事故

在 LMR 中,蒸汽发生器传热管破裂会引起液态金属冷却剂与水的直接接触。由于管道两侧的侵蚀、腐蚀、管束和支撑间的振动、磨损瞬变应力、热冲击和热疲劳等原因,管道中的缺陷会不断扩展成裂缝透孔,导致水或蒸汽向液态金属回路中泄漏,进而引起冷却剂-水反应。

在钠冷快堆中,蒸汽发生器传热管道断裂事故会导致在钠回路中产生严重的热工水力效应,并伴随出现剧烈(峰值)的压力增大。反应中骤然产生和膨胀的氢气泡会形成以声速传播的冲击波和随之而来的压力波。在池式铅冷快堆中,蒸汽发生器传热管断裂事故一旦发生,管内高压水将喷入主容器低压高温熔融铅池中,水和铅或铅合金接触时产生剧烈的热力学作用,形成压力波冲击反应堆结构,同时,高压水因压力骤降发生闪蒸现象,从而产生大量蒸汽气泡。这些蒸汽气泡一部分可能上浮到熔池表面,另一部分则可能伴随着冷却剂的流动迁移到堆芯附近,带来反应性扰动。蒸汽气泡如附着于燃料包壳表面,将导致传热恶化与堆芯损坏,对反应堆安全造成极大威胁。

因此,在事故工况下,开展钠-水、铅-水相互作用,及其对反应堆设备部件影响的评估,具有重要意义。

3. 堵流事故

由于 LMR 燃料组件为密集棒束形结构,因而有可能在局部出现流道面积的减小或堵塞,原因包括:外来异物如定位件碎片等停留在组件入口处或子通道内部、燃料棒辐照肿胀和热膨胀引起流动面积减少、破损后的燃料碎片滞留在流道内(缓慢过程)、组件棒束定位绕丝断裂或脱落被卡在流道内、腐蚀产物在流道内积聚(缓慢过程)等。

燃料组件堵流可能引起两个位置的温度升高,一是燃料组件的燃料段末段温度升高,二是燃料组件内局部温度升高。在反应堆换料后或停堆期间,可以依靠装在旋塞上的流量计对每盒燃料组件进行流量测定,以判断燃料组件内是否存在局部堵流。在反应堆运行期间,当燃料组件流道面积减少或堵塞发展到一定程度时,随着冷却剂的温度升高,包壳温度将升高,最后导致燃料棒局部破损。对于该事故来说,可以通过覆盖气体探测系统和缓发中子探测系统进行报警和监测。

5.3.6　历史快堆事故回顾

历史上发生的典型的 LMR 事故有日本原型快堆文殊堆的钠泄漏事故和法国超凤凰快堆异常事件。

1995 年 12 月 8 日,文殊堆在以 43% 的额定功率运行时,报警信号触发(高钠温、钠火和钠泄漏),确认为回路中的钠发生泄漏。由于在短时间内反应堆安全停堆,因此,钠泄漏中止。钠泄漏总量估计为 640 kg,没有放射性物质释放,也没有对人员和周边环境造成影响。经分析发现,此次事故是因流致振动引发的高周疲劳导致的热电偶套管破裂,二回路发生钠泄漏。

1995 年 5 月 3 日,在法国超凤凰快堆冷却系统氩气鼓风机的维修操作中,先前拆掉的鼓风机的接线盒导致中间包容屏障(第二层屏障)打开,而第三层屏障也由此短路。同时滚轴区域(第四层屏障)也被打开,导致给水包容丧失。这种情况不符合停堆状态运行规程(运行规程要求至少一道包容屏障完整)。本次事件是一起典型的由多权限组织维护错误导致的事件。由于人为失误是重要原因,因此,事件分析中突出了运行和施工工作中准备和计划的错误。为防止今后类似事故的发生,技术员在运行手册上将标明"安全,小心：包容屏障"，当从事影响包容屏障的工作时，要求规范维护。另外，在快堆的核安全备忘录中，也要求有质量体系和安全文化的描述。

1987年3月8日，超凤凰快堆发生泄漏事故，钠泄漏进入中间储存容器和外桶的孔隙中。经分析，这次泄漏是由保证平板低角度焊道上的一条水平裂缝引起的。后期分析结果表明，最有可能导致事故发生的原因包括桶的钢材料的性质以及同时存在的三个因素（高硬度区域微裂缝的存在与材料弹性极限接近的剩余应力以及能够造成脆断现象发生的氢的存在）。从本次事故中获得的反馈是今后有必要采取一些泄漏控制手段，并监测保护容器的完整性以及考虑外桶在泄漏事件中相应的响应动作。

5.4　瞬态安全分析实验

LMR的固有安全性需要通过相应的瞬态实验来检验和证明。20世纪后半叶以来，一些国家在已经开发和运行的LMR中进行了多项瞬态实验，以用于安全分析，这些实验涉及的反应堆包括美国实验增殖堆EBR-Ⅱ、法国凤凰钠冷快堆和日本文殊堆。

5.4.1　美国实验增殖堆EBR-Ⅱ

美国实验增殖堆EBR-Ⅱ是由美国阿贡实验室（Argonne National Laboratory，ANL）设计和运行的池式钠冷快堆，设计热功率为62.5 MW，燃料类型为金属型。EBR-Ⅱ于1964年开始运行，1994年停止运行。通过运行该堆，证明了钠冷增殖快堆作为能源堆运行和^{238}U闭式燃料增殖循环的可行性。图5-1展示了EBR-Ⅱ的一回路系统组成。EBR-Ⅱ的堆芯、两个一回路泵和一个中间换热器都设置在钠池中，二回路使用钠作为冷却剂，通过中间换热器导出一回路热量。

1. SHRT

为证明EBR-Ⅱ在瞬态事故下的非能动安全特性，美国能源局和ANL于1984—1986年，在EBR-Ⅱ中开展了停堆余热排出测试项目（Shutdown Heat Removal Test program，SHRT）。该项目包含一系列的瞬态测试实验，目的在于证明EBR-Ⅱ一回路非能动自然循环排出余热的有效性、无保护失流瞬态下的非能动停堆、无保护失热阱瞬态下的非能动停堆，以及为数值计算工具提供基准检验的数据。

SHRT共进行了58个实验，分为7个实验组进行。各组实验均可归属于

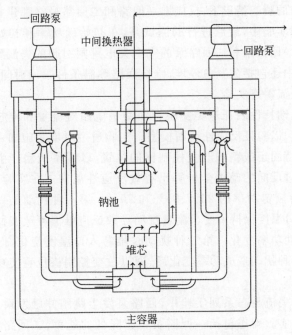

图 5-1 EBR-Ⅱ 的一回路系统组成示意图

以下 4 类实验：(A)有停堆保护的失流瞬态和自然循环；(B)反应性反馈特性表征；(C)无保护失流瞬态；(D)电站平衡瞬态(Feldman et al.,1987；Golden et al.,1987；Lehto et al.,1987；Mohr et al.,1987；Planchon et al.,1985,1987)。表 5-1 给出了各类实验的情况。

表 5-1 SHRT 实验总结

组 别	实验类别	实验数量/个	实验年份
1	A	6	1984
2	A	6	1984
3	A	6	1984
4	B	8	1984
5	C	6	1985
6	C	13	1986
7	D	13	1986

在有停堆保护的失流瞬态和自然循环实验中,涉及的变化参数有初始功率、初始一回路流量和二回路泵是否跳闸。瞬态的触发包括一回路泵跳闸和二回路泵延迟跳闸的不同组合,瞬态触发的同时,反应堆保护系统执行停堆

功能。在所有的瞬态情形下,反应堆一回路和二回路最终都建立了自然循环模式。在这类实验中,最后进行的测试是,在初始满功率和初始一回路额定流量条件下,一回路泵和二回路泵的完全失电跳闸引起的失流瞬态实验。另外,这类实验中还包括先紧急停堆,维持回路等温条件一段时间后,再触发泵跳闸的延迟失流瞬态实验。

反应性反馈特性表征这类实验旨在测量电站对流量和堆芯入口温度扰动的动态响应,以验证反应性反馈模型。实验通过对堆芯施加一系列的热工水力扰动,保持固定或精确改变控制棒的位置,以测量扰动产生的堆芯功率变化,从而通过反向的动力学计算出有效反应性反馈。在实验中,设置的初始功率水平为额定功率的 25%、50% 和 70%。第一种扰动是一回路流量变化,但堆芯入口温度保持不变。流量扰动导致反应堆温度改变而影响反应性平衡,进而驱动功率变化。第二种扰动是堆芯入口温度变化,但一回路流量保持不变。两种扰动造成功率变化后,通过改变控制棒位置使功率返回到初始值。

在无保护失流瞬态系列实验中,回路泵发生跳闸并触发瞬态,但紧急停堆系统失效。实验瞬态包括一回路泵转速降低的速率、二回路泵是否跳闸,以及辅助泵是否接通应急电源、电池电源或辅助泵不运行等不同组合。这些实验的初始条件从不同的功率和流量开始,最终达到满功率和一回路额定流量。

电站平衡瞬态实验包括动态频率响应实验、无保护失热阱瞬态实验和汽包降压实验。

动态频率响应实验的目的是在宽干扰频率范围内生成数据,以用于验证整个电站动态仿真模型。在一些循环实验中,一个相对较小的周期性扰动被添加到控制棒插入引起的反应性或二回路电磁泵电压上。这种周期性扰动由一个基频和多个谐波组成,其中,频率以功率、温度、流量和压力扰动的形式传播和衰减,并在整个电站范围内被测量。谱分析用于测量输出和模拟结果,并提供传递函数。

无保护失热阱瞬态实验的目的是证明反应堆在所有热阱(包括紧急衰变热排出系统)失效后可以非能动地停堆。实验中表现为基本停止二回路流动(包括自然循环),维持一回路正常流动循环,同时反应堆停堆系统失效。在这种情况下,堆芯热量无法被正常导出而耗散在整个一回路系统中,使堆芯入口温度升高,堆芯功率由于负反应性反馈而不断降低,堆芯出口温度因此下降,从而最终使整个一回路处于等温状态。

汽包降压实验共进行了两次,包括快速打开冷凝器的蒸汽旁通阀和蒸汽快速降压,一回路和二回路流量保持不变,反应堆的功率和温度自由响应。汽包压力和饱和水温度的降低,使蒸汽发生器的二回路钠温度降低,随之使中间换热器中的一回路钠过冷,降低了堆芯的入口温度。由于负反应性反馈,因此,需增加反应堆功率,以满足增加的蒸汽功率需求。

2. 实验结果

实验结果表明,在反应堆回路失流或失热阱的瞬态情形下,非能动排出衰变余热和降低堆芯功率是可行的,回路自然循环是 LMR 中有效排出衰变余热的主要手段。EBR-Ⅱ自然循环排出余热的有效性和无保护瞬态下的非能动安全性得到了证明。在无保护失流瞬态中,如果能恰当地选择或设计一回路泵跳闸后的降速时间,堆芯温度峰值就可低于正常运行瞬态中允许的极限值。在无保护失热阱瞬态中,堆芯温度峰值比正常运行时更低。在流量扰动和热阱扰动实验中,反应堆反馈机制起到了降低堆芯功率、促进反应堆非能动关停的作用,EBR-Ⅱ整体部分的控制可依赖于电站的非能动响应。

在所有的无保护瞬态实验中,在没有紧急停堆和外界干预的情况下,反应堆可以从初始的不同功率水平自动关停。堆芯的温度变化比较温和,堆芯冷却剂的温度峰值没有超过设计的安全极限值。在瞬态实验期间,电站运行没有出现异常,反应堆组件没有受到损害,没有监测到燃料损毁,瞬态所累积的燃料损害可以忽略不计,实验结束后电站仍可正常运行。因此,基于相关实验可以合理地认为,EBR-Ⅱ能够排除大型的失流或失热阱瞬态事故造成堆芯解体的可能。

5.4.2　法国凤凰快堆

法国凤凰快堆是法国原子能和替代能源委员会(CEA)于 1973—2009 年,在法国马尔库尔(Marcoule)运行的一个热功率 563 MWth 电功率(250 MWe)的钠冷快堆。反应堆一回路系统含有三个一回路泵和六个中间换热器,每两个中间换热器连接一个二回路,共有三个二回路。反应堆主容器被放置于双包层容器中,整体放置于反应堆堆坑的最外层安全容器中。图 5-2 给出了凤凰快堆一回路系统的示意图。凤凰快堆自 1993 年采用降功率模式(热功率 345 MW/电功率 142 MW)运行。表 5-2 给出了凤凰快堆的运行参数。

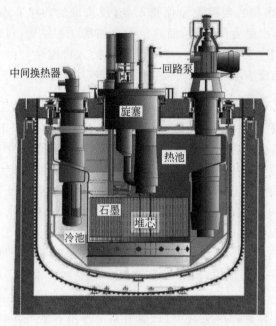

图 5-2　凤凰快堆一回路系统

表 5-2　凤凰快堆的基本运行参数

参　数	全功率模式	降功率模式
热功率/电功率(MW)	563/250	345/142
堆芯出口温度/℃	560	530
堆芯入口温度/℃	400	385
蒸汽发生器二回路侧入口温度/℃	550	525
蒸汽温度/℃	512	490
高压透平机压强/MPa	16.3	14.0

1. 寿期末实验

CEA 在凤凰快堆运行的最后一年开展了寿期末系列实验,共进行了十组实验,分为热工水力、堆芯物理、负反应性和燃料测试等四类(Vasile et al.,2011;Fontaine et al.,2013)。这一系列实验旨在为中子输运程序、热工水力程序和燃料分析程序的验证扩充实验数据,并为 1989 年的因反应性突降而引发的自动停堆事件提供更好的理解。

热工水力实验分为非对称瞬态实验和自然循环实验。在非对称实验中,一个二回路泵跳闸,使钠池冷区产生了方位角的不对称现象。二回路失流使得对应这两个中间换热器的一回路出口处的钠池冷区,因冷却不足而产生了热冲击。实验记录了钠池的轴向温度分布,以展示浮力对流型的影响。测量仪器同样记录了方位角的温度分布,从而为热工水力程序的验证提供大型数据。在自然循环实验中,一回路泵从 30% 的额定功率模式跳闸。衰变热首先通过二回路管道的热耗散排出,然后通过蒸汽发生器套管中的空气自然循环排出。在测试的最后阶段,虽然有一个二回路泵跳闸,但另一个出于安全原因仍在运行。在蒸汽发生器套管上安装了特殊的传感器来测量不同位置的空气温度和速度。

堆芯物理实验分为燃料组件反应性价值实验、衰变热测量实验、控制棒撤出实验、控制棒价值实验和钠空泡反应性实验。在燃料组件反应性价值实验中,堆芯中心位置连续放置新、旧燃料和新、旧增殖材料,通过达到控制棒的临界位置来测量燃耗对反应性的影响。这一实验研究的组件有高燃耗标准燃料组件、新的标准燃料组件、钚含量降低的实验组件、用钠填充的不带裂变材料的组件、新的包层组件和高燃耗包层组件。通过测量具有不同钚含量的相似新燃料组件,可以区分每一种情况下裂变和裂变产物存量的单独影响。衰变热测量实验通过在等温条件下维持反应堆的热平衡,在停堆后的大范围时间内测量钠冷却剂的平均温度。借助反应堆整体系统中冷却剂内能、衰变热、额外热源和系统热耗散的热平衡关系,定量计算出衰变热。控制棒撤出实验通过改变控制棒的棒位使堆芯径向功率分布出现变动,并研究棒位对功率空间分布的影响。控制棒价值测量实验利用一些测量方法来确定控制棒在堆芯上部的价值。钠空泡反应性实验在堆芯内将控制棒中的一些碳化硼吸收材料替换为氦气来模拟气泡位移,并测量氦气的反应性效应,从而为中子输运程序的计算和安全分析提供验证数据。

负反应性实验分为燃料组件堆芯径向弯曲实验和慢化实验载体组件(Dispositif Acier à canal Central,DAC)与包层组件相互作用实验。燃料组件堆芯径向弯曲实验通过力学设备,在堆芯中使燃料组件弯曲,研究堆芯在径向局部散开所引起的反应性效应。在另一组实验中,由于 DAC 组件的中子慢化和较低的钠流量,包层组件中增大功率会导致钠沸腾。钠气泡的瓦解会引起堆芯的径向变形和引入相应的负反应性。

燃料测试实验为局部燃料熔化实验。在该实验中,混合氧化铀燃料棒在特质的容器中,经历从 86%～106% 的额定功率水平的功率瞬态,随后进行辐照检查分析,并生成用于验证燃料热-力分析程序的数据库。在实验中,预计燃料棒在中子注量率最高的位置出现局部 10% 的质量熔化。

2. 自然循环实验与结果

在凤凰快堆寿期末实验中,自然循环实验对验证钠冷快堆在瞬态事故下,非能动排出衰变热的有效性和安全性具有重要意义。

在实验开始之前,凤凰快堆以 120 MWth 的功率持续稳定地运行,三个二回路中只有两个二回路泵正常运行,堆芯入口和出口温度分别为 360℃和430℃。实验中的事件和过程如表 5-3 所示。在实验开始时,两个蒸汽发生器不断蒸干,在中间换热器中,一回路与二回路的温差降低。实验进行至第 458秒时,温差降至阈值,操纵员执行停堆操作。在停堆 8 s 后,三个一回路泵跳闸惰转,二回路泵转速也因停堆而自动降低。随后,一回路开始建立自然循环。一回路中自然循环的建立分为两个阶段:第一阶段(持续约 3 h),除管道热耗散外,二回路中没有实际意义上的热阱;第二阶段(持续约 4 h),蒸汽发生器底部和顶部的套管打开,空气自然循环建立,二回路出现热阱。在第二阶段最后,关闭蒸汽发生器套管,实验结束。

表 5-3　凤凰快堆自然循环实验主要事件和过程

时　间	事　件
0 s	两个蒸汽发生器蒸干
458 s	停堆、两个二回路泵转速在 1 min 内自动降至 110 r/min
466 s	三个一回路泵跳闸,自然循环第一阶段开始
4080 s	二回路泵转速降至 100 r/min
10320 s	蒸汽发生器套管打开,自然循环第二阶段开始
24000 s	蒸汽发生器套管关闭,实验结束

关于凤凰快堆自然循环实验的详细测量数据及结果,读者可参阅 IAEA(2013)报告。自然循环实验明确证实了,由堆芯入口温度升高所引起的负反应性效应,是钠冷却快堆的重要安全特征。第一阶段的结果显示,在没有显著的热阱或热损失的情况下,自然对流是反应堆停堆后堆芯冷却的有效手段。蒸汽发生器出现干涸后,在停堆之前,堆芯入口温度的升高使堆芯功率下降,这种负反应性反馈主要由堆芯栅板的膨胀和控制棒的热膨胀所引起。在停堆以及一回路泵跳闸之后,一回路迅速而有效地建立了自然循环模式,堆芯出口温度在 5 min 内达到峰值后不断降低。反应堆的热惯性和热耗散足以使堆芯出口温度保持相对稳定。第二阶段在出现了显著的二回路热阱后,自然对流非常有效地排出热量,降低了堆芯和容器温度,整体的降温速率为10℃/h。另外,实验中还发现,用于测量强制对流的测量仪器并不总是适用于测量自然对流,以及一些非均匀的热工水力现象。

5.4.3　日本文殊堆

文殊堆是一座回路式钠冷快中子增殖堆,于 1994 年达到临界状态,并于 1995 年末进行了 40%电功率水平的透平机跳闸停堆实验。然而,由于反应堆二回路的钠泄漏事故、更换燃料时的抓取杆掉落事故等一系列原因,2013 年,日本原子能管制委员会决定不再重启文殊堆,2016 年年末,日本政府决定开始退役文殊堆。实际上,文殊堆只在安全状态下运行了 250 天。

文殊堆的热功率输出为 714 MW,电功率输出为 280 MW,反应堆主容器内的结构如图 5-3 所示。堆芯入口和出口温度分别为 397℃和 529℃,中间换热器二回路侧入口和出口温度分别为 325℃和 505℃,蒸汽温度达 483℃,压强为 12.6 MPa。反应堆的主冷却系统由三个环路组成,每一个环路由一级传热系统、二级传热系统和蒸汽动力系统构成。一级传热系统由一个中间换热器、一个一回路泵、主容器和回路管道构成。在一回路泵的驱动下,一回路钠通过位于主容器较低位置的三个管口流入并冷却堆芯,随后经过位于主容器较高位置的三个管口流出反应堆容器。二级传热系统由泵、蒸汽发生器(由蒸发器和过热器组成)和中间换热器组成,导出一级传热系统的热量。在蒸汽动力系统中,在过热器中产生的过热蒸汽进入透平机产生电能,在经过冷却变为液相水之后,再次进入蒸汽发生器进行循环。文殊堆的整体系统布置如图 5-4 所示。

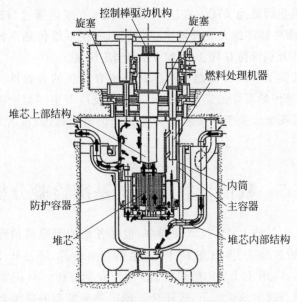

图 5-3　文殊堆主容器结构组成

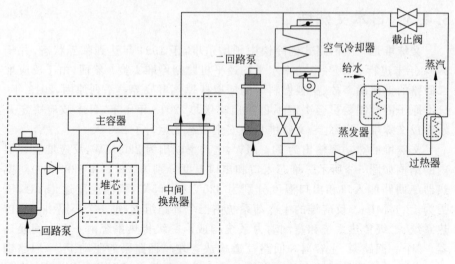

图 5-4   文殊堆整体系统布置(只展示其中一个环路)

文殊堆透平机跳闸停堆实验旨在验证,在透平机故障下,反应堆的安全性。实验过程如下:通过产生凝汽器低真空信号使透平机跳闸,触发反应堆停堆。在控制棒插入堆芯后,在一级传热系统和二级传热系统中,一回路泵和二回路泵的主电机跳闸,伺服电机启动。空气冷却器的风机同时启动,蒸汽控制阀和截止阀迅速关闭。在这些动作之后,衰变热通过与蒸汽发生器并联的钠-空气换热器排到大气环境中。伺服电机使一级传热系统和二级传热系统的钠循环分别维持在约 10% 和 8% 的额定流量。

本实验证实了反应堆回路自然循环排出衰变热的有效性。实验中还观察到,由于一级传热系统的钠流量很小,所以,反应堆主容器上腔室会出现明显的温度分层现象。关于本实验的具体实验记录和数据,读者可参阅 IAEA (2014)报告。

5.5   数值计算工具的基准检验分析

在过去几十年的 LMR 技术发展中,世界各地的研究机构除开展多项实验活动,来分析和验证 LMR 的设计安全性和可靠性外,还在开发或升级各种数值计算工具,以用于 LMR 的设计、运行和安全分析。与正常运行条件相比,LMR 在瞬态或事故情形下,往往会呈现出更为复杂的热工水力学和中子学现象。对这些复杂物理现象的理解,以及对 LMR 各尺度层面的安全分析,在很大程度上需要依赖各种数值计算工具来实现。为验证这些数值计算工具的可靠性,并改进相应的模拟方法和模拟能力,国际上已经发起了一些研究项目,这些项目大多基于已有的实验数据,对多种数值计算工具进行基准检验分析,并对先进的数值模拟方法进行确认和验证。

在这些项目中,IAEA 多次发起了协调研究项目,如基于 EBR-Ⅱ 的非能动余热排出实验、凤凰快堆自然循环实验和文殊堆上腔室自然对流等实验数据库对多种数值计算工具进行了基准检验。

5.5.1　EBR-Ⅱ 非能动余热排出实验基准检验

为验证和改进系统程序对钠冷快堆运行和瞬态事故的模拟能力,IAEA 于 2012 年发起了一项协调研究项目。该项目主要使用各类热工水力程序,对 EBR-Ⅱ SHRT 中的非能动余热排出实验进行基准检验分析。与 EBR-Ⅱ 非能动余热排出实验基准检验同时进行的还有 EBR-Ⅱ 堆芯中子物理基准检验,主要应用中子输运程序计算各项中子物理学参数,构建 EBR-Ⅱ 堆芯的中子物理学模型。表 5-4 列出了参与非能动余热排出实验基准检验的机构组织及所使用的热工水力程序。

表 5-4　EBR-Ⅱ 非能动余热排出实验基准检验参与机构及所使用的热工水力程序

程序名	程序类型	机构(组织)
CATHARE	系统热工水力	法国原子能和替代能源委员会
EBRDYN	系统热工水力	印度英迪拉·甘地原子能研究中心
FRENETIC	系统热工水力	意大利都灵理工大学
MARS-LMR	系统热工水力	韩国原子能研究所
NETFLOW++	系统热工水力	日本福井大学
RELAP5-3D	系统热工水力	ENEA
		意大利核能与工业工程公司
		日本福井大学
SAS4A/SASSYS-1	系统热工水力	美国 ANL
		中国原子能科学研究院
		美国 TerraPower 公司
SAC-CFR	系统热工水力	中国华北电力大学
SIMMER	系统热工水力	德国卡尔斯鲁厄理工学院
SOCRAT-BN	系统热工水力	俄罗斯科学院核安全研究所
SPECTRA	系统热工水力	荷兰核研究与咨询集团
Super-COPD	系统热工水力	JAEA

续表

程序名	程序类型	机构(组织)
THACS	系统热工水力	中国西安交通大学
TRACE	系统热工水力	韩国核能安全所
		荷兰核研究与咨询集团
		瑞士保罗谢尔研究所
ANSYS CFX	CFD	ENEA
		荷兰核研究与咨询集团
		日本福井大学
STAR-CD	CFD	印度英迪拉·甘地原子能研究中心
ASFRE	子通道	JAEA
COBRA4i	子通道	美国 TerraPower 公司
		日本福井大学

　　IAEA 选取了 SHRT 中的两个实验作为基准检验对象(Sumner and Wei,2012),即 SHRT-17 有停堆保护的失流瞬态实验和 SHRT-45R 无保护失流瞬态实验。这两个实验都在满功率和额定一回路流量的初始条件下进行,分别对应同类实验中最严重的瞬态情形。基准检验项目分为两个阶段。在第一阶段中,项目成员根据 EBR-Ⅱ基准文件(Sumner and Wei,2012)所提供的各项参数和条件,进行建模和瞬态模拟,获取 EBR-Ⅱ系统中的下列瞬态响应预测数据,并和实验数据比较:高压注入腔室和低压注入腔室温度、Z 形管入口温度、中间换热器的一回路侧入口温度和二回路侧出口温度、一回路钠流量、测量组件 XX09 和 XX10 的温度和流量、钠沸腾的最小余量,以及 SHRT-45R 瞬态实验中堆芯的裂变功率。此外,各参与成员还计算燃料温度峰值、包壳温度峰值、堆芯内冷却剂温度峰值,以及 SHRT-45R 实验中的总反应性、总功率和衰变功率,以用于不同程序间的比较。在第二阶段,项目组成员根据实验记录数据评估所得到的模拟预测结果,并对建模或模拟计算等方面进行改进。

　　根据 IAEA 基于该基准检验项目发布的报告(IAEA,2017),总体上,各参与成员在可接受精度范围内,对 EBR-Ⅱ SHRT 瞬态实验中的堆内重要系统参数响应,以及两个测量组件的温度进行了合理预测。虽然大多数热工水力程序对中间换热器一回路侧入口温度的预测值与实验数据存在明显差异,但项目后面证实,这是由中间换热器一回路侧入口的温度测量值无法代表真实的平均温度所造成的。

　　继这一协调研究项目之后,GIF 和 ANL 针对 EBR-Ⅱ SHRT 中的两个无保护失热阱瞬态 BOP-301 和 BOP-302R,额外发起了基准检验倡议(Sumner et al.,2018)。在原先的协调研究项目中,由于失流瞬态下的一回路流量较低,流量计的测量不确定度较大,而在失热阱瞬态中,由于一回路保持正常流量,因而消除了流量测量误差造成的影响。在无保护失流瞬态中,堆芯入口温度变化不明显,堆芯负反应性反馈由堆芯流量骤降引起;而在无保护失热阱瞬态中,一回路系统升温明显,堆芯负反应性反馈由冷却剂升温所引起,且一回路大体积熔池出现明显的热分层现象。因此,基于这一基准检验项目,一方面,可以验证数值计算工具,对无保护失热阱瞬态下的 EBR-Ⅱ系统热工水力响应和堆芯负反应性反馈的模拟预测能力,另一方面,还可以验证先进的数值建模和模拟方法(如系统程序耦合 CFD 程序),对大体积腔室热分层等复杂热工水力现象的预测有效性和可靠性。

5.5.2　凤凰快堆自然循环实验基准检验

由于液态金属具有优良的热物理性质,因而被选作快堆冷却剂。在过去这些年,研究者通过理论分析和实验对 LMR 的自然循环特性进行了深入的研究,其中,在反应堆停堆后,通过自然循环排出衰变热的能力是重要的研究内容。在 LMR 中,衰变热排出系统的设计通常基于自然循环,以达到非常高的可靠性,并执行最重要的非能动安全功能,从而构筑 LMR 的重要安全特性。

在凤凰快堆寿期末,实验框架中的自然循环实验,提供了一个独特的机会,来分析与池式快堆中自然循环相关的热工水力学现象。为此,IAEA 发起了相关的协调研究项目,即基于凤凰快堆自然循环实验对热工水力程序进行基准检验,一方面,其目的在于研究钠冷快堆一回路自然循环的建立和特征、确定一回路自然对流现象的效率,以加深对 LMR 中复杂热工水力现象的理解;另一方面,则是为了确认和验证用于模拟自然对流现象的热工水力程序,并改进程序的模拟能力和方法(如一维和三维热工水力程序耦合模拟)。

凤凰快堆自然循环实验基准检验项目的参与成员及使用的热工水力程序如表 5-5 所示。在项目的第一阶段中,各成员依照 IAEA 提供的基准文件(IAEA,2013)进行建模。在第二阶段,各成员根据实验条件进行模拟,实验中的事件过程和顺序已在表 5-3 中列出。在第三阶段,各成员对比实验结果,在模型选择和程序的验证方面进行了显著的改进。

表 5-5　凤凰快堆自然循环实验基准检验参与成员及使用的热工水力程序

程　序	机构组织
SAS4A/SASSYS-1	美国 ANL
CATHARE	法国原子能和替代能源委员会、法国辐射防护与核安全研究院
STAR-CD(三维)和 DYANA-P(一维)	印度英迪拉·甘地原子能研究中心
GRIF	俄罗斯物理和动力工程研究院
NETFLOW++	日本福井大学
MARS-LMR	韩国原子能研究所
TRACE	瑞士保罗谢尔研究所

项目报告(IAEA,2013)对这次基准检验项目进行了总结。总体上,各机构成员成功预测了凤凰快堆自然循环实验中,反应堆重要系统的温度、流量等参数的响应,并通过建模等方面的改进进一步缩小了预测结果与实验数据之间的差异。例如,借助对钠池热区和冷区的分层建模,优化了蒸汽发生器干涸时的堆芯入口温度预测值和中间换热器的入口温度预测值。

然而,预测值在以下方面依然存在一些明显的差异(IAEA,2013):由于缺乏自然对流下的关于堆芯内流动径向分布的直接信息,一些一维系统热工水力程序的堆芯出口温度响应预测与实验数据存在差距;在实验第一阶段中的自然对流未建立时,模型的选择会导致预测结果的差异很大;尽管没有自然对流模式下的堆芯流量测量数据,但各成员预测的堆芯流量值相差明显;由于建模的原因,一些成员还有待改进中间换热器出口温度响应的预测。

报告最后指出(IAEA,2013),虽然钠冷快堆具有通过自然对流被动排出衰变热的能力,但由于其中的热工水力现象非常复杂,因此,模拟反应堆的自然对流过程非常具有挑战性。为此,首要任务是开发一个用于预测自然对流排出衰变热过程的完整的程序验证过程,该验证过程需涉及建模、网格划分、压降和传热公式等。此外,还应进行敏感性分析,以筛选出对主要问题影响最明显的参数。另外,还需指出的是,开发缩比例的实验模型,也可以使程序适用于更具有全局代表性的几何尺寸范围。

5.5.3　文殊堆上腔室自然对流基准检验

在钠冷快堆容器中,上腔室的热工水力现象,如在紧急停堆瞬态中出现的热分层现象,可能会引起严重的热应力问题,并造成结构失效。热分层现象通常出现在失流(低流量)条件下,此时冷却剂浮力在很大程度上影响流动和温度场。为评估这些现象并验证数值模拟程序,许多研究组织已经使用水和液钠开展了一些模拟试验。然而,受限于计算资源和数值算法,计算结果不尽如人意。近年来,人们不断开发具有高级算法的数值分析程序,以显著提高计算性能,从而能在合理的计算成本下,进行大型的复杂几何区域的热工水力和安全分析。文殊堆透平跳闸瞬态实验显然为这些数值计算程序的验证提供了原始的实验数据。为此,IAEA 发起了协调研究项目,旨在验证热工水力程序对反应堆复杂几何区域中的自然对流现象的模拟能力。

　　参与这一协调研究项目的成员有法国原子能和替代能源委员会、印度英迪拉·甘地原子能研究中心、韩国原子能研究所、俄罗斯物理和动力工程研究院、美国阿贡国家实验室、中国原子能科学研究院、日本原子能研究开发机构、日本福井大学等。基于基准文件(Yoshikawa et al.,2009),这些成员使用三维程序(如 Trio_U、ANSYS FLUENT、CFX-13、GRIF、STAR-CD)对文殊堆上腔室(图 5-5)进行了建模。文殊堆上腔室具有复杂的几何结构,如包括带流孔的内桶和由控制棒导管和流动导管等构成的堆芯上部结构。根据给定的瞬态边界条件,通过模拟得出流场和温度场的响应。随后,这些预测结果被用于与实验测量数据进行对比。关于各成员的详细模拟预测结果及相应的原始实验数据记录,读者可参考 IAEA 报告(IAEA,2014)。

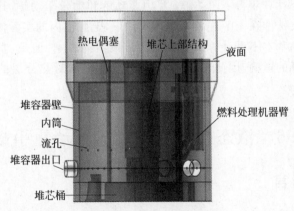

图 5-5　文殊堆上腔室结构
(请扫 II 页二维码看彩图)

　　通过将各成员的预测结果与实验数据进行比较,稳态计算的结果显示(IAEA,2014)如下内容。

　　(1) 由于燃料组件出口处存在能量不平衡,因此,各参与单位预测的上腔室上部温度均低于热电偶所测得的温度。这一明显的温度差异可通过修正能量不平衡而消除。

（2）内筒流孔的形状不会明显影响温度场。

（3）上腔室较低区域的预测温度分布与实验数据吻合较好。

瞬态计算的结果显示如下。

（1）瞬态开始 30～40 s，流孔的无倒角（sharp-edge hole）和圆弧倒角（round-edge hole）模型均能较好地捕捉到热分层的前端。在这段时间内，热分层的前端向上移动并受内桶流孔压降的影响。

（2）瞬态开始 300～900 s，圆孔边缘模型和多孔介质模型较好地预测了热分层前端的上移速率，而锐孔模型的预测值更大。

（3）瞬态开始 1200～7200 s，多孔介质模型对热分层前端移动速率的预测精度较好（除上腔室上部外），而圆孔模型预测值与实验数据存在一定差异。这些结果表明，在多孔介质模型上表面处，适当的边界条件可以正确预测腔室上部区域的温度，适当的内桶流孔流动阻力可以很好地预测热分层前端的上移速率。

总体而言，在这次协调研究项目中，各成员均预测出了文殊堆自然对流模式下的上腔室热分层现象，提高了对反应堆容器腔室热工水力领域的分析能力（尤其是网格划分和算法选取），识别出了影响热分层前端上移速率的关键参数。稳态计算获得了两类解：浮力驱动解和动量驱动解，其中动量驱动解被认为是文殊堆在 40%电功率运行条件下，上腔室内的实际流型。热分层前端上移速率基本不受计算所采用的湍流模型的影响，但是，非常显著地受内筒流孔压降的影响，因此，关于内筒流孔几何形状对热分层的影响有待更深入的探究。

5.6 液态金属冷却反应堆严重事故

5.6.1 引言

当反应堆发生设计基准事故时，如果专设安全设施发生多重故障或操纵员判断处理不当，致使余热排出能力部分或全部丧失，就有可能演变成严重事故。反应堆严重事故通常指堆芯发生大面积燃料包壳失效，威胁反应堆一回路压力边界或安全壳完整性，并引发放射性泄漏的一系列过程，严重事故发生的概率小于 10^{-6} 每堆年。目前，反应堆严重事故的定义多为定性描述，不同组织机构对严重事故的具体定义各异，如表 5-6 所列。

表 5-6　不同组织机构对反应堆严重事故的定义

组织机构	定　义	来　源
IAEA	比设计基准事故更严重的事故工况,堆芯出现明显损坏	IAEA(2016)
美国核管理委员会	一种远超过预期的、可能挑战安全系统的事故类型	NRC(2017)
中国国家核安全局	属于超设计基准事故范畴的电厂状态	国家核安全局(2016)
西欧核监管协会	等同于堆芯熔化事故	WENRA(2013)

根据堆芯损坏的时间尺度,严重事故通常分为两大类(朱继洲等,2004):堆芯熔化事故(Core Melt Accidents,CMAs)和堆芯解体事故(core disruptive accidents,CDAs)。在堆芯熔化事故中,由于堆芯欠冷,燃料棒升温,包壳开始熔化,进而燃料芯块开始熔化、下移,造成堆芯支承结构失效和堆芯解体,其事故进程较慢,为小时量级;在堆芯解体事故中,堆芯迅速引入较大的正反应性,引起功率激增,并损坏燃料和包壳,其发展非常迅速,时间尺度为秒量级。

压水堆的固有负反应性温度反馈特性和专设安全设施,使得压水堆发生 CDA 的可能性极小。在热中子反应堆中,堆芯各种成分由燃料熔化或冷却剂丧失所引起的重新布置,在中子学角度上都有助于停堆(汪振,2017)。一方面,如果熔融燃料分散开来,那么,中子逃逸出堆芯的概率就会变大,就不会进一步引起裂变,会导致功率降低;另一方面,如果燃料熔化坍塌成更小的体积集聚在一起,就会导致中子得不到有效慢化,快中子不适用于热中子的裂变反应,最终还是会导致功率降低。因此,对于压水堆而言,严重事故一般等同于 CMA。

然而,对于快堆来说,CDA 更为重要(汪振,2017)。如果堆芯发生熔化,熔融燃料聚集就会使堆芯反应性增加,从而重返临界,使堆芯功率骤增而迅速释放出巨大能量,导致 CDA 的发生。一般地,在 LMR 的研究中,严重事故可等同于 CDA(Wang et al.,2018)。

由于反应堆在严重事故下存在安全屏障失效、放射性物质向环境释放的风险和严重后果,因此,严重事故分析和评估是反应堆进行安全分析,以及获取反应堆运行许可过程中极为重要的环节。核安全处理方法必须涵盖堆芯损毁的事故序列,以制定可靠的事故后果缓解策略,尤其在发生严重事故后,必须确保堆芯损毁材料处于长期稳定并能得到有效冷却的状态,同时确保放射性物质在电站内的滞留。

本节接下来将简要介绍引起堆芯解体事故的始发事件,而后将内容重点放在严重事故场景及其预防和缓解措施上。由于具体的事故进程存在明显不同,因此,铅冷快堆和钠冷快堆的 CDA 场景将分开介绍。此外,考虑到钠冷快堆和铅冷快堆的 CDA 研究成熟度也存在显著差异,因此,在介绍完各自的事故处理场景后,钠冷快堆部分会侧重介绍其基本事故应对方法,而铅冷快堆部分则着重介绍目前的国内外研究现状。在这之后,5.6.5 节会详细介绍针对液态金属冷却反应堆 CDA 的预防设计手段和事故后果缓解方法。

5.6.2　CDA 的始发事件

由于液态金属反应堆本身具有固有安全性,因此,只有在极端的重大异常工况下,才可能引发 CDA。可能导致 CDA 的始发事件有三类(Tentner,2010;Wang et al.,2018)。

(1) 反应性过快引入而导致反应堆保护系统无法及时有效响应的事件。这些事件包括气泡吸入堆芯、堆芯支承结构失效、堆芯约束系统失效。通常,这类假想始发事件可以通过反应堆设计而消除。

(2) 反应堆保护系统功能失效的设计基准内的瞬态事件。这类事件包括无保护失流事故、无保护瞬态超功率事故、全厂断电伴随应急柴油发电机失效以及无保护堵流事故。无保护失流事故可能由一回路泵失效或大范围堵流所引发。无保护瞬态超功率一般由非预期的控制棒弹出所引起,而在 ADS中,束流瞬变同样会造成次临界系统的无保护反应性引入。全厂断电以及应急供电系统的失效,则会使反应堆处于无保护失流和失热阱,且没有停堆保护的状态中。相比于铅冷快堆,钠冷快堆中的无保护堵流事故更为重要,在发生堵流的组件中,钠会因过热而沸腾,导致燃料和包壳发生熔化和迁移。

(3) 导致反应堆热量排出能力丧失的事件(即使在停堆后)。这类事件包括严重的管道破裂事件、失热阱事件和衰变热排出系统失效。

目前的事故分析和实验模拟研究表明,在无保护失流和无保护失热阱事故下,反应堆依靠固有的负反应性反馈机制和液态金属冷却剂良好的自然循环能力,在事故后期,反应堆通常能稳定在较低的功率水平而避免熔堆。较大可能引发 CDA 的始发事件包括无保护瞬态超功率事故和无保护堵流事故(尤其是燃料组件瞬时全堵事故)(汪振,2017;Wang et al.,2018)。

5.6.3　钠冷快堆 CDA

1. 事故进程和关键现象

液态金属冷却反应堆 CDA 的演变是堆芯熔融物、气/液态冷却剂和固体熔融物碎片等相互作用的多相流和相变传热过程,同时也涉及热工水力学和中子学的耦合过程,具有高度的复杂性和不确定性。探究事故初期的瞬态过程对于评估事故后期的反应堆安全来说,(尤其是重返临界问题和熔池的冷却问题)尤为重要。

钠冷快堆在严重的 CDA 始发事件触发下,燃料和包壳温度升高。当包壳温度超过其熔点时,包壳材料开始失效并熔化,CDA 发生并开始发展。一般而言,CDA 的演化进程因反应堆的具体设计不同而有所差异(Tentner,2010;Suzuki et al.,2014,2015;Bachrata et al.,2021),这里着重以 JSFR 为例加以说明。Suzuki 等(2014)认为,JSFR 的 CDA 典型演化进程可分为四个阶段:初始阶段、释出阶段、迁移阶段和排热阶段。

(1)初始阶段。在始发事件的作用下,堆芯引入显著的正反应性导致功率激增,堆芯中心区域燃料组件通道中的钠因过热而出现沸腾。燃料包壳则因欠冷而熔化失效,随后燃料芯块因高温而熔化瓦解,并逸散至气-液态钠中进行迁移。

(2)释出阶段。在这一阶段中,从包壳内释放出的熔融燃料在径向移动,并波及相邻的燃料棒。气体裂变产物从熔融燃料中释放出来,熔融燃料和冷却剂发生相互作用,并有可能堵塞冷却流动通道。更多逸出的熔融燃料由于会聚集形成大体积的熔融燃料池,因而存在重返临界引起能量激增的风险。同时,燃料组件包盒壁损坏,包盒失去完整性,相邻的燃料组件也受到威胁。

(3)迁移阶段。一部分堆芯熔融物质会随冷却剂流动而迁移逸散至一回路系统中,从而导致燃料重新分布,并有可能因聚集而发生重返临界;另一部分的堆芯熔融物质则在重力作用下往下迁移,熔融燃料和冷却剂相互作用(射流碎化)产生固体颗粒状碎片,并在下腔室结构表面沉降和堆积形成碎片床。

(4)排热阶段。由于衰变热的作用,颗粒碎片床中的钠发生沸腾,颗粒碎片在气-液作用下出现迁移和自动变平(self-leveling)等现象,从而改变碎片床的整体形状和高度。为确保碎片床能得到持续的冷却并避免出现重返临界的情形,有必要对碎片床的形成机理、颗粒特征和碎片床迁移等行为进行研究,并提出应对措施。

在四个阶段中,分别出现的关键现象列于表 5-7 中。

表 5-7　钠冷快堆 CDA 进程中的关键现象

事故阶段	关 键 现 象
初始阶段	钠沸腾、包壳失效、燃料熔化
释出阶段	燃料-冷却剂相互作用、熔融燃料池形成、燃料组件包盒损坏

事故阶段	关 键 现 象
迁移阶段	熔融燃料迁移和重新分布、熔融燃料碎化行为、碎片床形成
排热阶段	碎片床冷却、碎片床迁移行为

需要指出的是,在 CDA 中,最关键的因素始终是堆芯熔融物的状态。一方面,如果堆芯熔融物因收缩或迁移聚集而重返临界,激增的能量会使钠迅速沸腾,对堆容器以及其他结构产生压力冲击;另一方面,堆芯熔融物如果得不到有效冷却,衰变热产生的高温会损坏与堆芯熔融物直接接触的结构(如堆容器)。堆容器的熔穿和泄漏意味着第二层安全屏障的失效,而这将可能造成放射性物质泄漏的严重后果。

2. 事故应对方法

在第四代核能系统中,钠冷快堆有着最为丰富的建造和运行经验。针对钠冷快堆 CDA,日本、美国和法国等有钠冷快堆开发、设计和运行经验的国家已经先后提出过一些应对方法(Tentner,2010)。本节将首先对这些基本方法进行概述,而后在简要介绍铅冷快堆 CDA,将于 5.6.5 节进一步详细阐述这些事故预防和后果缓解方法的具体内容,以期为尚处于概念化阶段的铅冷快堆设计和安全分析提供借鉴和参考。

1) 日本

针对 JSFR,日本提出了严重事故的传统安全应对方法:①通过设计额外的非能动自动停堆系统,使 CDA 的发生概率最小化;②评估 CDA 中的机械能释放,并确认反应堆容器和安全壳的完整性,以满足堆内滞留(In-Vessel Retention,IVR)的要求。此外,针对使用氧化物燃料的钠冷快堆,JAEA 还致力于开发新型堆芯燃料组件的概念设计,旨在消除 CDA 中的再临界问题。

根据纵深防御的安全设计原则,JSFR 设立了五个防御级别,依次为预防异常事件发生、控制异常操作、控制事故、管理严重事故以及厂外应急响应,这使预期的大型厂外放射性物质释放概率低于 10^{-6} 每堆年。控制异常操作和控制事故涉及的是设计基准事故,而严重事故管理则针对超设计基准事故。对设计基准事故和超设计基准事故来说,系统设计中考虑了确定论方法,对设计基准事故采用保守的设计评估,而对超设计基准事故则采用最佳估算的设计评估。根据纵深防御原则,一些安全功能也采用确定论方法设置,如防止堆芯损毁的反应堆停堆系统(RSS)和衰变热排出系统(DHRS)。衰变热排出系统包括非能动的冗余系统,如 1 个直接反应堆冷却系统(DRACS)和 2 个反应堆主回路辅助冷却系统,这可有效增强钠自然循环的稳定性。

针对 CDA,JSFR 的预防和缓解措施有:使用一个附加的非能动自动停堆系统、堆芯设计钠空泡价值低于 6 $、堆芯设计高度小于 1 m、增强熔融物从堆芯区域释出、燃料碎片堆内滞留和长期冷却。自动停堆系统依据热敏感合金电磁属性随温度变化的特性,而使控制棒非能动地脱离并插入堆芯,以保证常规紧急停堆系统失效时插入控制棒停堆。为引导 CDA 中的堆芯熔融物朝可控状态发展,JSFR 采用了一种带内导管的燃料组件设计(FAIDUS)。这种新的燃料组件中心或角落处设计有导管通道,发生燃料棒熔化时,邻近的导管壁也会熔化,熔融物因而流入导管通道内并迁移,从而避免大量熔融物的聚积,使事故直接过渡至事故后热量排出阶段。在 JSFR 事故后,热量排出的设计理念是预防堆积的碎片床超过冷却极限,这些极限包括碎片床高度超过临界厚度 30 cm、停堆后形成厚度 10 cm 或停堆 1000 s 后形成厚度 15 cm 的碎片床(孔隙率为 0.5)。这一设计理念主要基于两点:①增强熔融物在堆芯内的向上迁移和原位冷却,大大减少到达堆容器底部的熔融燃料质量;②借助堆芯支承结构和多层堆芯捕集器,对向下流出的燃料进行全部滞留。此外,对于向上迁移的燃料来说,堆芯内设置了中间隔离板,在极限条件下可以滞留高达 40% 的堆芯燃料碎片;而对于向下迁移的燃料来说,堆芯支承结构的设计也可防止熔融燃料喷射的直接损伤,而位于堆容器底部的多层碎片捕集器则可限制碎片床的高度,从而确保碎片床得到足够冷却并处于次临界状态。

2) 美国

美国应对钠冷快堆严重事故的方法侧重于对无保护超功率和失流事故的处理和应对。堆芯解体的预防主要是通过设计和提供多样化的冗余停堆系统,通过固有和非能动机制对事故条件作出响应,并采取行动恢复或维持反应堆能量产生与系统冷却之间的平衡。堆芯解体的预防还包括通过堆芯径向膨胀和控制棒传动系统热膨胀引入负反应性,以及使用具有较低工作温度的金属型燃料。金属型燃料的低熔点、燃料棒内失效迁移以及与钠相容等特点,有助于减轻堆芯解体事故的后果。

在无保护失流事件中,堆芯径向膨胀和控制棒驱动的膨胀伸长会引入负的反应性反馈,并降低堆芯功率。通常,还需考虑燃料多普勒反馈(随功率降低而带来正反应性)、冷却剂密度反馈和燃料密度反馈。由于金属型燃料的工作温度较低,因此,与氧化物型燃料相比,多普勒反馈效应更弱。

在无保护瞬态超功率事件中,燃料过热将导致迅速的多普勒反馈。随着持续的加热,燃料棒内部的燃料温度会达到使燃料强度降低并最终熔化的水平。在同样的温度下,金属型燃料比燃料包壳更早失去强度和熔化。如果裂变产物气泡未被释放,那么就可以对低强度或熔融的燃料加压,然后将燃料向上挤压而产生强烈的负反应性反馈。对氧化物燃料行为的研究结论表明,在反应性攀升速率低的典型无保护瞬态超功率事故中,燃料棒内部的燃料迁移会在燃料棒上段较冷区域因凝固和堵塞而受到抑制。对于固态氧化物型燃料来说,在熔融燃料抵达燃料棒顶部之前,燃料在棒内的重新定位也将被阻止。然而,这种情形不适用于金属型燃料组件。由于轴向温度在堆芯顶部达到峰值,导致在瞬态超功率中熔融物提前到达燃料棒顶部,从而使重新定位的熔融燃料遭遇到高温环境。因此,在较低的反应性攀升速率下,金属型燃料棒在包壳失效前会出现棒内燃料迁移现象,从而提供显著的负反应性反馈,以缓解瞬态超功率事故的后果。

美国先进液态金属反应堆(ALMR)项目在 20 世纪 90 年代开发了模块化反应堆系统概念(Power Reactor-Inherently Safe Module,PRISM),在设计中利用了非能动和固有机制,以应对可能导致 CDA 的无保护事故。该反应堆系统的特点包括:①使用金属型燃料;②由反应堆的温度和反应性响应特性决定固有的停堆机制;③非能动衰变热排出系统;④利用空气自然对流的反应堆容器辅助冷却系统(Reactor Vessel Auxiliary Cooling System,RVACS);⑤配备气体膨胀模块组件(Gas Expansion Module Assembly,GEM);⑥配备最终停堆组件(Ultimate Shutdown System Assembly,USS)。

RVACS 的设计目的在于当所有的正常热传输系统功能失效时,提供停堆余热排出的途径。即使在正常的运行条件下,反应堆主容器壁外也能保持空气的自然对流。在瞬态条件下,当反应堆容器壁温度升高时,空气自然对流的排热速率将迅速增加。

PRISM 配备 6 个 GEM,它们对称地分布在堆芯周围。GEM 由一个中空的压力管组成,其顶部充有氩气。当一回路泵运行时,钠从底部进入并注入压力管。一回路泵因故障停转时,氩气压力使得组件中的钠液位下降,从而使更多的中子从堆芯泄漏,导致堆芯反应性和功率水平下降。

PRISM 还包括一个 USS。该组件位于堆芯中心,由一个中空的组件管和封住组件顶部的薄膜组成。连接到组件管顶部的是一个楔形柱塞和装满数千个碳化硼中子吸收球的容器。当组件被激活时,柱塞刺破薄膜,使碳化硼球落入堆芯活性区域。这种突然的负反应性引入能有效保证堆芯的停堆。当事故下的控制棒未能插入堆芯时,这一位于堆芯中央位置的组件可以单凭自身使反应堆停堆。

3) 法国

法国的钠冷快堆 CDA 应对方法侧重于通过新颖的设计手段预防事故发

生和缓解事故后果。以 ASTRID 为例,CEA 和 EDF 等机构设计了一种可显著降低钠空泡效应的非均匀 CFV(法语全称为 Cœur à Faible Vidange)堆芯、能动式和非能动式衰变热排出系统,以及附加的非能动停堆系统,从而有效预防 CDA 的始发事故。同时,堆芯内部设置有堆芯物质专用传输管(Complementary Safety Device for Mitigation-Transfer Tube,DCS-M-TT)、堆芯下方设置有堆芯捕集器,以确保将 CDA 中的堆芯熔融物引导并控制在亚临界的稳定状态。

5.6.4　铅冷快堆 CDA

1. 事故进程与分析方法

铅冷快堆 CDA 的事故场景与钠冷快堆存在较大差异(汪振,2017)。在钠冷快堆 CDA 中,由于堆芯冷却不足等原因造成堆芯温度增加,钠沸腾而形成空泡,从而引入正的反应性,使功率激增。因此,钠沸腾会引起包壳熔化和燃料棒破裂,进而可能引发熔融燃料聚集的重返临界事故。而在铅冷快堆中,由于铅(或铅合金)的沸点高于燃料包壳的熔点,包壳熔化裂变气体的释放要先于铅冷却剂沸腾,而且铅冷却剂的密度与燃料相近,因此,相比钠冷快堆,在铅冷快堆 CDA 中,燃料的迁移行为、重新分布和多相流流动过程会存在明显不同。

铅冷快堆 CDA 初期的典型演化进程可简单概括如下(汪振,2017;Wang,2017;Wang et al.,2018):①高温导致燃料包壳失效和熔化;②燃料芯块解体破裂,燃料颗粒释放进冷却剂中;③在浮力和流场的作用下,堆芯熔融物在冷却剂中迁移;④熔融物在冷却剂中凝固、聚集或在结构材料上凝固,形成重新分布;⑤熔融物的重新分布可能堵塞冷却剂通道,引发堵流和重返临界问题。

在事故演变过程中,涉及的关键现象总结如下(汪振,2017;Wang,2017;Wang et al.,2018)。

(1) 熔融包壳的迁移和再凝固:在铅冷快堆中,包壳的熔化先于冷却剂的沸腾,熔融包壳(例如钢)在冷却剂中发生迁移并在结构材料上再凝固,可能会堵塞冷却剂通道,致使破损的燃料颗粒封闭、堆积在堆芯之内,从而造成再临界。

(2) 燃料的迁移和重新分布:包壳失效后,燃料芯块破裂并碎化成颗粒释放进冷却剂中,由于燃料的密度只比冷却剂略大,因此,冷却剂流动的曳力将克服其重力使其随流场发生迁移,并形成燃料的重新分布,一旦形成燃料堆积则可能导致再临界,同时严重影响余热排出。

(3)高压气体的释放和动力学行为:在燃料元件中,一般采用氦气加压,包壳破裂会导致裂变气体和氦气一同释放并在冷却剂中迁移,给堆芯带来反应性扰动,同时,气泡在冷却剂中的迁移和积累造成不同程度的压力波动,影响燃料组件。

(4)堆芯熔融物与冷却剂相互作用(Fuel-Coolant Interaction,FCI):堆芯熔融物会与温度较低的冷却剂发生剧烈的热物理反应,熔融物注入冷却剂后,因界面扰动会发生碎化现象,而传热面积的急剧增大,则可能引发蒸汽爆炸,形成压力积累,并对反应堆安全构成威胁。此外,得益于铅铋合金良好的化学惰性,虽然熔融燃料与冷却剂很难直接发生化学反应,但会造成燃料芯块中的部分锕系元素融入冷却剂中。

(5)熔池行为:一方面,堆芯熔融物聚集形成熔池,熔池在堆内压力瞬态(如FCI产生的压力积累)下会发生晃动、流动性等热工水力行为;另一方面,高温熔融物在冷却剂中的漂浮聚集可能会造成热分层现象,使得易裂变物质重新聚集,造成再临界。

由于堆芯熔融物的密度与铅冷却剂相近,堆芯熔融物与冷却剂相互作用产生的碎片更容易随冷却剂流动而迁移,因此,相比钠冷快堆,在铅冷快堆CDA中,受重力作用而形成堆积碎片床的情况和可能性有待探究(Wang et al.,2015b;Buckingham et al.,2015;Bandini et al.,2014)。

铅冷快堆CDA的安全分析和评价方法同样包括机械论方法、概率论方法和现象学方法。与钠冷快堆相同,铅冷快堆CDA的关键问题是堆芯熔融物的重返临界问题(汪振,2017)。在事故演化过程中,只要能够证明在任何情况下都不会发生重返临界,则可以放宽对事故演化完整过程的了解。例如,如果熔融的包壳和(或)熔融燃料迁移到堆芯上部,并在相对较冷的堆芯结构上凝固,那么,部分熔融物会封住冷却剂流动通道,使堆芯故障蔓延至整个堆芯,造成严重的堆芯几何变形,这一事故的整个演化过程非常难以通过机械论方法开展分析。然而,现象学的分析方法则可以通过截取事故逻辑树上的几个关键节点,来判断CDA的演化过程及严重程度,例如,通过分析熔融物在堆芯结构上是否发生凝固来判断是否会造成堆芯故障的蔓延;通过评估全堆芯熔化后的中子及热工水力响应来判断是否会发生重返临界。现象学方法不考虑事故的起因及发展序列,处理的物理行为较为单一,有利于减轻使用机械论方法分析时所面临的计算困难。

2. 研究现状

目前,国内外针对铅冷快堆严重事故的研究都尚处于起始阶段。然而,与钠冷快堆类似,对于铅冷快堆严重事故分析来说,其研究内容应包含以下方面(Wang,2017;Wang et al.,2018):①研究特定的始发事件是否导致CDA;②研究CDA发生后一回路的关键现象和事故进程;③评估事故后的放射性后果;④研究严重事故的管理策略。

目前,铅冷快堆严重事故的研究工作多集中于前两点(即始发事件研究、事故进程和关键现象研究),包括数值模拟和实验研究,但都还相对匮乏。数值模拟研究的主要工具有系统安全分析程序和 CFD 方法,其中,用于始发事件模拟的系统程序包括 SIMMER、SAS4A、SIM-ADS、RELAP5 和 NTC 等,而能用于模拟熔融物迁移等行为的程序只有 SIMMER、SAS4A 和 NTC。这些数值工具大部分都是由钠冷快堆的研究发展而来。此外,合适的 CFD 方法也能用于预测堆芯熔毁后的多相流行为,如 ANSYS Fluent,STAR-CCM+等传统 CFD 程序和一些先进的 CFD 方法(如 MPS 方法)等。相比数值模拟研究,实验研究更少,且近年来(2000 年以后)都只涉及一些研究单独效应的小型机理探索试验。

1) 国外研究现状

国外对铅冷快堆严重事故的研究比较多的国家集中在俄罗斯、欧洲和日本。俄罗斯是最早开展铅冷快堆实验研究的国家之一,然而他们的研究成果多见诸会议,极少在公开文献中发表(汪振,2017)。近年来,欧洲研究机构(如德国的卡尔斯鲁厄研究中心核能技术所(Forschungszentrum Karlsruhe,FZK)、卡尔斯鲁厄理工学院(Karlsruhe Institute of Technology,KIT)和超铀元素研究中心(Institute for Transuranium Elements,ITU);意大利的ENEA、比萨大学与撒丁岛研发和高等研究中心;法国的 CEA;比利时冯卡门流体力学学院;瑞典皇家工学院等更关注数值模拟研究,而日本的研究机构(九州大学、东京工业大学、核燃料循环开发研究所、JAEA 等)则在开展数值分析的同时,也进行了一系列的机理探索实验,以用于相关程序模块(尤其是 SIMMER 系列程序)的验证和确认。

(1) 数值模拟研究

在 MYRRHA、EFIT 等欧盟铅铋快堆项目框架下,德国、意大利、法国、比利时和瑞典等国家的研究机构对铅铋临界反应堆和铅铋冷却 ADS 反应堆都开展了严重事故分析。此外,日本的研究机构也贡献了部分数值研究工作。

德国 FZK 的研究者基于前人的数值模拟结果,总结了铅铋 ADS 反应堆在 CDA 过程中的关键现象,讨论了不同燃料类型下的燃料迁移和再临界的可能性。分析指出,无论反应堆是否紧急停堆,再临界都可能发生(Maschek et al.,1998)。

　　德国的 FZK 联合法国的 CEA 和日本核燃料循环开发研究所（Japan Nuclear Cycle Development Institute，JNC）利用 SIMMER-Ⅲ软件，分别对装载钍基燃料与装载特殊燃料（纯镎与次锕系元素，无可裂变核素）的铅铋冷却 ADS 反应堆的 CDA 过程进行了模拟对比。结果表明，在钍基燃料的反应堆中，堆芯熔化后的事故过程是相当温和的，功率和反应性总体呈降低趋势，不会发生再临界事故。而在装载特殊燃料的次临界堆中，重返临界的可能性很大（Morita et al.，2001）。此外，德国的 FZK 还联合日本的 JNC 用 SIMMER-Ⅲ模拟了铅铋冷却 ADS 反应堆中的瞬态事故（束流中断事故、无保护束流瞬态超功率、无保护失流事故、无保护堵流事故、无保护瞬态超功率）对单个燃料组件的影响。模拟结果表明，由于燃料的良好传热效率和冷却剂的自然循环能力，这些始发事件并不足以引发燃料和包壳破坏。除此之外，为考虑熔堆和再临界问题，严重堵流事故也被模拟。在堆芯被破坏后，燃料的"排出效应"（sweep-out effect）将使燃料颗粒扩散，导致反应性和功率下降，从而避免严重的再临界事故（Suzuki et al.，2005）。

　　德国的 KIT 研究者用 SIMMER-Ⅲ，对 ADS 反应堆 EFIT 的有保护和无保护瞬态事故（束流中断事故、束流瞬态超功率、失流事故、堵流事故、瞬态超功率）进行了分析。分析表明，EFIT 反应堆在除无保护堵流事故（UBA）外的其他模拟事故场景中，均能保持燃料棒的完整性。在 UBA 中，燃料棒的破损发生在堆芯中心并存在扩散的可能，而随着燃料颗粒被排出堆芯核心区域，EFIT 反应堆最终将会稳定在一个更低功率的状态，从而防止邻近燃料组件的进一步损毁（Liu et al.，2010）。KIT 也对 MYRRHA-FASTEF（FAst Spectrum Transmutation Experimental Facility）示范堆开展了一系列模拟研究。MYRRHA-FASTEF 反应堆具有次临界和临界两种运行模式，研究者对两种运行模式都进行了探索。譬如，用 SIMMER-Ⅳ程序对 ADS 模式下的 UBA 进行了三维模拟。计算结果显示，85％以上的流量堵塞将会导致包壳和燃料破损，而单一燃料组件的损坏会引发组件间隙的流量重新分布，从而避免了燃料破损事故向邻近组件传播（Kriventsev et al.，2014）。针对临界模式，KIT 用 SIMMER-Ⅲ程序模拟了三类瞬态事故（ULOF、UTOP、UBA）。在他们模拟的场景中，堆芯的边窗（MYRRHA 设计特有）始终打开，且在 UBA 中，只有堆芯入口被堵塞。结果表明，三种瞬态事故均不足以引发反应堆燃料破损（Li et al.，2015a）。为更深入地了解临界反应堆在 UBA 的特性，德国 KIT 联合意大利撒丁岛研发和高等研究中心（Centro di Ricerca，Sviluppo e Studi Superiori in Sardegna，CRS4），用 SIMMER-Ⅲ模拟了 MYRRHA-FASTEF 反应堆在临界模式下的 UBA 瞬态。他们将 MYRRHA

反应堆的 UBA 分为三类(堆芯入口堵塞、堆芯流量堵塞和堆芯边窗堵塞),并分别计算和研究了三类堵塞事故对燃料棒安全性的影响。计算结果表明,只有堆芯流量堵塞能够引发堆芯破损,且临界流量堵塞比例(即确保不发生燃料棒破损的上限比例)为 88.3%。在燃料破损后,由于燃料与铅铋冷却剂的密度接近,燃料颗粒将被流场携至上腔室区域并重新分布,与此同时,反应堆的功率逐渐稳定在停堆水平。由于燃料组件之间的间隙流,所以,单一组件的堵流事故不会扩散至邻近组件(Li et al.,2015b)。

ENEA 联合比萨大学用 SIMMER-IV,模拟了 MYRRHA-FASTEF 由局部堵流事故引发的燃料迁移行为。他们研究了一回路流型、燃料孔隙率、燃料释放位置和燃料颗粒尺寸等对燃料迁移的影响。受密度影响,包壳材料(如钢等)倾向于流向冷却剂自由表面,而 MOX 燃料则倾向于沉积在堆芯上隔板顶部的静滞区域。计算表明,燃料颗粒广泛扩散至整个一回路区域,即使是沉积区域的燃料密度也很小,不足以引发再临界(Bandini et al.,2014)。

比利时冯卡门流体力学学院(Von Karman Institute,VKI)联合意大利比萨大学及 ENEA,用 CFD 方法(ANSYS Fluent、STARCCM++)和 SIMMER-IV 程序,对 MYRRHA-FASTEF 的长期燃料迁移行为进行了三维数值模拟。他们建立了两个 CFD 模型,包括一个基于 Ansys Fluent 软件的稳态单相模型和一个基于 VOF 方法的两相模型。虽然两个 CFD 模型都预测了燃料颗粒在堆芯上隔板顶部的堆积,但只有单相模型预测到颗粒聚集在冷却剂自由表面。SIMMER 程序虽然也预测了燃料颗粒的堆积现象,但在定量描述上,与 CFD 模型的结果存在差异(Buckingham et al.,2015)。

瑞典皇家工学院使用 SAS4-A 和 SIMMER 程序,研究分析了一个小型铅冷反应堆 SEALER 在严重事故条件下的特性。其中,SAS4-A 程序用于分析稳态和 UTOP 下的燃料棒变形,通过分析发现,由于工作温度较低,变形很小,因此,燃料棒没有发生损坏;而 SIMMER 程序则用于模拟分析最高功率燃料组件的堵流特性,结果表明,即便发生完全堵流,燃料损坏也可避免(因为所有热量会径向转移到邻近组件上)(Ekelund,2015)。

JNC 用 SIMMER-III 程序对液态重金属冷却反应堆的安全问题进行了模拟。结果表明,铅冷却剂的高熔点和高密度使得 CDA 进程缓慢且温和,由于在他们的研究工况下,在临界不会发生,因此,为预防再临界而增加安全设计(如燃料组件的内导管等)是非必须的。另外,研究指出,在高温液态铅的环境下,一回路系统、反应堆压力容器、余热排出系统及相关系统的完整性,是堆内滞留策略需要重点考虑的因素(Tobita et al.,2000)。

日本九州大学的研究者在所开展的金属结构上熔融金属凝固实验的基

础上,用 SIMMER-Ⅲ 程序对相关实验进行了模拟研究。该研究采用 SIMMER-Ⅲ程序中的混合凝固模型,即体凝固和薄壳凝固。该模型对熔融金属在结构上的穿透行为和颗粒形成的预测与实验观测结果吻合良好(Rahman et al.,2008)。类似地,九州大学还开展了熔融金属在棒束结构上的凝固实验,并用 SIMMER-Ⅲ 程序进行了相应的模拟计算。计算结果较好地预测了熔体的穿透和凝固行为(Hossain et al.,2009)。

在压力瞬态下,日本九州大学联合 JAEA 在对含固体颗粒床熔池的流动行为进行实验研究的基础上,用 SIMMER-Ⅲ 程序对实验进行了相应的模拟计算。模拟结果指出,SIMMER-Ⅲ程序能良好预测包含较多固体颗粒的多相流行为。另外,还评估了相关模型(颗粒黏性模型和颗粒堵塞模型)对颗粒流动的瞬态特征和分布特征等预测结果的影响(Liu et al.,2006,2007)。

JAEA 的研究者还开展了 SIMMER-Ⅲ 程序的凝固模型改进和验证研究。基于晶体微观物理学,他们对熔融金属前沿的凝固过程和在壁面附近的不完美接触进行了修正假设。改进的凝固模型用 UO_2 和金属的穿透长度及凝固模式等实验数据进行了验证。此外,他们还开发了熔体过冷度的半经验公式(Kamiyama et al.,2006;Liu et al.,2007)。另外,JAEA 基于当前混合氮化物燃料的实验经验,开发了能够模拟氮化物燃料肿胀行为的物理模型,并以此模型对使用氮化物燃料的铅铋冷却反应堆的 CDA(始发事件为 ULOF)进行了模拟分析。初步分析表明,氮化物燃料的肿胀行为是影响 CDA 序列的关键现象(Tobita and Yamano,2006)。

在应急堆芯冷却系统(Emergency Core Cooling System,ECCS)启动注水的情况下,日本东京工业大学对铅铋-水直接接触沸水快堆(PBWFR)铅铋反应堆方案的再临界问题进行了研究。在 PBWFR 的设计方案中,供给水注入堆芯上方与铅铋冷却剂直接接触沸腾产生水蒸气,以节约中间循环回路和蒸汽发生器等,并提高铅冷反应堆的经济性。该方案的余热排出系统是在一回路自然循环状态时投入工作,一旦冷却剂丧失事故导致水位降低到一定程度时,自然循环的功能就会丧失。为避免反应堆堆芯因过热熔化而引发 CDA,该方案设计了类似压水堆的应急堆芯冷却系统。然而,由于注满水的堆芯存在再临界的可能性,因此,研究指出,ECCS 冷却水应使用硼酸溶液,并为注水期间的次临界堆芯配备备用控制棒(Takahashi,2007)。

(2)实验研究

日本九州大学联合 JAEA 开展了液态金属冷却反应堆 CDA 后,含固体颗粒床熔池在压力瞬态下的流动行为实验研究(图 5-6),该实验研究了颗粒材料、颗粒床高度和初始压力等参数对颗粒床流动行为的影响。实验结果指

出,在不同实验工况下,颗粒流动行为有着相似的瞬态趋势(Liu et al.,2006,
2007)。为研究 CDA 背景下熔融燃料的穿透和凝固行为,并验证 SIMMER-Ⅲ的
相关模型,九州大学开展了熔融金属在金属结构板上凝固行为的实验研究
(图 5-7)。实验中,伍德合金用于模拟熔融材料,向下注入用不锈钢和铜模拟
的堆芯结构材料,冷却剂为空气和水。该实验测量了熔融金属的穿透长度、
穿透宽度和附着金属质量等参数,用高速摄像仪记录了熔融流体的形态和分
布(Rahman et al.,2005,2007)。为模拟更真实的事故场景,九州大学还开展
了熔融金属在棒束结构上的凝固实验(图 5-8),所用模拟材料与金属结构板
的凝固实验类似。实验指出,熔融金属的穿透和凝固行为受熔体和冷却剂之
间的换热影响巨大(Hossain et al.,2008)。

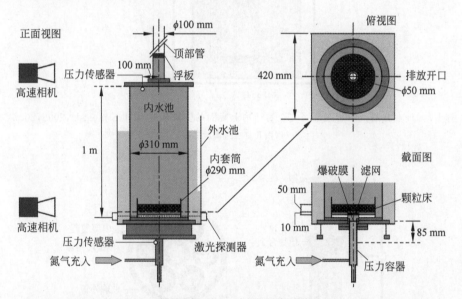

图 5-6　日本九州大学含固体颗粒床熔池流动性的实验装置(Liu et al.,2006,2007)

德国超铀元素研究中心的研究者开展了燃料芯块破裂后,MOX 燃料和
液态 LBE 化学相互作用的实验,分析了反应温度、LBE 中的氧含量、MOX 燃
料的化学成分等参数的影响。锕系元素在 LBE 中的释放及 MOX 和 LBE 间
的化学反应是研究重点。试验结果表明,没有反应产生的化合物(晶体或非
晶体)或 LBE 扩散到 MOX 燃料的表面区域,且锕系元素在 LBE 中的释放非
常有限(Vigier et al.,2015)。

除以上数值和实验研究外,还存在着少数关于液态金属快堆严重事故后
果的理论评估和计算。譬如,英国剑桥大学的研究者采用改进的贝蒂-泰特

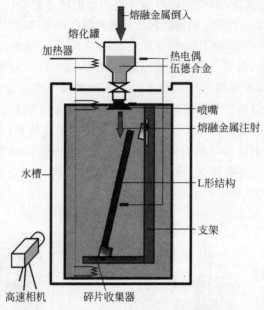

图 5-7　日本九州大学熔融金属在金属结构上凝固的实验装置(Rahman et al.,2005,2007)

(请扫Ⅱ页二维码看彩图)

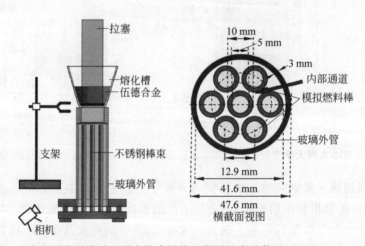

图 5-8　日本九州大学熔融金属在棒束结构上凝固的实验装置(Hossain et al.,2008)

(Bethe-Tait)模型,分别对钠冷快堆与铅铋临界堆 CDA 过程中的释放能量进行了评估对比(Arias et al.,2015)。冷却剂不发生沸腾,一直被视为液态重金属冷却剂的重要优点之一。但他们的研究表明,在堆芯熔化及燃料坍塌压缩的情况下,铅铋临界堆冷却剂不沸腾形成的"刚性系统",与钠冷快堆冷却剂沸腾汽化形成的"软系统"相比,同等工况下将会释放出至少高出一个数量级的能量。

2）国内研究现状

与国外研究相比,国内对铅冷快堆的研究起步较晚,目前,对铅冷快堆严重事故的研究还非常少,尚未见相关实验研究成果发表,只有中国科学院、西安交通大学等少数科研单位开展了部分数值模拟研究。

基于自主开发的 NTC 程序,INEST 对铅铋快堆严重事故的始发事件进行了一系列的模拟分析。借助 NTC 程序,INEST 对铅铋冷却快堆概念设计模型的瞬态超功率（PTOP 和 UTOP）进行了模拟分析。结果表明,对于PTOP 来说,由于停堆保护作用,燃料、包壳及冷却剂温度都远远低于设计限值;对于 UTOP 来说,燃料、包壳及冷却剂等的温度先增大后减小,在约 200 s后达到新的稳态,各参数的峰值均小于安全限值（辜峙钘等,2015a）。为考察自然循环铅铋冷却快堆的自然循环特性、束流瞬态特性,INEST 对自主设计的热功率为 10 MW 的自然循环铅铋冷却快堆进行了一系列的瞬态模拟分析（PLOHS、ULOHS、BT、BOP）。分析结果表明,对于 ULOHS 来说,冷却剂、包壳及燃料芯块温度均远低于安全限值,并由于温度负反应性反馈,反应堆自动停堆;对于 PLOHS 来说,在事故后 600 s 内,停堆保护系统的投入使反应堆处于安全状态;对于 BT 和 BOP 来说,功率对束流瞬变的响应几乎是瞬时的,在事故工况下,自然循环会根据堆芯功率自动调整至重新达到稳定,直至束流达到 200% 超功率事故,燃料温度的增幅也低于安全极限,燃料和包壳不会发生损坏和熔化,冷却剂不会发生沸腾（辜峙钘等,2015b;汪振等,2015;Wang et al.,2015a）。

此外,INEST 借助 NTC-2D 程序对铅基研究实验堆假想 CDA 过程中的主要物理现象（包壳熔融和再凝固、燃料迁移、堆芯熔融物与冷却剂相互作用、熔池行为）开展了数值模拟,揭示了铅基堆在严重事故下的独特热工水力现象:堆芯熔融物虽然能迁移出堆芯,从而有潜力消除再临界,但在迁移过程中,熔融包壳会再凝固,并导致堆芯流道堵塞,最终形成的熔池会发生组分分层,并导致熔融燃料的聚集。此外,他们还利用 NTC-2D 程序建立了临界堆与次临界堆的事故分析模型,全面探究了两种堆型在两类典型事故（UTOP和 UBA）始发时的全堆芯瞬态过程及影响因素。模拟计算指出,次临界堆比临界堆的固有安全性更好,不会发生无保护超功率瞬态事故,导致堆芯损坏。在发生燃料组件 UBA 时,燃料孔隙率对两者的 CDA 进程均影响显著。两种堆型皆可通过对设计参数（包括燃料孔隙率、冷却剂的驱动形式等）的选取来实现堆芯熔融物的漂浮及冷却,不需要额外的工程措施（汪振,2017;Wang et al.，2015b)。

西安交通大学的学者用 MPS 方法，对铅铋快堆严重事故中的熔融物迁移和固化行为进行了模拟计算。计算结果显示，由于密度接近铅铋冷却剂，因此，熔融物将沿着冷却通道向上迁移，并在冷却剂中凝固成刚性颗粒或附着在堆芯棒束通道壁面形成固体薄壳。熔融物的表面张力和黏度对其迁移行为影响较大。基于迁移速度的变化，堆芯熔融物凝固得到刚性颗粒的整体迁移过程可分成三个阶段。然而，其研究并未对燃料迁移后的堆芯反应性进行进一步探究(Wang et al.，2022)。

5.6.5　堆芯解体事故预防和缓解设计对策

为提高液态金属冷却反应堆的固有安全性，一方面，研究者提出了用于反应堆最终停堆的反应性控制系统的创新设计，以代替传统的紧急停堆方法，从而预防由严重的无保护瞬态事故引发 CDA，确保堆芯处于次临界的安全状态并且冷却剂的温度处于沸点以下。另一方面，研究者针对 CDA，设计和改进了一些用于缓解事故后果的装置，以确保将堆芯熔融物控制在安全稳定的状态。

1. 先进停堆系统

为预防因紧急停堆失效而导致无保护瞬态事故，世界各地的研究者提出了一些先进的停堆系统，以增强反应堆紧急停堆系统的可靠性和安全性。在事故发生时，相比于通过人工操作或反应堆电气系统响应插入安全棒，实现紧急停堆功能，由于非能动停堆系统仅由瞬态发生时的反应堆内产生的条件变化或效应(如材料膨胀、冷却剂过热、流量骤减等)而触发或激活，不依赖任何外界信号、辅助装置的干预、外界能量的输入就能实现紧急停堆功能，因此，这种停堆系统也被称为自行或自引动停堆系统(Self-actuated Shutdown System，SASS)。

SASS 可根据不同的原理而设计触发机制，国际文献中记录了以下多种设计(Nakanishi et al.，2010；Burgazzi，2013；IAEA，2020)：锂膨胀模块、锂注射模块、磁性材料居里点锁、气体膨胀模块、控制棒热膨胀强化驱动机构、液体悬浮式吸收体、反应性自主控制系统、笛卡儿(Cartesian)浮沉子、钠注射、疏液毛细多孔系统、恒温开关、钠沸腾外围通道及可熔连接锁等。

(1) 锂膨胀模块(Lithium Expansion Module，LEM)(Kambe et al.，2004)。LEM 由位于堆芯上方的 ^{6}Li 储箱和插入堆芯活性区域末端的封闭细管组成，如图 5-9 所示。细管底部充有惰性气体，液态锂受表面张力作用而悬停于细管的上端位置。当发生瞬态事故而使堆芯过热时,储箱中的锂受热体积膨胀,细管中的锂向下移动,更多的锂出现在堆芯活性区域而引入负反应性。事实上,如果经过合适的堆芯设计,LEM 除在堆芯过热时引入负反应性外,还可以在堆芯出口温度降低时引入适当的正反应性。

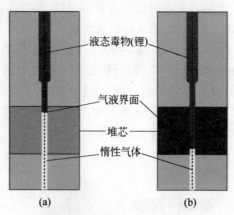

图 5-9　锂膨胀模块设计概念

(a) 正常运行　(b) 堆芯过热

(请扫 II 页二维码看彩图)

(2) 锂注射模块(Lithium Injection Module,LIM)(Kambe,2006)。LIM 最早在日本 RAPID 快堆概念设计中出现(Kambe,2006),其设计如图 5-10 所示。堆芯在正常运行状态下,封塞将系统分为堆芯活性区域的真空管道部分

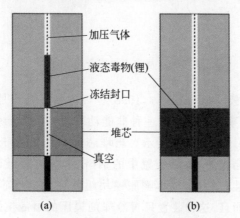

图 5-10　锂注射模块设计概念

(a) 正常运行　(b) 堆芯过热

(请扫 II 页二维码看彩图)

和位于堆芯上方的液态锂部分。液态锂上方有气体加压。当堆芯温度过高并超过封塞的熔点时,液态锂通过气动原理被注射入堆芯活性区域而引入负反应性。这种气动注入液态锂的方式可在 0.24 s 内引入反应性,比传统的安全棒自由坠落方式(2 s)插入更迅速。虽然 LIM 和 LEM 都通过往堆芯注入锂来引入负反应性,但是,LEM 的设计具有可逆性,能引入正或负的反应性且可多次使用,而 LIM 只能单次、永久地引入负反应性。

(3) 居里点锁(Ichimiya et al., 2007)。磁性材料居里点温度控制的 SASS 由电磁体和衔铁构成,其中一部分磁路含有温度敏感合金,如图 5-11 所示。当敏感合金的温度升至其居里点时,合金的磁性下降,磁力消去,衔铁从装置的分离面脱落,并与控制棒一起插入堆芯。这种由磁性材料居里点控制的 SASS 具有结构简单、分离位置灵活的特点。

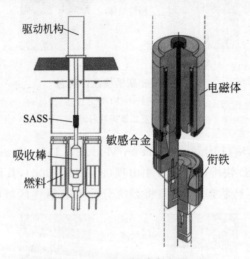

图 5-11　居里点敏感合金 SASS

(4) 气体膨胀模块(Fukuzawa,1998)。气体膨胀模块是为应对钠冷快堆一回路无保护失流事故而设计的一种非能动装置,其顶端封闭,底部开通,是中空的可拆卸组件,如图 5-12 所示。当堆芯入口压力由于流量减少而降低时,装置内的气体会膨胀,并将装置中的钠挤出,液位降低,从而使中子泄漏增加,引入负反应性。然而,气体膨胀模块组件在大型堆芯中所能引起的中子泄漏是不够的,而且,这种装置只对冷却剂失压的事故情形响应,从而引入负反应性。

(5) 控制棒热膨胀强化驱动机构。这一类 SASS 基于特殊材料的热效应(如热膨胀系数高、相过渡、形状记忆性能等)而设计。当堆芯温度升高时,由

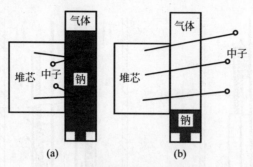

图 5-12　气体膨胀模块组件设计概念
(a) 正常流量运动；(b) 失流情形

于热效应材料性能发生变化，因此，控制棒可以一定程度地插入堆芯；当温度达到设定极限值时，热效应材料的性能变化也达到设定限值而触发控制棒释放装置，使控制棒依靠重力插入堆芯。俄罗斯的多种温度效应驱动非能动停堆组件(Bagdsarov et al.，1995)、日本的强化热膨胀装置 ETEMU(Okada et al.，1995)、德国设计的 ATHENA(Edelmann et al.，1995)、欧洲快堆 EFR 项目中的热膨胀强化型水力设计、双金属环设计和备用棒非能动插入设计(IAEA，1996)等，均属于这一类 SASS。

　　以欧洲快堆 EFR 项目使用的 SASS 为例，图 5-13 给出了热膨胀强化型水力装置和双金属环装置的设计。前者基于固定质量液态钠的热膨胀而设计，后者则基于双金属垫圈的伸长而设计。当冷却剂温度上升至临界值时，球和套节接头中的元件发生位移，小球释放使得吸收棒脱离、坠落、插入堆芯。

　　(6) 液体悬浮式吸收体。液体悬浮式吸收棒主要针对失流瞬态而设计，其基本功能与传统的吸收棒停堆组件相同，区别在于悬浮式吸收棒通过冷却剂的流动水力作用变化而实现上下移动，其设计原理如图 5-14 所示。在正常堆芯流量作用下，吸收棒所受的浮力和冷却剂水力推力之和大于吸收棒自身的重力，依靠上结构限位提供的向下机械推力使吸收棒悬停于堆芯活性区域上方。当发生无保护失流瞬态时，堆芯流量大幅降低，此时，吸收棒受到的水力推力也随之下降，而当冷却剂流量降低至临界阈值之下时，浮力与水力推力之和不足以抵消重力，吸收棒所受合力发生变化，开始向下移动并插入堆芯。

　　在液体悬浮式吸收棒的设计基础上，研究者提出了液体悬浮式吸收球 SASS，用中子吸收球代替吸收棒，如图 5-15 所示。更为重要的是，为扩大 SASS 能应对的无保护瞬态范围，液体悬浮式吸收球 SASS 还包括位于组件

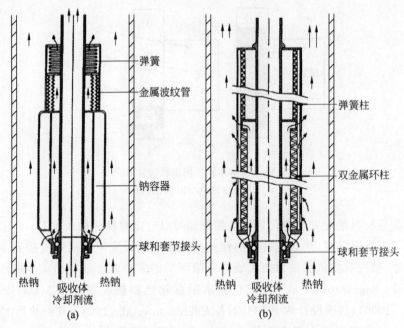

弹簧

金属波纹管

钠容器

球和套节接头

弹簧柱

双金属环柱

球和套节接头

热钠　　吸收体　　热钠
　　　冷却剂流
(a)

热钠　　吸收体　　热钠
　　　冷却剂流
(b)

图 5-13　热膨胀强化型水力装置(a)和双金属环装置(b)

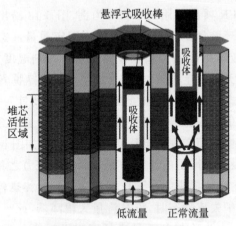

悬浮式吸收棒

吸收体

吸收体

堆芯活性区域

低流量　　　正常流量

图 5-14　液体悬浮式吸收棒
(请扫Ⅱ页二维码看彩图)

下方的截流阀,该截流阀由使用居里点磁体材料的热敏感装置触发。在反应堆正常运行时,SASS 组件内的中子吸收球由于冷却剂流动的水力作用而悬浮于堆芯活性区域上方。当发生瞬态、冷却剂温度显著上升时,组件中的热敏感装置被触发而封住组件通道入口,中子吸收球受力发生变化而下落至堆芯活性区域,引入负反应性。这种结合冷却剂温度变化响应和流量变化响应的 SASS,除能应对无保护失流瞬态外,还能应对无保护失热阱瞬态和无保护瞬态超功率。

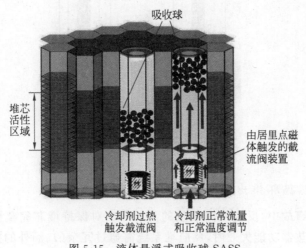

图 5-15　液体悬浮式吸收球 SASS

(请扫Ⅱ页二维码看彩图)

(7) 反应性自主控制系统(Automonous Reactivity Control System,ARC)。ARC 由穿过堆芯的双层管、位于堆芯顶部和底部的两个储箱组成,双层管的内管和两个储箱连通,外管只与底部储箱连通。图 5-16 给出了 ARC 的结构设计示意图。当反应堆正常运行时,外管由气体占据,顶部储箱充满液体(钾),中子毒物锂位于底部储箱。当瞬态发生、堆芯过热时,顶部储箱内的液体受热膨胀,经内管传导至底部储箱,将锂压入外管中,引入负反应性。当堆芯功率降低、温度下降后,储箱液体收缩,外管中的锂液位下降,引入正反应性。通过这种动态的反应性平衡,堆芯可维持稳定的临界状态。

通过对以上这些基于不同原理设计的 SASS,进行简易程度、非能动性、可重置性、响应速度、触发敏感度、对正常运行的影响、开发成本和技术难度、可靠度、可检查性、长期停堆能力、负反应性引入规模、与系统热量排出的相容度、可持续性、运行实践、瞬态事故适用范围等方面的综合分析和考虑后,研究者认为,居里点锁、液体悬浮式吸收体、气体膨胀模块,以及控制棒热膨胀强化驱动机构四种 SASS 能更有效地应对无保护瞬态事故(Michael et al.,2010)。

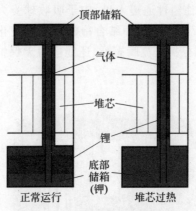

图 5-16　反应性自主控制系统

（请扫Ⅱ页二维码看彩图）

2. 自然循环排出热量

在瞬态事故中,反应堆内热量的及时导出对保持堆芯完整性至关重要。在常规的换热器功能失效时,反应堆系统需通过冗余的、额外的换热设施,构建有效的换热途径,将堆内热量排至终端热阱。这些辅助的换热系统分为两类:一类直接在堆内导出一回路冷却剂的热量,如衰变热排出系统;另一类则通过反应堆容器间接地导出热量,如反应堆容器冷却系统。

衰变热排出系统主要由两个换热器和连接的回路组成,其中,液态金属-液态金属衰变热换热器位于反应堆容器内,直接与一回路冷却剂换热;液态金属-空气换热器则位于反应堆容器外,将导出的堆内热量排至终端热阱大气环境。以韩国 PGSFR 的衰变热排出系统(图 5-17)为例(Kim et al.,2016),衰变热换热器位于反应堆一回路的冷区,换热器中的钠将一回路钠池热量导出,随后通过空气冷却换热器将热量排至大气,冷却后的钠再次进入到衰变热换热器中,构成回路自然循环。PGSFR 配置了非能动的和强迫式的空气冷却换热器,其中,非能动空气冷却换热器采用完全的空气自然对流方式排出热量。反应堆一回路以衰变热换热器为热阱,同样可以建立回路自然对流,非能动地导出堆芯热量。

反应堆容器冷却系统依靠空气对反应堆容器壁的自然对流实现热量的排出。以中国实验快堆为例,图 5-18 给出了 CEFR 的反应堆容器冷却系统简化示意图(Song et al.,2019)。在 CEFR 反应堆主容器中,冷池的钠从底部进入主容器壁,与外热挡板构成环形通道,当向上流动至接近自由液面时,流入外热挡板与内热挡板构成的通道,向下流动至冷池中,构成循环回路。冷却

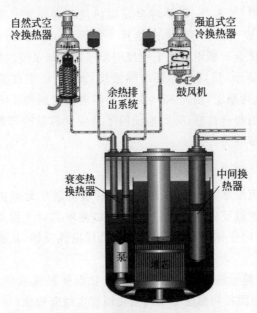

图 5-17　PGSFR 衰变热排出系统(Kim et al. ,2016)

(请扫Ⅱ页二维码看彩图)

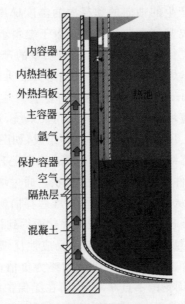

图 5-18　中国实验快堆反应堆容器冷却系统(Song et al. ,2019)

(请扫Ⅱ页二维码看彩图)

剂的热量经主容器壁、氩气、保护容器及隔热层传导出来。空气在混凝土与保护容器之间形成自然对流,导出热量。宋等(Song,2019)使用一维程序VECAS,对 CEFR 全厂断电瞬态下的反应堆容器冷却系统的排热性能进行了研究。模拟结果显示,反应堆容器冷却系统的排热功率在瞬态初期不断升高,在瞬态后期达到稳定,约为 83.9 kW,占堆芯衰变热的 12%。模拟预测所得结果与实验数据吻合良好,有力地证明了反应堆容器冷却系统对反应堆衰变余热的有效冷却能力。

3. 堆芯反应性反馈设计

液态金属反应堆堆芯固有的负反应性反馈机制在无保护瞬态事故中起重要作用。通过改进反应堆的堆芯设计,可以使堆芯对无保护瞬态事故初期温度、流量等条件的变化,产生迅速有力的负反应性反馈,从而减少事故对堆芯的损坏程度。

在瞬态中,燃料会随燃料包壳温度的变化而膨胀或收缩,从而产生几何尺寸变化;堆芯会因径向温度分布的变化而产生径向膨胀,导致尺寸变化,继而引发相关的反应性反馈。径向膨胀具体表现为,燃料组件在其六边形包盒各边存在温度差异时的行为。在反应堆运行时,燃料组件在堆芯中经受由功率分布差异和变化而产生的轴向的和径向的温度梯度。轴向温度分布差异使得燃料组件产生偏离竖直方向的弯折。由于燃料组件底部区域不产生热功率,因此,基本不存在径向温度梯度。由于功率的产生,径向温度梯度沿组件轴向线性增大,因此,燃料组件顶部的径向弯折最明显。

堆芯约束系统(Core Restraint System)也会对堆芯的膨胀行为产生影响。液态金属冷却反应堆堆芯使用的堆芯约束系统,通常由底部支撑板、栅格板、堆芯上部支撑板、顶部支撑板和约束环组成,如图 5-19 所示。对于恰当设计热膨胀间隙的堆芯约束系统来说,当堆芯功率上升至使得所有间隙闭合的温度之上时,燃料组件开始呈现不同的形状。通过增加堆芯的平均直径来响应堆芯温度的上升,从而引入负反应性。堆芯径向膨胀产生的负反应性反馈因通过堆芯结构和堆芯约束系统的设计优化而得到强化。

液态金属冷却剂的反应性系数是堆芯反应性反馈设计中的重要组成部分。对于铅冷快堆而言,铅的反应性系数始终为负值,能在堆芯过热的情况下产生负反应性反馈,而钠的沸点相对更低,在无保护瞬态事故中,堆芯过热使得钠沸腾产生空泡并扩散,进而引入较大的反应性变化而影响事故进程。钠空泡反应性具有强烈的空间依赖性,与燃料类型、组件尺寸和布置、堆芯尺寸设计等均有关系。使用 MOX 燃料的大型钠冷快堆堆芯,钠空泡反应性一

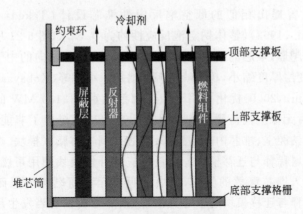

图 5-19　快中子堆堆芯约束系统和堆芯径向膨胀(Hu et al.,2019)
(请扫Ⅱ页二维码看彩图)

般为较大的正值(4～6 \$)(Khalil et al.,1991)。

　　针对钠冷快堆的正钠空泡反应性,俄罗斯和日本曾提出,通过堆芯结构的优化设计来降低钠空泡反应性。俄罗斯 BN-800 钠冷快堆通过在堆芯顶部设置钠腔室和碳化硼屏蔽层(图 5-20),来使堆芯的钠空泡反应性降低至约 1 \$(Chebeskov,1996)。当堆芯出现钠沸腾时,中子通过顶部钠腔室的空泡而泄漏,顶部的吸收层则防止中子反射回堆芯内。在正常运行条件下,堆芯顶部的钠腔室起反射中子的作用。堆芯内部的增殖区可降低钠空泡反应性至接近 0 \$,而不破坏功率峰值因子。

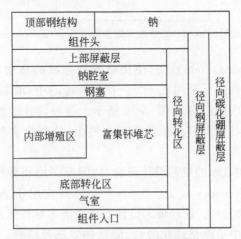

图 5-20　BN-800 钠冷快堆轴向非均匀式堆芯设计(Chebeskov,1996)

　　日本也曾提出相似的低空泡反应性堆芯设计(Takeda et al.,1992；
Takeda et al.,1993)，整体钠空泡反应性约为 0 ＄，如图 5-21 所示。堆芯内
部的增殖层越厚，堆芯的钠空泡反应性越低。当堆芯轴向的中子注量率受到
影响时，裂变层厚度缩小，功率峰值因子增加。小林等(Kobayashi,1998)和藤
村等(Fujimura,2000)优化了用于嬗变锕系元素的 3100 MW 的钠冷快堆堆
芯设计，针对无保护失流瞬态和无保护瞬态超功率提出了非能动安全设计，
如堆芯顶部钠腔室、堆芯内部增殖层、堆芯外围气体膨胀模块、燃耗反应性补
偿模块和燃料稀释与迁移模块。燃耗反应性补偿模块使用可燃中子毒物，借
助碳化硼插入堆芯释放的气体，使中子吸收元素随燃耗加深而缓慢向下移
动。燃料稀释与迁移模块的中心为钠管，顶部为贫铀。当发生反应性引入较
快的无保护瞬态超功率事故时，中心的管道可以引导排出燃料；对于反应性
引入较慢的瞬态超功率事故来说，模块顶部贫铀的插入可以稀释燃料整体中
易裂变元素的含量。

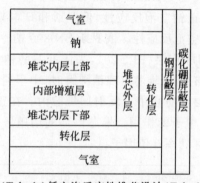

图 5-21　武田(Takeda)低空泡反应性堆芯设计(Takeda et al.,1993)

　　横山(Yokoyama,2005)针对使用金属型燃料的热功率 3000 MW 的堆
芯，将钠空泡反应性降低至约 1.3 ＄。在这种堆芯中，堆芯内层较小，堆芯外
层较高，堆芯上方为钠腔室，如图 5-22 所示。这种设计能使堆芯面积与体积
的比值更大，堆芯与钠腔室接触的面积也更大，从而更有利于钠空泡出现时
的中子泄漏。

　　综合俄罗斯和日本的堆芯设计经验，法国原子能和替代能源委员会提出
了新的 CFV 设计(Sciora et al.,2011,2020)，并应用于 ASTRID 堆芯设计
(Chenaud et al.,2013)。这种堆芯设计能增强堆芯活性区域中由钠空泡引起
的中子泄漏，抵消中子能谱硬化效应，降低钠空泡反应性。CFV 的设计结构
如图 5-23 所示，CFV 使用增殖材料代替堆芯内部的一部分裂变材料，在堆芯
顶部设置钠腔室，且堆芯外层的高度大于内层的高度。堆芯顶部钠腔室可以

图 5-22　Yokoyama(2005)提出的低空泡反应性堆芯设计

产生有效的中子泄漏,由于堆芯顶部屏蔽层使用的吸收材料可以预防出现空泡时,中子返回堆芯内,因此,在整体堆芯中,钠腔室具有最低的钠空泡反应性。内部增殖区可以增大堆芯上部表面的中子通量,堆芯径向外层高度大于内层高度的设计可以增大堆芯上方的中子泄漏面积。对于同样的 2400 MWth 的钠冷快堆来说,采用均匀式堆芯设计的钠空泡反应性为 ＋4.8 \$,而采用CFV 设计的空泡反应性则降低至 －1.8 \$。需要注意的是,CFV 内部增殖层的厚度存在限制。这是因为,一方面,增殖层要能够改变均匀式堆芯设计内中子注量率的轴向余弦分布;另一方面,增殖层不能因太厚而切断上部裂变区和下部裂变区的耦合关系,因此夏拉(Sciora)等(Sciora,2020)给出的热功率 2400 MW 的钠冷快堆 CFV 的内部增殖层厚度约为 15 cm。

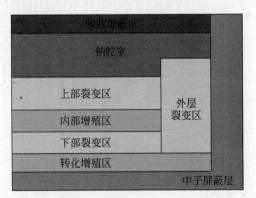

图 5-23　CFV 结构(Sciora et al. ,2011)

(请扫 Ⅱ 页二维码看彩图)

　　为展现 CFV 和均匀式堆芯在整体上的不同行为表现,夏拉等(Sciora,2020)对这两种堆芯设计进行了无保护失流瞬态响应模拟。失流瞬态的条件为一回路流量呈指数式衰减,半衰期为 10 s,模拟使用 10 个燃料组件。图 5-24和图 5-25 分别给出了均匀式堆芯和 CFV 的反应性变化,图 5-26 则给出了两种堆芯的功率瞬态响应。模拟结果显示,均匀式堆芯总反应性在瞬态开始的

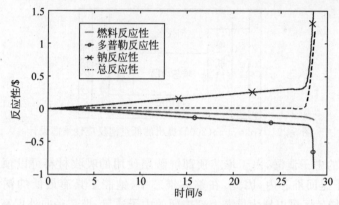

图 5-24　均匀式堆芯无保护失流瞬态反应性变化
（请扫Ⅱ页二维码看彩图）

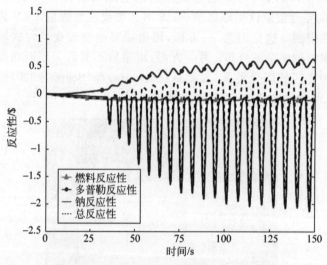

图 5-25　CFV 无保护失流瞬态反应性变化
（请扫Ⅱ页二维码看彩图）

前 25 s 缓慢增大，在约 30 s 时出现功率激增。CFV 的总反应性在瞬态一开始时，便轻微降低，瞬态第 35 s 后钠腔室出现沸腾，总反应性显著降低，功率衰减幅度约 50%，但随后出现持续的振荡。CFV 的钠沸腾阶段持续超过 500 s，其间，燃料包壳传热没有发生恶化。由于钠沸腾导致总反应性降低，功率降低之后钠恢复至液态，中子反射增强而又使总反应性增加，功率增加使得钠沸腾，因此，CFV 在钠沸腾阶段的行为表现为稳定的振荡响应。模拟结果整体上验证了 CFV 在无保护失流瞬态下，通过钠沸腾维持总反应性平衡的行为特性。

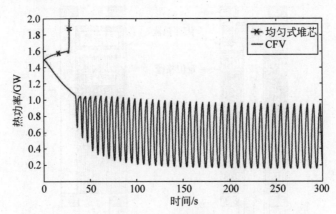

图 5-26　均匀式堆芯和 CFV 在无保护失流瞬态中的功率变化
（请扫 Ⅱ 页二维码看彩图）

4. 堆芯熔融物排出装置

在液态金属冷却反应堆发生 CDA 的情况下，堆芯燃料和包壳材料因过热而熔化迁移，大范围的燃料迁移和压实有可能形成大体积的熔融燃料池，从而可能存在重返临界的风险。为此，研究者提出了一些革新的燃料组件设计，可将堆芯熔融物及时、可控地排出堆芯，避免形成大范围的聚积，并可实现熔融物的可控迁移（Controlled Material Relocation，CMR）策略（Endo et al.，2002）。

日本研究者提出了带内导管结构的燃料组件（Fuel Assembly with Inner Duct Structure，FAIDUS）设计（Endo et al.，2002；Tobita et al.，2008；Sato et al.，2011；Ninokata et al.，2013；Kamiyama et al.，2014），并应用于 JSFR 堆芯设计中，其结构设计如图 5-27(a) 所示。与常规的快堆燃料组件相比，FAIDUS 中心含有导管。当燃料棒熔化失效时，受堆芯熔融物的热量影响，邻近的内导管壁熔化，熔融物质进入内导管，随后迁移排出堆芯活性区域。早期的 FAIDUS 基于使用定位格架的燃料组件而设计，为适应使用绕丝定位燃料棒的燃料组件，改进式 FAIDUS，其内导管与燃料组件包盒壁相邻（如图 5-27(b)），以保持绕丝定位的功能（Tobita et al.，2008）。改进式 FAIDUS 的事故进程如图 5-28 所示。在 CDA 中，如果燃料棒熔化失效并在组件中形成熔融燃料池，内导管会在燃料组件包盒失效之前熔化，从而使熔融燃料进入内导管。受气体裂变产物释放和钠蒸汽压强的作用，熔融燃料向上迁移排出堆芯区域。这一迁移过程可显著降低反应性，迅速降低功率，消除熔融燃

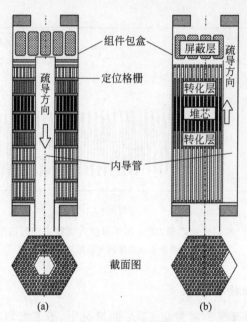

图 5-27　FAIDUS 设计
(a) FAIDUS；(b) 改进式 FAIDUS

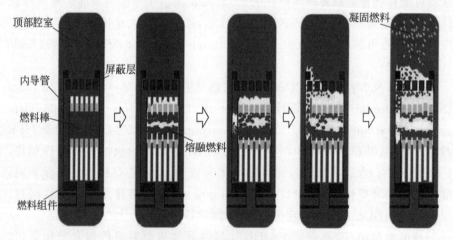

图 5-28　改进式 FAIDUS 中的燃料排出过程
(请扫Ⅱ页二维码看彩图)

料因大范围聚集和压实而产生重返临界的风险,同时避免燃料组件包盒因过热而失效,进而波及相邻的燃料组件。

　　针对使用金属型燃料的堆芯,日本研究者提出了移除组件内一部分转化材料的组件设计(Endo et al.,2002；Fauske et al.,2002)。由于金属型燃料熔点低,容易凝固,且燃料熔化引起的钠蒸气压强不足以驱动燃料迁移排出,因此,内导管的设计不适用于金属型燃料。在移除转化层的组件设计中,燃料棒移除一小部分的轴向转化层可降低燃料棒在对应位置的热容,熔融燃料在迁移途中因不易凝固而能迁移更远。

　　法国原子能和替代能源委员会在 ASTRID 项目中,设计了一种用于将燃料排出堆芯的转移管(DCS-M-TT)(Bertrand et al.,2018,2021),如图 5-29 所示。DCS-M-TT 可引导熔融物穿过堆芯栅板和定位板,促进向下迁移至堆芯底部的堆芯捕集器。由于 DCS-M-TT 的设置位置和数量会对堆芯的性能及燃料迁移的动力学产生影响,因此,在初始设计阶段,DCS-M-TT 在 ASTRID 堆芯外围的采用数量为 18 个,堆芯内部的采用数量为 3 个。

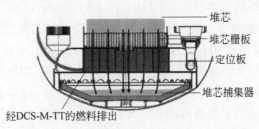

图 5-29　ASTRID 项目中 DCS-M-TT 的设计结构

(请扫Ⅱ页二维码看彩图)

　　巴赫拉塔等(Bachrata,2019)选取 ASTRID 堆芯的一种设计方案,使用 SIMMER 程序对采用和不采用 DCS-M-TT 的 CFV 进行了无保护失流瞬态事故的模拟,瞬态条件为一回路流量以 10 s 的半衰期降低,表 5-8 列出了事故的发展进程序列。

　　不采用 DCS-M-TT 的堆芯在瞬态 30 s 出现冷却剂沸腾,随后堆芯结构熔化,第 111 s 堆芯内部熔融燃料比例达到 25%,堆芯功率激增,造成更大面积的燃料熔化,在事故中,堆芯熔化的燃料达到了总量的 45%。采用 DCS-M-TT 的堆芯在 110 s 时,仅有 8% 的燃料熔化,在 127 s 时,19% 的燃料熔化导致功率激增,从第 128 s 开始,DCS-M-TT 陆续打开并排出熔融物,在 19 s 内,有近总量 23% 的燃料被排至堆芯捕集器。此外,功率激增所到达的功率峰值明显小于不采用 DCS-M-TT 堆芯产生的功率峰值。因此,通过 SIMMER 程序的模拟分析,证明了 DCS-M-TT 缓解 CDA 的有效性。

表 5-8　采用和不采用 DCS-M-TT 的堆芯在失流瞬态中的事故进程比较

关键事件	时间/s(不采用 DCS-M-TT)	时间/s(采用 DCS-M-TT)
沸腾出现	29.8	33.7
包壳熔化	43.3	52.2
燃料熔化	43.3	52.2
组件包盒熔化	50.2	61.0
功率激增	111	127

5. 堆芯捕集器

堆芯捕集器的作用是在严重事故发生后,将从堆芯排出的熔融物控制在安全稳定的状态,避免熔融物对反应堆容器造成损坏。堆芯捕集器要满足如下的设计要求和功能要求(Rempe et al.,2005;Jhade et al.,2020):①具备特殊的热力学性能和中子辐照性能,承受熔融物(乃至堆芯整体)的力学荷载、高温冲击和熔蚀作用;②容留和分散熔融物,避免重返临界的可能性;③降低熔融物的衰变热功率,保证熔融物的长期冷却;④与冷却剂相容性良好,且不影响反应堆正常运行时的冷却剂流动。目前,国际上的液态金属冷却反应堆采用反应堆容器内的堆芯捕集器设计,一些反应堆还附设堆容器外的堆芯捕集器,从而在出现反应堆容器熔穿的极端情况下,保证厂房和安全壳最后一道放射性防线的安全。

位于堆容器内的堆芯捕集器存在多种设计类型,如燃料分散用锥形物、碎片托盘、多层托盘等设计(Lee et al.,2001)。在收集托盘上,可增加耐火牺牲材料层,以防止熔融物熔蚀损坏托盘;在托盘中,设计含有中子吸收材料的结构,以降低熔融物的反应性。图 5-30 和图 5-31 给出了堆芯捕集器的一种参考设计(Bala Sundaram et al.,2020,2021)。耐火牺牲层可预防熔融物质在迁移时的熔蚀,并促进熔融物的分散;热防护层可避免熔融碎片床直接与

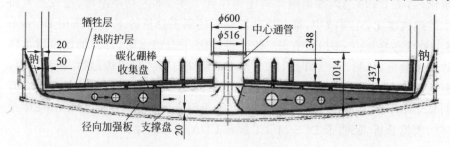

图 5-30　堆芯捕集器的一种参考设计(Bala Sundaram et al.,2020)

(请扫Ⅱ页二维码看彩图)

托盘接触；在托盘中心位置设置碳化硼吸收棒可降低熔融物的反应性，防止重返临界的发生。在托盘中心位置设置的通管可加强钠冷却剂对托盘的自然对流换热，从而有效冷却碎片床并导出衰变余热。

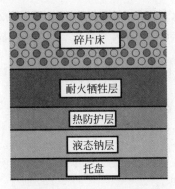

图 5-31　堆芯捕集器托盘多层结构（Bala Sundaram et al. ，2021）

（请扫 II 页二维码看彩图）

JSFR 采用了多层托盘的碎片收集器设计（Suzuki et al. ，2014），如图 5-32 所示。由于冷却剂对碎片床的冷却能力，在很大程度上，取决于碎片床的堆积高度、孔隙率、颗粒直径等几何特征，因此，有必要通过适当的手段将碎片床分散，以将其高度控制在可冷却极限之下。多层托盘的碎片收集器可以使碎片床在某一层托盘积累至一定高度后，通过托盘上的导管往下迁移至位于更低位置的托盘上，从而大大增加了碎片床与冷却剂的接触面积，进而保证碎片床的长期持续可冷却性。

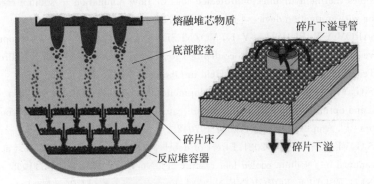

图 5-32　JSFR 多层托盘碎片收集器（Suzuki et al. ，2014）

（请扫 II 页二维码看彩图）

参 考 文 献

成松柏,王丽,张婷,2018.第四代核能系统与钠冷快堆概论[M].北京:国防工业出版社.

辜峙钚,王刚,汪振,等,2015a.铅铋冷却快堆瞬态超功率事故分析[J].核安全,14(3):
　　60-66.

辜峙钚,王刚,汪振,等,2015b.自然循环铅铋冷却快堆失热阱瞬态研究[J].原子能科学技
　　术,49:161-166.

国家核安全局,2016.HAF102-2016,核动力厂运行安全规定[S].

沈秀中,于平安,杨修周,等,2002.铅冷快堆固有安全性的分析[J].核动力工程,23(4):
　　75-77.

汪振,王刚,辜峙钚,等,2015.加速器驱动铅铋冷却自然循环次临界堆束流瞬变事故研究
　　[J].核技术,38(1):010604.

汪振,2017.铅基研究实验堆假想堆芯解体事故分析研究[D].合肥:中国科学技术大学.

徐銤,2011.快堆安全分析[M].北京:原子能出版社.

俞保安,喻真烷,朱继洲,等,1989.钠冷快堆固有安全性[J].核动力工程,10(4):90-96.

朱继洲,奚树人,单建强,2004.核反应堆安全分析[M].西安:西安交通大学出版社.

ARIAS F J,PARKS G T,2015. An estimate of the order of magnitude of the explosion
　　during a core meltdown-compaction accident for heavy liquid metal fast reactors:A
　　disquieting result updating the Bethe-Tait model [J]. Prog. Nucl. Energy. ,79:182-189.

IAEA,1996. Technical Feasibility and Reliability of Passive Safety Systems for Nuclear
　　Power Plants [R]. IAEA,IAEA-TECDOC-920.

BACHRATA A, TROTIGNON L, SCIORA P, et al. , 2019. A three-dimensional
　　neutronics-thermalhydraulics unprotected loss of flow simulation in sodium-cooled fast
　　reactor with mitigation devices [J]. Nucl. Eng. Des. ,346:1-9.

BAGDSAROV Y E,BUKSHA Y K, VOZNESENSKI M, et al. , 1995. Development of
　　passive safety devices for sodium-cooled fast reactor [C]. Russian Federation:Proceeding
　　of a Technical Committee Meeting Held in Obninsk:97-106.

BALA S G,VELUSAMY K,2020. Development of a robust multi-phase heat transfer
　　model and optimization of multi-layer core catcher for future Indian sodium cooled fast
　　reactors [J]. Ann. Nucl. Energy,136:107042.

BALA S G,VELUSAMY K,2021. Effect of debris material composition on post accidental
　　heat removal in a sodium cooled fast reactor [J]. Nucl. Eng. Des. ,375:111065.

BANDINI G,EBOLI E, FORGIONE N, 2014. Fuel dispersion and flow blockage analyses
　　for the MYRRHA-FASTEF reactor by SIMMER code [C]. Czech Republic:ICONE-22,
　　Prague.

BERTRAND F,MARIE N,BACHRATA A,et al. ,2018. Status of severe accident studies
　　at the end of the conceptual design of ASTRID:feedback on mitigation features [J].

Nucl. Eng. Des. ,326: 55-64.

BERTRAND F,BACHRATA A,MARIE N,et al. ,2021. Mitigation of severe accidents for SFR and associated event sequence assessment [J]. Nucl. Eng. Des. ,372: 110993.

BUCKINGHAM S,PLANQUART P,EBOLI M,et al. ,2015. Simulation of fuel dispersion in the MYRRHA-FASTEF primary coolant with CFD and SIMMER-IV [J]. Nucl. Eng. Des. ,295: 74-83.

BURGAZZI L,2013. Analysis of solutions for passively activated safety shutdown devices for SFR [J]. Nucl. Eng. Des. ,2602: 47-53.

CHEBESKOV A N,1996. Evaluation of sodium void reactivity on the BN-800 fast reactor design [C]. International conference on the physics of reactors PHYSOR,2: 49-58.

CHENAUD M S,DEVICTOR N,MIGNOT G,et al. ,2013. Status of the ASTRID core at the end of the preconceptual design phase 1 [J]. Nucl. Eng. Technol. ,45(6): 721-730.

EDELMANN M. KUSSMAUL G, VATH W, 1995. Development of passive shut-down systems for the European fast reactor EFR [C]. Russian Federation: Proceeding of a technical committee meeting held in Obninsk: 69-79.

EKELUND T, 2015. Severe accident assessment of a small lead cooled reactor [D]. Stockholm: Royal Institute of Technology.

ENDO H,KUBO S,KOTAKE S,et al. ,2002. Elimination of recriticality potential for the self-consistent nuclear energy system [J]. Prog. Nucl. Energy,40(3-4): 577-586.

FAUSKE H K,KOYAMA K, KUBO S. , 2002 Assessment of the FBR core disruptive accident (CDA): the role and application of general behavior principles (GBPs) [J]. J. Nucl. Sci. Technol. ,39(6): 615-627.

FELDMAN E E,MOHR D,CHANG L K,et al. ,1987. EBR-II unprotected loss-of-heat-sink predictions and preliminary test results [J]. Nucl. Eng. Des. ,101(1): 57-66.

FONTAINE B,MARTIN L,PRULHIÈRE G, et al. , 2013. Recent analyses of PHENIX End of Life Tests and perspectives [C]. Paris,France: IAEA International Conference,FR13.

FUJIMURA K,SANDA T, MAYUMI M, et al. , 2000. Feasibility study of large MOX fueled FBR core aimed at the Self-Consistent Nuclear Energy System [J]. Prog. Nucl. Energy,40(1-4): 587-596.

FUKUZAWA Y,1998. Safety approach of DFBR design study in Japan [J]. Prog. Nucl. Energy,32 (3-4): 613-620.

GOLDEN G H,PLANCHON H P, SACKETT J I,et al. , 1987. Evolution of thermal-hydraulics testing in EBR-II [J]. Nucl. Eng. Des. ,101(1): 3-12.

HOSSAIN M K,HIMURO Y, MORITA K, et al. , 2008. Experimental study of molten metal penetration and freezing behavior in pin-bundle geometry [J]. Mem. Fac. Eng. Kyushu Univ. ,68(4): 163-174.

HOSSAIN M K,HIMURO Y, MORITA K, et al. , 2009. Simulation of molten metal penetration and freezing behavior in a seven-pin bundle experiment [J]. J. Nucl. Sci. Technol. ,46(8): 799-808.

HU G,ZHANG G, HU R, 2019. Reactivity feedback modeling in SAM [R]. Nuclear Science and Engineering Division,Argonne National Laboratory,ANL-NSE-19/1.

IAEA,1996. Technical feasibility and reliability of passive safety systems for nuclear power plants [R]. International Atomic Energy Agency,IAEA-TECDOC-920.

IAEA,2013. Benchmark analyses on the natural circulation test performed during the PHENIX end-of-life experiments [R]. International Atomic Energy Agency, IAEA-TECDOC-1703.

IAEA,2014. Benchmark analyses of sodium natural convection in the upper plenum of the monju reactor vessel [R]. International Atomic Energy Agency,IAEA-TECDOC-1754.

IAEA,2016. Considerations on the application of the iaea safety requirements for the design of nuclear power plants [R]. International Atomic Energy Agency, IAEA-TECDOC-1791.

IAEA,2017. Benchmark analysis of EBR-Ⅱ shutdown heat removal tests [R]. International Atomic Energy Agency,IAEA-TECDOC-1819.

IAEA,2020. Passive shutdown systems for fast neutron reactors [R]. International Atomic Energy Agency,NR-T-1.16.

ICHIMIYA M,MIZUNO T,KOTAKE S, 2007. A next generation sodium-cooled fast reactor concept and its R&D program [J]. J. Nucl. Eng. Technol. ,39(3): 171-186.

JHADE V,SHUKLA P K,SUDHA A J,et al. ,2020. Design of core catchers for sodium cooled FBRs-Challenges [J]. Nucl. Eng. Des. ,359: 110473.

KAMBE M,TSUNODA H,NAKAJIMA K,et al. ,2004. RAPID-L and RAPID operator-free fast reactors combined with a thermoelectric power conversion system [J]. Proc. Inst. Mech. Eng. Part A,J. Power Energy,218(5): 335-343.

KAMBE M,2006. Experimental and analytical investigation of the fast reactor passive shutdown system: LIM [J]. J. Nucl. Sci. Technol. ,44(6): 635-647.

KAMIYAMA K,BREAR D J,TOBITA Y,et al. ,2006. Establishment of freezing model for reactor safety analysis [J]. J. Nucl. Sci. Technol. ,43(10): 1206-1217.

KAMIYAMA K,KONISHI K,SATO I,et al. ,2014. Experimental studies on the upward fuel discharge for elimination of severe recriticality during core-disruptive accidents in sodium-cooled fast reactors [J]. J. Nucl. Sci. Technol. ,51(9): 1114-1124.

KHALI H S, HILL R N, 1991. Evaluation of liquid-metal reactor design options for reduction of sodium void worth [J]. Nucl. Sci. Eng. ,109(3): 221-266.

KIM J,JEONG J,LEE T,et al. ,2016. On the safety and performance demonstration tests of prototype Gen-Ⅳ sodium-cooled fast reactor and validation and verification of computational codes [J]. Nucl. Eng. Technol. ,48(5): 1083-1095.

KOBAYASHI K,KAWASHIMA K,OHASHI M,et al. ,1998. Applicability evaluation to a MOX fueled fast breeder reactor for a self-consistent nuclear energy system [J]. Prog. Nucl. Energy,32(3-4): 681-688.

KRIVENTSEV V,RINEISKI A,MASCHEK W,2014. Application of safety analysis code

SIMMER-Ⅳ to blockage accidents in FASTEF subcritical core [J]. Ann. Nucl. Energy, 64: 114-121.

LEE Y B, HAHN D H, 2001. A review of the core catcher design in LMR [R]. Korea Atomic Energy Research Institute, KAERI/TR-1898/2001.

LEHTO W K, FRYER R M, DEAN E M, et al. , 1987. Safety analysis for the loss-of-flow and loss-of-heat sink without scram tests in EBR-Ⅱ [J]. Nucl. Eng. Des. , 101 (1): 35-44.

LI R, CHEN X, BOCCACCINI C M, et al. , 2015a. Study on severe accident scenarios: Pin failure possibility of MYRRHA-FASTEF critical core [J]. Energy Procedia, 71: 14-21.

LI R, CHEN X, RINEISKI A, et al. , 2015b. Studies of fuel dispersion after pin failure: analysis of assumed blockage accidents for the MYRRHA-FASTEF critical core [J]. Ann. Nucl. Energy, 79: 31-42.

LIU P, YASUNAKA S, MATSUMOTO T, et al. , 2006. Simulation of the dynamic behavior of the solid particle bed in a liquid pool: sensitivity of the particle jamming and particle viscosity models [J]. J. Nucl. Sci. Technol. , 43(2): 140-149.

LIU P, YASUNAKA S, MATSUMOTO T, et al. , 2007. Dynamic behavior of a solid particle bed in a liquid pool: SIMMER-Ⅲ code verification [J]. Nucl. Eng. Des. , 237(5): 524-535.

LIU P, CHEN X, RINEISKI A, et al. , 2010. Transient analyses of the 400MWth-class EFIT accelerator driven transmuter with the multi-physics code: SIMMER-Ⅲ [J]. Nucl. Eng. Des. , 240(10): 3481-3494.

MASCHEK W, MERK B, 1998. Comparison of severe accident behavior of accelerator driven subcritical and conventional critical reactors [C]. Gatlinburg, USA: 2nd International Topical Meeting on Nuclear Applications of Accelerator Technology Accelerator Applications.

MICHAEL J, DRISCOLL J, 2010. Self-actuated shutdown system performance in sodium fast reactors [C]. Transactions of the American Nuclear Society, 103: 609-610.

MOHR D, CHANG L K, FELDMAN E E, et al. , 1987. Loss-of-primary-flow-without-scram tests: Pretest predictions and preliminary results [J]. Nucl. Eng. Des. , 101(1): 45-56.

MORITA K, RINEISKI A, KIEFHABER E, et al. , 2001. Mechanistic SIMMER-Ⅲ analyses of severe transients in accelerator driven systems (ADS) [C]. Nice, France: ICONE-9.

NAKANISHI S, HOSOYA T, KUBO S, et al. , 2010. Development of passive shutdown system for SFR [J]. Nucl. Technol. , 170(1): 181-188.

NINOKATA H, KAMIDE H, 2013. Thermal hydraulics of sodium-cooled fast reactors: key design and safety issues and highlights [J]. Nucl. Technol. , 181(1): 11-23.

NRC. Safety-related Glossary [R]. U. S. Nuclear Regulatory Commission, 2017.

OKADA K, TARUTANI K, SHIBATA Y, et al. , 1995. The design of a backup reactor shutdown system of DFBR [C]. Russian Federation: Proceeding of a Technical Committee Meeting Held in Obninsk:131-125.

PLANCHON H P,SINGER R M,MOHR D,et al. ,1985. EBR-Ⅱ inherent shutdown and heat removal tests: a survey of test results [C]. United States: ANS/ENS fast reactor safety meeting.

PLANCHON H P,SACKETT J I,GOLDEN G H,et al. ,1987. Implications of the EBR-Ⅱ inherent safety demonstration test [J]. Nucl. Eng. Des. ,101(1): 75-90.

RAHMAN,M M,HINO T,MORITA K, et al. , 2005. Experimental study on freezing behavior of molten metal on structure [J]. Mem. Fac. Eng. Kyushu Univ. , 65 (2): 85-102.

RAHMAN M M,HINO T,MORITA K,et al. ,2007. Experimental investigation of molten metal freezing on to a structure [J]. Exp. Therm. Fluid Sci. ,32(1): 198-213.

RAHMAN M M,EGE Y,MORITA K,et al. ,2008. Simulation of molten metal freezing behavior on to a structure [J]. Nucl. Eng. Des. ,238(10): 2706-2717.

REMPE J L,SUH K Y,CHEUNG F B,et al. ,2005. In-vessel retention strategy for high power reactors final report [R]. Idaho National Engineering and Environmental Laboratory,INEEL/EXT-04-02561.

SATO I,TOBITA Y,KONISHI K,et al. ,2011. Safety strategy of JSFR eliminating severe recriticality events and establishing in-vessel retention in the core disruptive accident [J]. J. Nucl. Sci. Technol. ,48(4): 556-566.

SCIORA P,BLANCHET D,BUIRON L,et al. ,2011. Low void effect core design applied on 2400 MWth SFR reactor [C]. Nice,France: 2011 International Congress on Advances in Nuclear Power Plants (ICAPP 2011).

SCIORA P,BUIRON L, VARAINE F, 2020. The low void worth core design ('CFV') based on an axially heterogeneous core [J]. Nucl. Eng. Des. ,366: 110763.

SONG P,ZHANG D, FENG T, et al. , 2019. Numerical approach to study the thermal-hydraulic characteristics of reactor vessel cooling system in sodium-cooled fast reactors [J]. Prog. Nucl. Energy,110: 213-223.

SUMNER T,WEI T Y C,2012. Benchmark specifications and data requirements for EBR-Ⅱ shutdown heat removal tests SHRT-17 and SHRT-45R [R]. Argonne National Laboratory,ANL-ARC-226.

SUMNER T,ZHANG G,FANNING T H,2018. BOP-301 and BOP-302R: test definitions and analyses [R]. Argonne National Laboratory,ANL-GIF-SO-2018-2.

SUZUKI,T,CHEN X,RINEISKI A,et al. ,2005. Transient analyses for accelerator driven system PDS-XADS using the extended SIMMER-Ⅲ code [J]. Nucl. Eng. Des. ,235(24): 2594-2611.

SUZUKI,T,KAMIYAMA K, YAMAMO H,et al. ,2014. A scenario of core disruptive accident for Japan sodium-cooled fast reactor to achieve invessel retention [J]. J. Nucl. Sci. Technol. ,51(4): 493-513.

SUZUKI T, TOBITA Y, KAWADA K, et al. , 2015. A preliminary evaluation of unprotected loss-of-flow accident for a prototype fast-breeder reactor [J]. Nucl. Eng. Technol. ,47(3): 240-252.

TAKAHASHI M, KHALID A R, DOSTÁL V, et al. , 2007. Safety Design/analysis and scenario for prevention of CDA with ECCS in lead-bismuth-cooled fast reactor [C]. Nice, France: 2007 International Congress on Advances in Nuclear Power Plants (ICAPP 2007).

TAKEDA T, KUROISHI T, 1993. Optimization of internal blanket configuration of large fast reactor [J]. J. Nucl. Sci. Technol. ,30(5): 481-484.

TAKEDA T, KUROISHI T, OHASHI M, et al. , 1992. Neutronic decoupling and nonlinearity of sodium void worth of an axially heterogeneous LMFBR in ATWS analysis [C]. International conference on Design and Safety of Advanced Nuclear Power Plants,3.

TENTNER A M, 2010. Severe accident approach-final report. Evaluation of design measures for severe accident prevention and consequence mitigation [R]. Argonne National Laboratory, ANL-GENIV-128.

TOBITA Y, FUJITA T, FUJITA S, 2000. CDA Analysis of lead-cooled fast reactor [R]. Japan Nuclear Cycle Development Institute, JNC TN9400 2000-082.

TOBITA Y, YAMANO H, 2006. An analysis of CDA event sequences in lead-bismuth cooled fast reactor [C]. Jeju, Korea: Proceedings of the 5th Korean-Japan Symposium on Nuclear Thermal Hydraulics and Safety (NTHAS5).

TOBITA Y, YAMANO H, SATO I, et al. , 2008. Analytical study on elimination of severe recriticalities in large scale LMFBRs with enhancement of fuel discharge [J]. Nucl. Eng. Des. ,238(1): 57-65.

VASILE A, FONTAINE B, VANIER M, et al. , 2011. The PHENIX final tests [C]. Nice, France: Proceeding of International Congress on Advances in Nuclear power Plants (ICAPP 2011).

VIGIER J, POPA K, TYRPEKL V, et al. , 2015. Interaction study between MOX fuel and eutectic lead-bismuth coolant [J]. J. Nucl. Mater. ,467: 840-847.

WANG G, GU Z, WANG Z, et al. , 2015a. Comparison of transient analysis of LBE-cooled fast reactor and ADS under loss of heat sink accident [J]. Ann. Nucl. Energy, 85: 494-500.

WANG G, 2017. A review of recent numerical and experimental research progress on CDA safety analysis of LBE-lead-cooled fast reactors [J]. Ann. Nucl. Energy, 110: 1139-1147.

WANG G, NIU S, CAO R, 2018. Summary of severe accident issues of LBE-cooled reactors [J]. Ann. Nucl. Energy, 121: 531-539.

WANG J, CAI Q, CHEN R, et al. , 2022. Numerical analysis of melt migration and solidification behavior in LBR severe accident with MPS method [J]. Nucl. Eng. Technol. ,54(1): 162-176.

WANG Z, WANG G, GU Z, et al. , 2015b. Preliminary simulation of fuel dispersion in a lead-bismuth eutectic (LBE)-cooled research reactor [J]. Prog. Nucl. Energy, 85: 337-343.

WENRA, 2013. Safety of new NPP design [R]. Reactor Harmonisation Working Group.

YOKOYAMA, T, FUJIKI T, ENDO H, et al. , 2005. A study on reactivity insertion controlled LMR cores with metallic fuel [J]. Prog. Nucl. Energy, 47(1-4): 251-259.

YOSHIKAWA S, MINAMI M, 2009. Data description for coordinated research project on Benchmark analyses of sodium natural convection in the upper plenum of the MONJU reactor vessel under supervisory of technical working group on fast reactors, International Atomic Energy Agency [R]. JAEA-Data/Code 2008-024, Japan Atomic Energy Agency.

第6章 总结与展望

6.1 全书总结

本书主要对液态金属冷却反应堆的开发,以及研究过程中涉及的热工水力学和安全分析等方面的相关知识进行阐述。

本书首先总述了当前世界各地液态金属冷却反应堆的开发现状。目前,欧盟的相关研究机构和组织正在开发示范铅冷快堆、铅基 ADS 以及商用示范钠冷快堆。俄罗斯基于丰富的经验和技术积累,正对已开发运行的钠冷快堆和铅冷快堆进行更新换代。韩国和印度目前着重于开发具有更高安全特性的大型钠冷快堆。日本目前则重点和法国合作,进行钠冷快堆的开发及事故安全分析。美国目前将模块化铅冷快堆作为新的快堆研发方向。我国按照钠冷快堆和铅基反应堆的发展规划,已经开始了示范钠冷快堆 CFR-600 和加速器驱动嬗变研究装置 CiADS 的开工建设,并期望在将来扩大建设运行规模。

然后,本书对液态金属冷却反应堆热工水力方面进行了详细阐述。阐述过程中,先从基础热工水力、堆芯热工水力、熔池热工水力和系统热工水力四个层面,对当前液态金属冷却反应堆热工水力研发中面临的技术难题和挑战进行了梳理,并同时给出了相关的前沿研究方向和研究指引。

液态金属冷却反应堆热工水力包括实验和数值模拟两方面。实验方面,本书首先对 KYLIN-Ⅱ、E-SCAPE、NACIE-UP 和 TALL-3D 等典型液态金属热工水力实验设施,进行了详细描述,然后参考国内外相关文献和笔者们在液态金属冷却反应堆热工水力学方面多年积累的实验经验,对液态金属实验设施及模拟流体实验设施的设计、建造和运行等方面的内容,进行了归纳和整理,并同步介绍了先进的实验测量仪器、方法和技术。最后,对国内外的重要热工水力实验设施进行了汇总和简要介绍。

热工水力数值模拟方面,本书重点介绍了数值模拟工具和方法,在液态金属冷却反应堆热工水力设计和研发上的应用。研究者可根据不同的数值模拟需求(如不同尺度和层次),而选择系统热工水力程序、子通道分析程序和 CFD 程序等数值模拟方法,以对液态金属冷却反应堆的整体系统、堆芯燃料组件、个别组件与腔室等,进行热工水力模拟计算。此外,研究者也可以通过程序间的相互耦合来进行多尺度的模拟计算。从事液态金属冷却反应堆热工水力研发的科研人员,在面对热工水力方面的研究挑战时,需综合考量各种相关因素来选择所要使用的工具。在选定数值模拟工具之后,科研人员还需要对其进行验证、确认和不确定性量化。

液态金属冷却反应堆的热工水力研究和分析,需要实验与数值模拟相辅相成。实验系统的恰当设计及实验结果的分析需要数值模拟的支持(如 3.2.1节),而数值模拟的结果同样需要与实验数据进行对比分析(以验证模拟的可靠性和准确性)。因此,本书热工水力数值模拟部分以多个案例展示了实验在反应堆设计和数值模拟验证中的重要价值,同时,这些案例也补充印证了数值模拟对实验结果的解读分析、反应堆设计及安全分析等方面的辅助支持作用。

关于液态金属冷却反应堆安全分析部分,本书从基本的核反应堆安全概念出发,介绍了液态金属冷却反应堆的固有安全性、安全系统和重要的反应堆事故类型。由于液态金属冷却反应堆使用液态金属为冷却剂,因此,与水冷堆相比,其固有安全特性及配备的安全系统存在明显不同。失流瞬态、失热阱瞬态和反应性引入瞬态等是当前液态金属冷却反应堆事故研究中的重要瞬态事故。随后,该部分介绍了在美国实验增殖堆 EBR-Ⅱ、法国凤凰钠冷快堆和日本文殊堆上,进行的瞬态安全分析实验,并介绍了由 IAEA 发起的,基于上述瞬态安全分析实验的,热工水力数值计算工具的基准检验项目。接下来,针对液态金属冷却反应堆严重事故,该部分阐述了严重事故的定义、始发事件、事故进程与关键现象及分析方法论,并综述了国内外对钠冷快堆和铅冷快堆严重事故的研发现状。为应对液态金属冷却反应堆严重事故,世界各地的研究机构提出了严重事故的预防方法和事故后果的缓解措施。先进的自引动停堆系统、经过反应性反馈改进的堆芯设计,以及严重事故中用于及时排出和有效冷却堆芯熔融物的安全装置,是当前严重事故的重要研究方向。

6.2　研发展望

从当前液态金属冷却反应堆的研发进展来看,液态金属热工水力测量技术、实验方法和数值模拟方法仍需要更进一步的开发和完善。本书第 2 章在一定程度上为液态金属冷却反应堆的热工水力研究提供了参考方向和指引。

一直以来,受高温运行条件、光学不透明和特殊化学性质的限制,液态金属的测量和可视化手段、相应测量仪器的开发均存在技术瓶颈,液态金属冷却反应堆的在役检测、维修问题也同样有待突破。

适用于液态金属的先进数值模拟方法和工具的开发是当前的重要研究热点。尽管当前的数值模拟工具能够从不同尺度层面,对液态金属冷却反应堆的热工水力过程和现象进行模拟,但这些模拟方法的计算结果仍有待进一步的确认、验证和不确定性量化。此外,能同时以合理计算成本和合理精度实现工业级别反应堆模拟的数值方法或工具,也有待进一步的开发和完善。由于低普朗特数液态金属特殊的流动传热特性,热工水力数值模拟工具需依靠实验数据进行验证和确认,但目前的液态金属实验数据仍正在扩充中,因此,相关热工水力程序的验证和确认工作亟需加强。

液态金属冷却反应堆的严重事故由于其存在复杂性,所以,相关的实验研究和数值模拟工作一直在进行中。尽管当前国际上已经积累了不少钠冷快堆严重事故方面的知识、方法论和研究经验,但由于堆型设计及使用的冷却剂物性不同,因此,铅冷快堆严重事故进程和钠冷快堆严重事故进程之间存在明显差异。在铅冷快堆严重事故下,堆芯熔融物的迁移行为及其他关键物理现象仍有待深入探究,相关的实验研究与数值模拟都亟需开展。

目前,我国在液态金属冷却反应堆热工水力研究方面至少需要在以下几个方面加强。

（1）为满足国内液态金属冷却反应堆的研发需求,有必要自主开发相应的系统热工水力程序、子通道分析程序、CFD 程序和安全分析程序等数值模拟工具,并探索先进的数值模拟方法。

（2）搭建相关液态金属实验设施,加快自主构建和扩充液态金属实验数据库,并积极开展相关的数值模拟工作。

（3）开发先进的测量仪器和设备,以突破液态金属热工水力测量的技术瓶颈,并满足相关液态金属实验设施以及原型堆、示范堆等的设计、建造和运行需求。

（4）与钠冷快堆和铅冷快堆不同,由于 ADS 由加速器、散裂靶和反应堆等重要系统构成,因此,系统中的一些特殊现象（如堆靶耦合、束流瞬变）涉及粒子物理、加速器物理、反应堆物理等学科的交叉。因此,针对 ADS,迫切需要开展相关的跨学科研究,并自主攻克相关的技术难题。